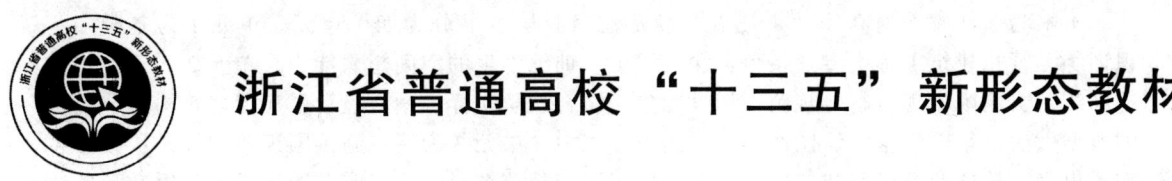

浙江省普通高校"十三五"新形态教材

建筑构造与识图基本训练

第 3 版

主　编　陈氏凤　王志萍
副主编　黄乐平　胡兴荣
参　编　姚士辉　蒋　蓓　刘　彬
　　　　徐金坤　邱　睿　张守全
主　审　束　炜

机械工业出版社

本书为浙江省普通高校"十三五"新形态教材。本书分为四个单元。单元1为基础知识训练,紧扣建筑工程类专业特色,深入浅出,训练学生的空间想象能力。单元2为建筑构造训练,引用国家现行行业规范、标准图集,结合教学实际,精心设计了房屋建筑构造节点的典型做法,培养学生的绘图能力、详图识读能力。单元3为建筑施工图识图训练,从教学实际出发,精选两套民用建筑实际工程的施工图,规范图示方法、完善图示内容,提升学生的综合识图能力。单元4为绘图训练,精心设计了8栋单层建筑物及常见墙身大样、楼梯详图、屋顶排水节点详图绘图案例,训练学生的绘图能力与节点设计能力。

本书可作为高等职业教育建筑工程技术等土建施工类专业的教材,也可作为建筑工程行业的培训参考用书。

图书在版编目(CIP)数据

建筑构造与识图基本训练/陈氏凤,王志萍主编. —3版. —北京:机械工业出版社,2021.8
(2023.6重印)
浙江省普通高校"十三五"新形态教材
ISBN 978-7-111-68864-8

Ⅰ.①建… Ⅱ.①陈…②王… Ⅲ.①建筑构造-高等职业教育-习题集②建筑制图-识图-高等职业教育-习题集 Ⅳ.①TU22-44②TU204.21-44

中国版本图书馆CIP数据核字(2021)第157919号

机械工业出版社(北京市百万庄大街22号 邮政编码100037)
策划编辑:王靖辉 责任编辑:王靖辉
责任校对:李 婷 封面设计:鞠 杨
责任印制:张 博
中教科(保定)印刷股份有限公司印刷
2023年6月第3版第3次印刷
420mm×297mm・16印张・378千字
标准书号:ISBN 978-7-111-68864-8
定价:49.00元

电话服务	网络服务
客服电话:010-88361066	机 工 官 网:www.cmpbook.com
010-88379833	机 工 官 博:weibo.com/cmp1952
010-68326294	金 书 网:www.golden-book.com
封底无防伪标均为盗版	机工教育服务网:www.cmpedu.com

前　言

本书是高职土建类专业基础课程"建筑构造与识图"的配套教材，在编写过程中全面贯彻落实党的教育方针，落实立德树人根本任务，强化学生素质教育，将"绿色发展""低碳发展""人民健康"等有机融入习题、课程设计等实践性教学环节中，帮助学生消化、巩固所学理论知识，培养学生的制图、识图、设计等能力同时不断提升育人效果，为进一步学习建筑施工、建筑工程计价等课程打下坚实的基础。

本书在编写过程中，紧紧围绕"1+X"证书制度、建筑工程识图技能竞赛，以"职业能力和职业素养提升"为主旨，坚持"为党育人、为国育才"原则，专业教育与素质培养并行，将知识、技能与素养育人元素融合，培养学生职业素养、大国工匠精神。

本书信息化教学融合度高，借助网络平台及手机 APP 扫描二维码（详见文中二维码文件），对难以想象的二维图形建立了 BIM 模型，可对建筑二维平面进行三维动态观察，通过模型比对不断纠正识图偏差，提升综合识图能力，培养学生具备职业技能等级证书要求的职业能力和职业素养。另外，为方便教学，本书可提供习题答案，凡使用本书作为教材的教师可登录机械工业出版社教育服务网 www.cmpedu.com 注册下载。

本次修订依据：一是根据相关"1+X"职业技能等级证书考试要求；二是根据现行的国家与地方的规范、规程与标准。本次修订在内容上的变动：单元 1 对识图基础训练中难度较大的平面立体图、剖断面图建立了 BIM 模型；单元 2 根据现行的国家与地方规范、标准对建筑构造中的知识进行了更新；单元 3 建筑施工图识图训练增加了"浙江××××小学行政楼扩建工程建筑施工图"，该案例包含局部地下室、消防设计、设备用房布置，让学生更全面地了解建筑施工图的组成，拓展知识面，并且提供了案例的 BIM 模型，有助于学生构建空间认知；单元 4 增加了屋面排水组织设计训练。

本书由浙江建设职业技术学院陈氏凤、王志萍任主编，由浙江建设职业技术学院黄乐平、杭州未来科技城建设有限公司胡兴荣任副主编。具体编写分工如下：单元 1 的子单元 1 由王志萍、黄乐平共同编写；子单元 2 由王志萍编写；子单元 3 由黄乐平编写。单元 2 的子单元 1~子单元 3 由陈氏凤编写；子单元 4 由浙江建设职业技术学院刘彬、邱睿共同编写；子单元 5 由王志萍、浙江建设职业技术学院蒋蓓共同编写；子单元 6 由陈氏凤、杭州城境景观设计有限公司姚士辉共同编写；子单元 7 由黄乐平、浙江建设职业技术学院张守全共同编写；子单元 8 由胡兴荣编写。单元 3 的训练 1 由陈氏凤、姚士辉共同编写；训练 2 由胡兴荣编写。单元 4 的训练 1 由姚士辉、陈氏凤共同编写；训练 2~训练 4 由胡兴荣、陈氏凤共同编写。单元 4 绘图案例的三维空间采用 BIM 建模，由刘彬、浙江省一建建设集团有限公司徐金坤共同完成，其余 BIM 建模由徐金坤完成。本书中所有抄绘题节点详图均由姚士辉、陈氏凤设计完成。全书由杭萧钢构股份有限公司束炜主审。

由于编者水平有限，书中难免有不足之处，敬请使用本书的读者批评指正。

编　者

目 录

前 言

单元1 基础知识训练 ... 1
子单元1 投影知识 ... 1
一、单选题 ... 1
二、填空题 ... 1
三、作图题 ... 2
子单元2 建筑制图知识 ... 20
一、单选题 ... 20
二、填空题 ... 21
三、判断题 ... 21
四、简答题 ... 21
五、字体练习 ... 21
六、图线及标注练习 ... 23
子单元3 房屋建筑基本知识 ... 25
一、单选题 ... 25
二、填空题 ... 25
三、判断题 ... 25
四、简答题 ... 25
五、抄绘题 ... 25

单元2 建筑构造训练 ... 26
子单元1 基础 ... 26
一、单选题 ... 26
二、多选题 ... 26
三、简答题 ... 27
四、抄绘题 ... 27
子单元2 地下室 ... 27
一、单选题 ... 27
二、多选题 ... 27
三、简答题 ... 28
四、抄绘题 ... 28
子单元3 墙体 ... 29
一、单选题 ... 29
二、多选题 ... 29
三、简答题 ... 30
四、抄绘题 ... 30
子单元4 门窗 ... 30
一、单选题 ... 30
二、多选题 ... 30
三、简答题 ... 31
四、抄绘题 ... 31
五、识图题 ... 31
子单元5 楼地面 ... 31
一、单选题 ... 31
二、多选题 ... 31
三、简答题 ... 32
四、抄绘题 ... 32
子单元6 屋顶 ... 33
一、单选题 ... 33
二、多选题 ... 33
三、简答题 ... 34
四、抄绘题 ... 34
子单元7 楼梯 ... 35
一、单选题 ... 35
二、多选题 ... 36
三、简答题 ... 36
四、观测题 ... 36
子单元8 变形缝 ... 36
一、单选题 ... 36
二、多选题 ... 36
三、简答题 ... 36
四、抄绘题 ... 37

单元3 建筑施工图识图训练 ... 38
训练1 ... 38
一、"建筑总平面图"识图 ... 38
二、"建筑施工图设计说明"识图 ... 38
三、"建筑节能设计专篇"识图 ... 38
四、"建筑平面图、立面图、剖面图"识图 ... 38
五、"建筑详图"识图 ... 39
训练2 ... 39
一、"建筑总平面图、建筑设计说明"识图 ... 39
二、"建筑节能设计专篇"识图 ... 39
三、"建筑平面图、立面图、剖面图"识图 ... 39
四、"建筑详图"识图 ... 40
五、识图综合题 ... 40

单元4 绘图训练 ... 41
训练1 绘制单层建筑物平面图、立面图、剖面图 ... 41
一、训练目的 ... 41
二、训练内容 ... 41

  三、训练工具 41
  四、训练要求 41
  五、绘图步骤 41
  六、成果评定标准 41
 训练2 绘制墙身大样 42
  一、训练目的 42
  二、训练资料 42
  三、训练内容 42
  四、训练工具 42
  五、训练要求 42
  六、绘图步骤 42
  七、成果评定标准 42
 训练3 绘制楼梯详图 42
  一、训练目的 42
  二、训练资料 42
  三、训练内容 43
  四、训练工具 43
  五、训练要求 43
  六、绘图步骤 43
  七、成果评定标准 43
  八、知识链接 43
 训练4 绘制屋顶排水节点详图 44
  一、训练目的 44
  二、训练资料 44
  三、训练内容 45
  四、训练工具 45
  五、训练要求 45
  六、绘图步骤 45
  七、成果评定标准 45

参考文献 46
附录 47
 附录A 浙江××××小学扩建工程行政楼建筑施工图 47
 附录B 浙江××××学院学生公寓建筑施工图 70
 附录C 单层建筑物建筑施工图 97
 附录D 墙身大样及绘图步骤 105
 附录E 楼梯详图及绘图步骤 108
 附录F 屋面排水组织设计 113

单元1 基础知识训练

子单元1 投影知识

一、单选题

1. 三面投影图采用的投影方法是（   ）。
   A. 斜投影法　　　B. 中心投影法　　　C. 多面正投影法　　　D. 单面投影法
2. 根据投射中心距离投影面远近的不同，投影法分为（   ）。
   A. 中心投影法和平行投影法　　　B. 中心投影法和正投影法
   C. 正投影法和斜投影法　　　D. 平行投影法和斜投影法
3. 建筑工程施工图采用的投影方法是（   ）。
   A. 中心投影法　　　B. 斜投影法　　　C. 正投影法　　　D. 平行投影法
4. 在平行投影中当空间直线、平面与投影面平行时，该投影面上的投影具有（   ）。
   A. 积聚性　　　B. 真实性　　　C. 收缩性　　　D. 放大性
5. 正投影法中，投影面、观察者、形体三者相对位置是（   ）。
   A. 观察者——投影面——形体　　　B. 形体——观察者——投影面
   C. 观察者——形体——投影面　　　D. 投影面——观察者——形体
6. 三面投影体系中，H面展平的方向是（   ）。
   A. H面不动　　　B. H面绕Y轴向下转90°
   C. H面绕Z轴向右转90°　　　D. H面绕X轴向下转90°
7. 产生侧立投影图的投影方向是（   ）。
   A. 由前向后　　　B. 由左向右　　　C. 由右向左　　　D. 由后向前
8. 侧立投影图反映了形体（   ）。
   A. 上下方位　　　B. 左右方位　　　C. 上下前后方位　　　D. 左右前后方位
9. 三面投影图中"宽相等"是指（   ）两个投影图之间的关系。
   A. V和W　　　B. V和H　　　C. H和W　　　D. X轴和Y轴
10. 关于点的投影，下列叙述正确的是（   ）。
    A. 空间两个点，在同一个投影面上必定有两个点
    B. 根据一个投影面上点的投影就能决定该点的空间位置
    C. 空间一个点在一个投影面上仅有一个点的投影
    D. 重影是指空间某点分别向两投影面投影后重合在一起
11. 下列叙述正确的是（   ）。
    A. 只要两个坐标值就能确定空间点的位置
    B. 必须要有三面投影才能确定空间点的位置
    C. 若空间点的一个坐标值为0，则该点的三面投影必在投影轴上
    D. 若空间点的投影在投影轴上，则该空间点必在某一投影面上
12. 下列叙述正确的是（   ）。
    A. 空间直线，其投影必为直线
    B. 点在空间直线上，则点的投影必在该直线的投影上
    C. 空间直线在任何投影面上的投影都不能反映其实长
    D. 两条相交的空间直线，只有一个投影面的投影相交
13. 下列叙述正确的是（   ）。
    A. 若空间两直线段平行，它们在同一投影面上的投影，可能平行，也可能不平行
    B. 若空间两直线段平行，则两线段之比与在同一投影面上投影之比不相等
    C. 空间线段上某点分割线段所成比例，与其投影所分比例不一定相同
    D. 空间平面的投影一般为平面，特殊情况下为直线
14. 平行于侧立投影面，同时倾斜于水平投影面和正立投影面的空间直线为（   ）。
    A. 铅垂线　　　B. 侧平线　　　C. 水平线　　　D. 正平线
15. 三面投影中的正立投影图和侧立投影图都反映出物体的真实（   ）。
    A. 宽度　　　B. 位置　　　C. 高度　　　D. 长度
16. 中心轴线垂直于H面的圆柱，正立投影中的轮廓素线在侧立投影图（矩形）中的位置是在（   ）。
    A. 矩形的后铅垂线上　　　B. 矩形的前铅垂线上
    C. 矩形的中心轴线上　　　D. 矩形的上下水平线上
17. 中心轴线垂直于H面的圆锥，V、W投影面上轮廓素线在水平投影图中的位置是在（   ）。
    A. 圆心上　　　B. 圆的中心线上　　　C. 圆周上　　　D. 圆与中心线相交的四个交点上
18. 两个面的投影均为矩形的形体是（   ）。
    A. 斜棱柱　　　B. 圆柱　　　C. 组合柱　　　D. 前三者
19. 一个面的投影为圆，另两个面的投影为三角形的基本形体是（   ）。
    A. 圆台　　　B. 圆柱　　　C. 圆锥　　　D. 圆球
20. 四棱台的一个投影反映底面实形，另两个投影特征是（   ）。
    A. 三角形　　　B. 圆　　　C. 矩形　　　D. 梯形
21. 在选定剖切面之后，把断面图直接画在形体投影图上称为（   ）断面图。
    A. 移出　　　B. 重合　　　C. 中断　　　D. 剖面
22. 中断断面图的轮廓线（   ）画出。
    A. 折断线　　　B. 波浪线　　　C. 点画线　　　D. 粗实线
23. 在选定剖切面之后，把断面图画在形体投影图之外称为（   ）断面图。
    A. 移出　　　B. 重合　　　C. 中断　　　D. 剖面
24. 移出断面图的轮廓线用（   ）画出。
    A. 折断线　　　B. 波浪线　　　C. 点画线　　　D. 粗实线
25. 剖切符号包括剖切位置线和投射方向线，剖切位置线用粗实线表示，长度为（   ）mm。
    A. 6~10　　　B. 4~6　　　C. 8~10　　　D. 4~10

二、填空题

1. 三面投影体系中，水平投影面用_____表示，侧立投影面用_____表示，正立投影面用_____表示。
2. 空间点A到V面的距离等于_____面投影到_____轴的距离和_____面投影到_____轴的距离；确定空间点的位置至少需要____个面投影。
3. 对于水平投影面上重影点而言，位于_____方的点可见，_____方的一点为不可见。
4. 点D空间坐标为（10，25，15），则该点到H面的距离为_____，到V面的距离为_____，到W面的距离为_____。
5. 按空间直线与投影面的相对位置，分为_____、_____、_____。
6. 按空间平面与投影面的相对位置，分为_____、_____、_____。
7. 根据图①，判断直线与平面的空间位置关系：
   1）直线SA是_____线；直线BC是_____线；直线SB是_____线；直线AB是_____线；直线SC是_____线。
   2）平面SBC是_____面；平面ABC是_____面。
8. 根据图②，在投影图上注明空间形体各表面的三面投影，并判断其空间位置：P为_____面；Q为_____面；R为_____面；N为_____面。
9. 根据断面图在视图上的位置不同，可分为_____、_____、_____三种。
10. 根据不同剖切方式，剖面图有_____、_____、_____、_____、_____五种。

图①　　　图②

三、作图题

1. 点的投影

(1) 根据点的两面投影，作出第三面投影，并判断其空间位置。

A 在 B _____ 方
B 在 C _____ 方
A 在 C _____ 方

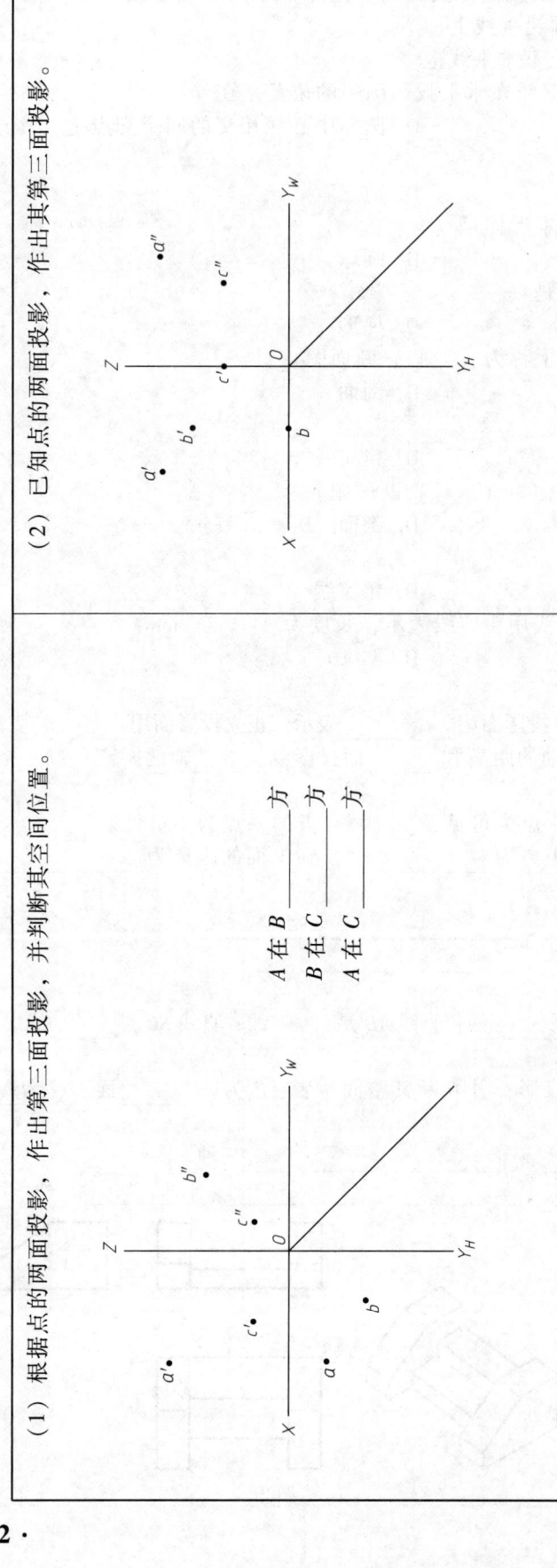

(2) 已知点的两面投影，作出其第三面投影。

(3) 已知表中各点的空间坐标，作出各点的三面投影（单位：mm）。

坐标 点名	X	Y	Z
A	10	10	10
B	15	10	15
C	0	20	15
D	0	0	15

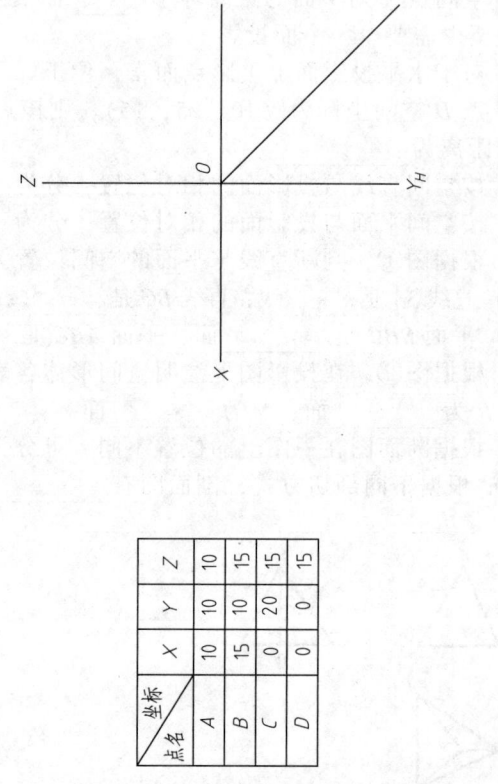

(4) 已知 A（20，16，8），B（15，0，20）两点，作出两点的三面投影（单位：mm）。

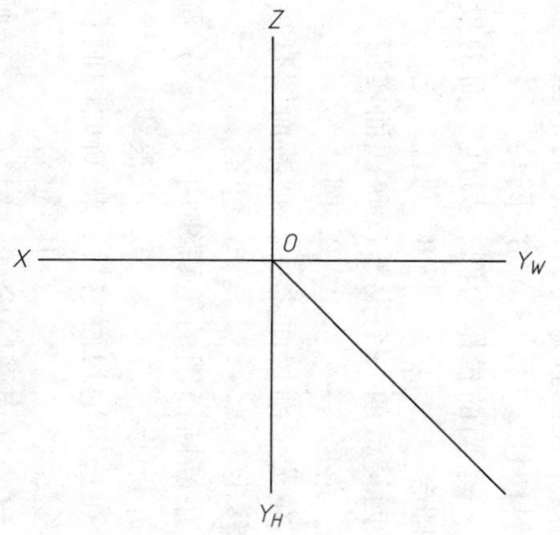

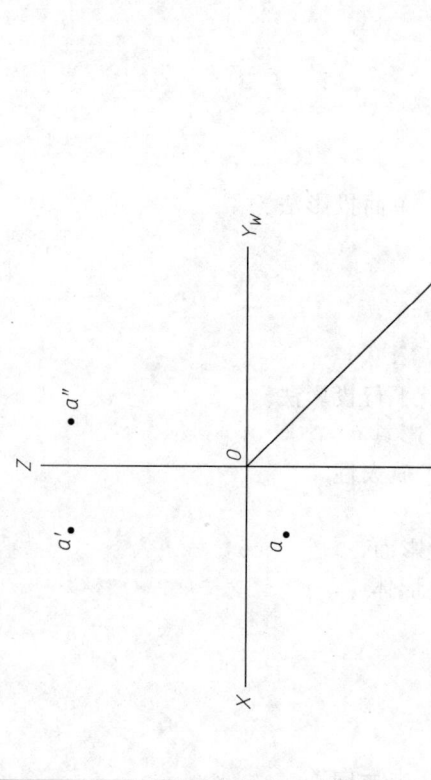

(5) 根据表中所给各点到投影面的距离，作出点的三面投影（单位：mm）。

距离 点名	离 H 面	离 V 面	离 W 面
A	10	5	10
B	0	15	0
C	0	10	20
D	15	20	0

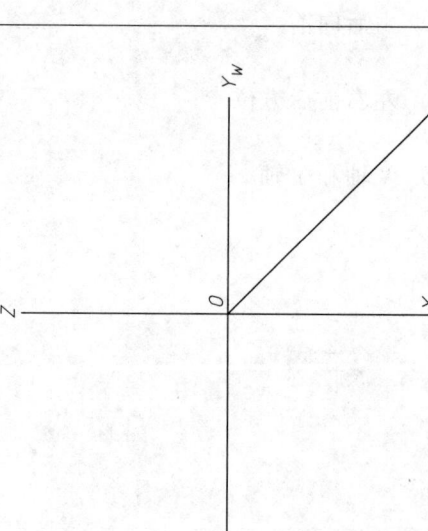

(6) 已知空间点 B 在点 A 左方 12、下方 10、前方 15，作出点 B 的三面投影（单位：mm）。

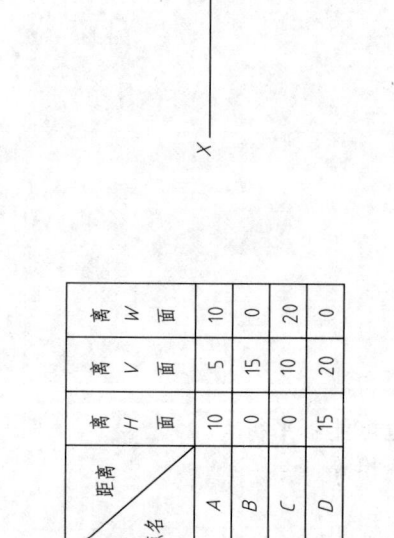

(7) 已知各点的两面投影，作出第三面投影，并对重影点的不可见投影加括号。试比较点 A 与 B、点 C 与 D、点 E 与 F 的相对位置。

A 在 B 正 _____ mm
C 在 D 正 _____ mm
E 在 F 正 _____ mm

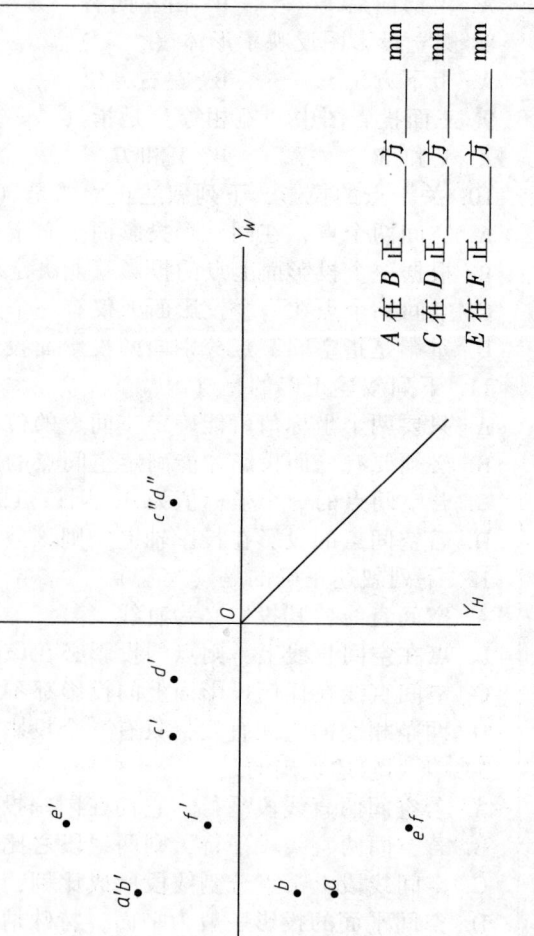

(8) 已知空间点 B 在点 A 右方 15、上方 10、后方 15，作出点 B 的三面投影（单位：mm）。

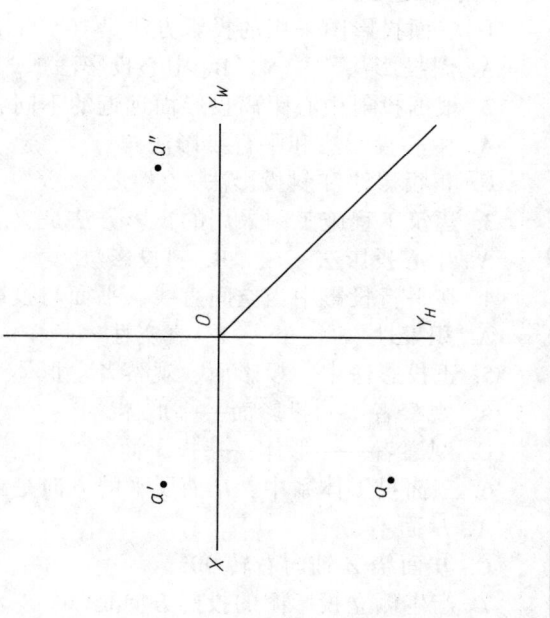

2. 直线的投影

(1) 根据直线的两面投影，作出第三面投影，并判断此直线的空间位置。

① AB 为 _____ 线

② AB 为 _____ 线

③ AB 为 _____ 线

④ AB 为 _____ 线

⑤ AB 为 _____ 线

⑥ AB 为 _____ 线

⑦ AB 为 _____ 线

⑧ AB 为 _____ 线

(2) 已知直线 CD 垂直于侧立投影面，作出其他面投影。

(3) 已知铅垂线 CD 端点 C 的 H 面投影，点 C 距 H 面 5mm，CD 长为 25mm，作出该直线其他面投影。

(4) 已知两直线的两面投影，作出第三面投影，并判断两直线的空间相对位置。

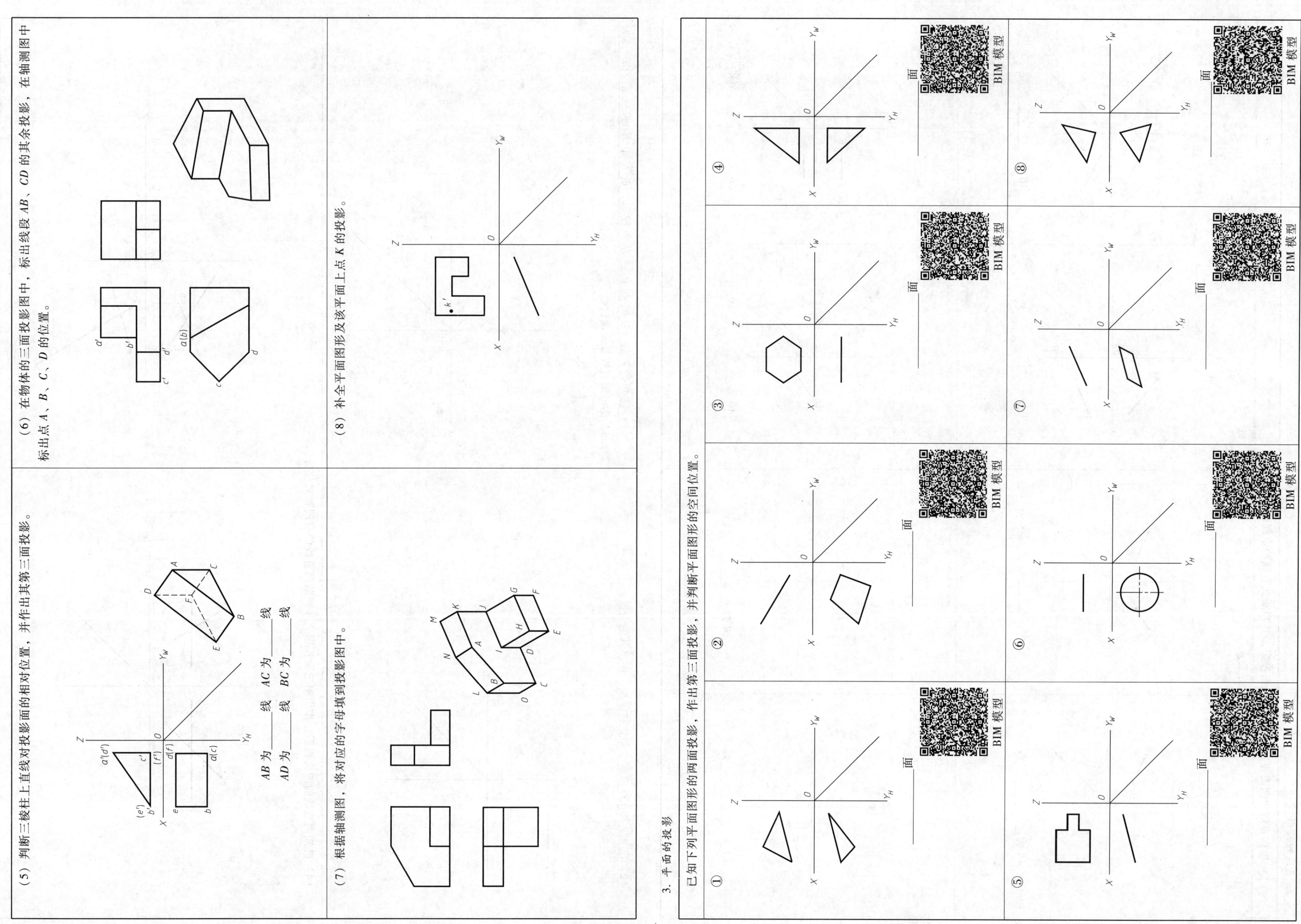

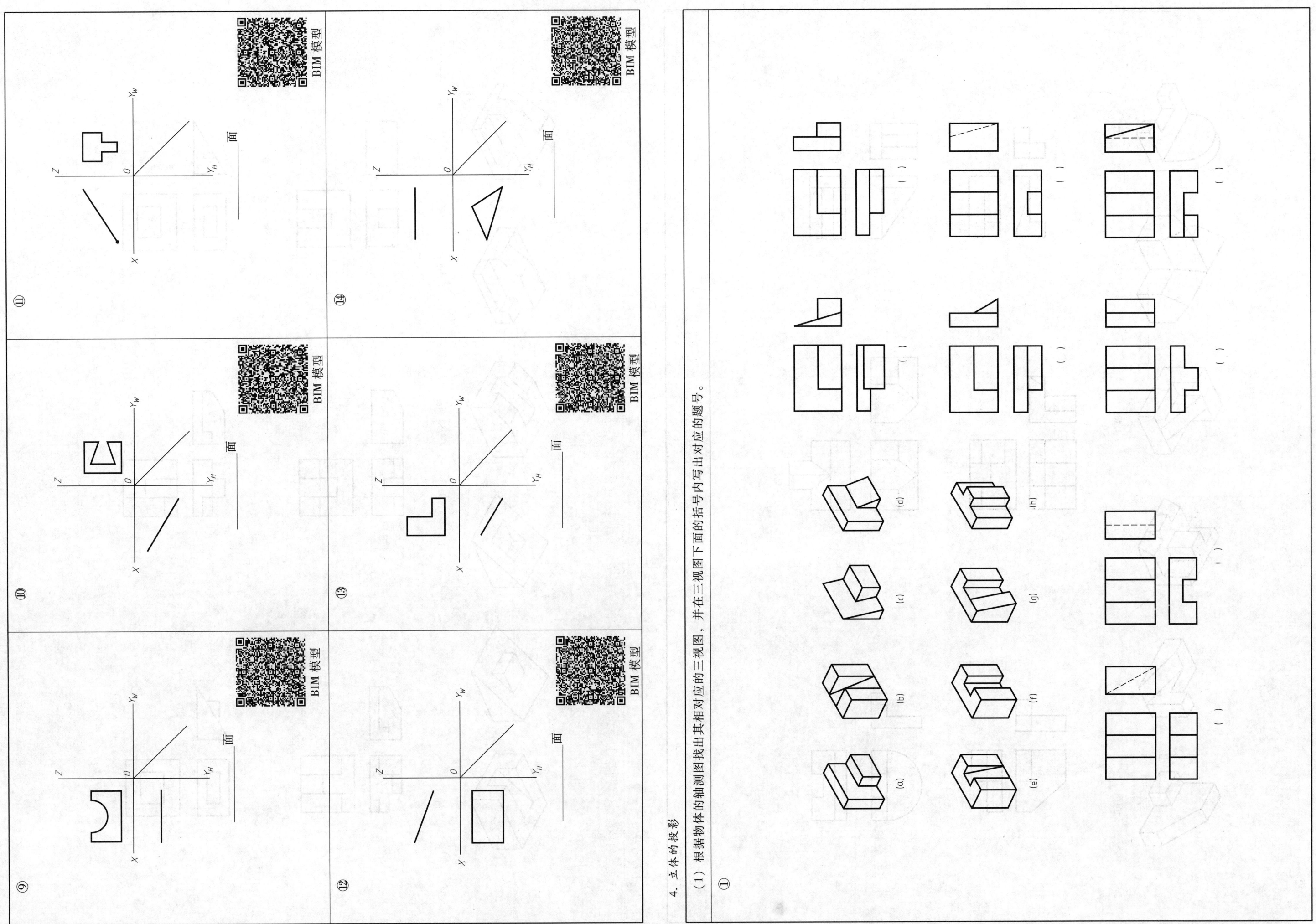

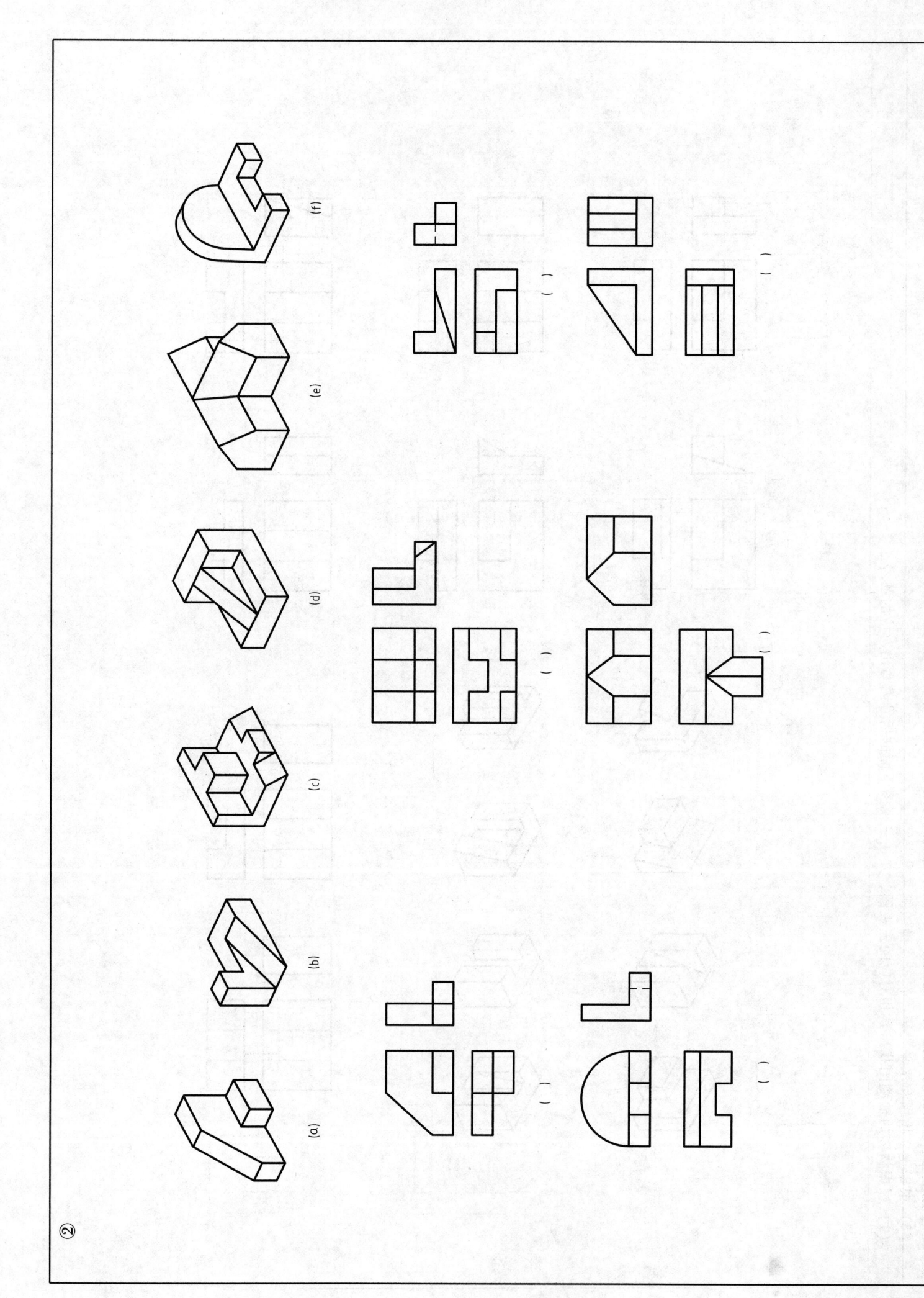

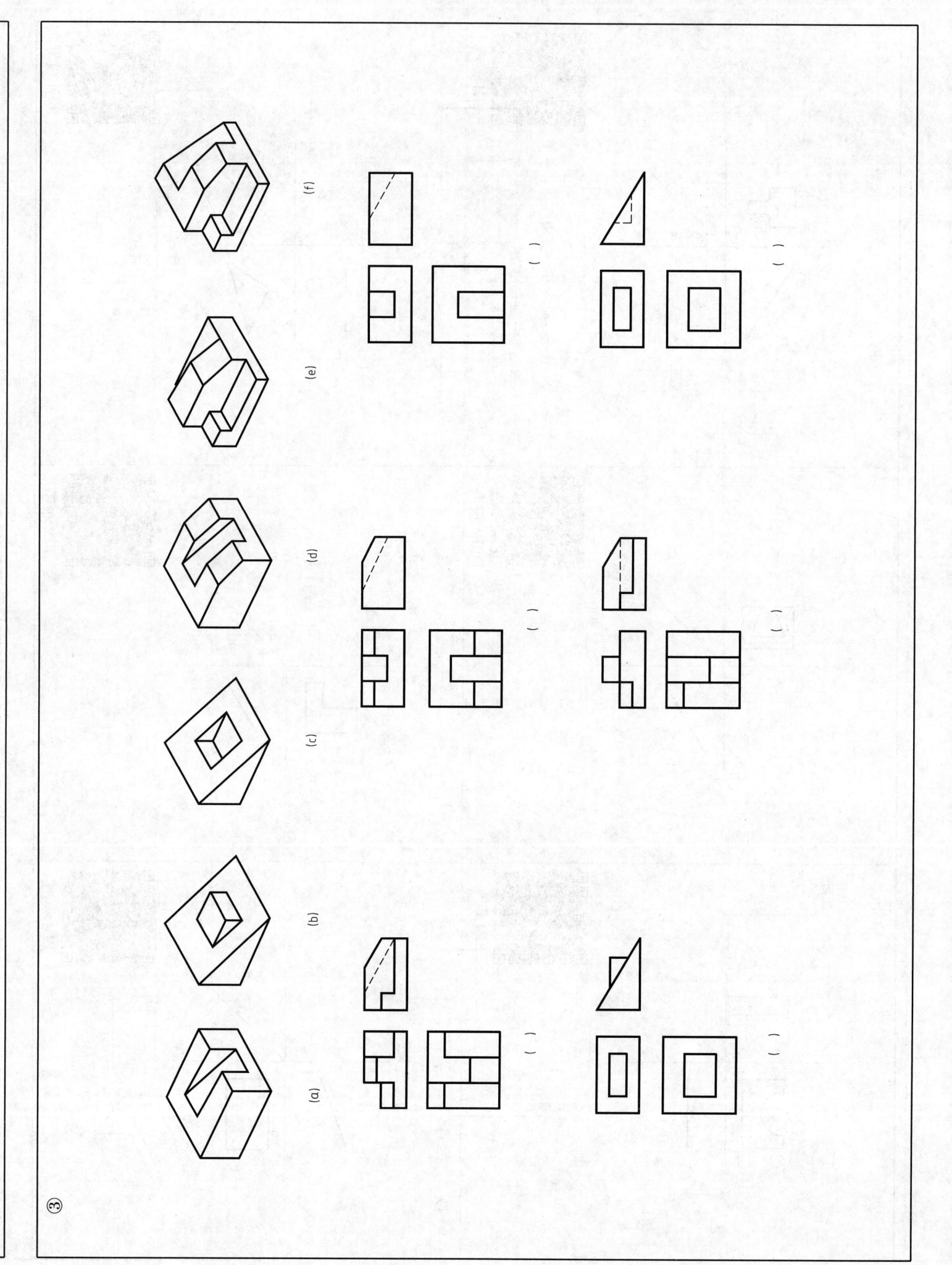

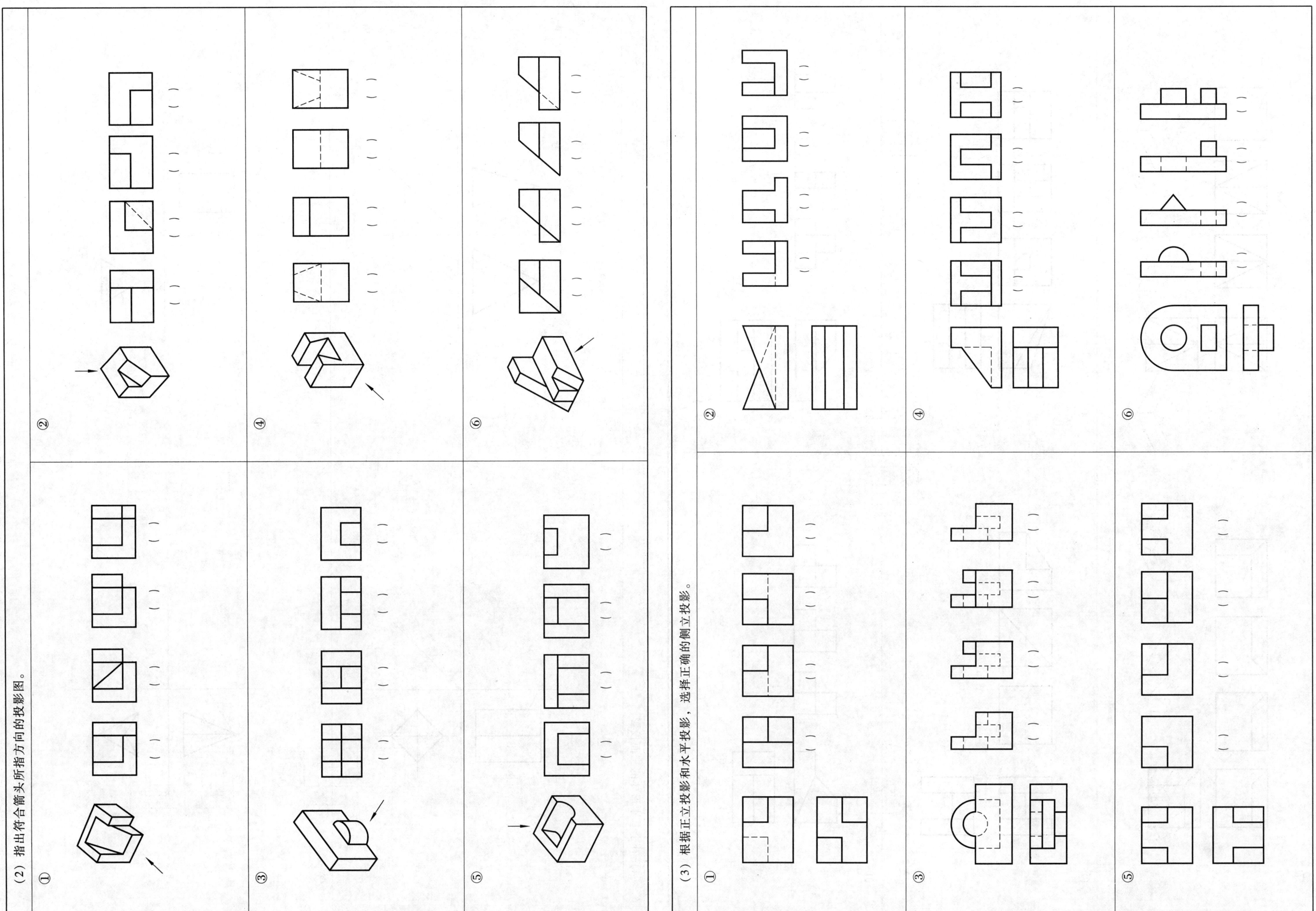

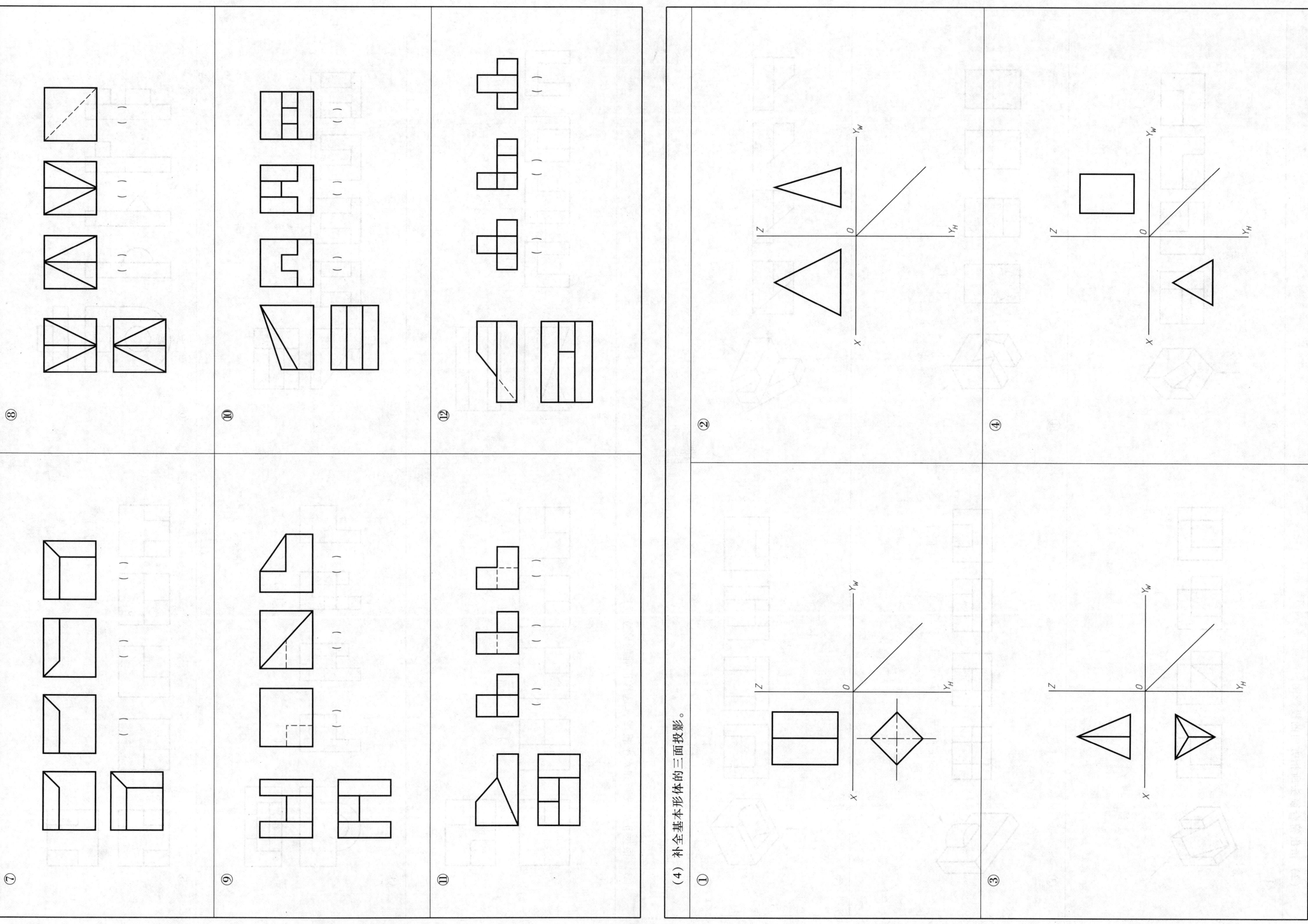

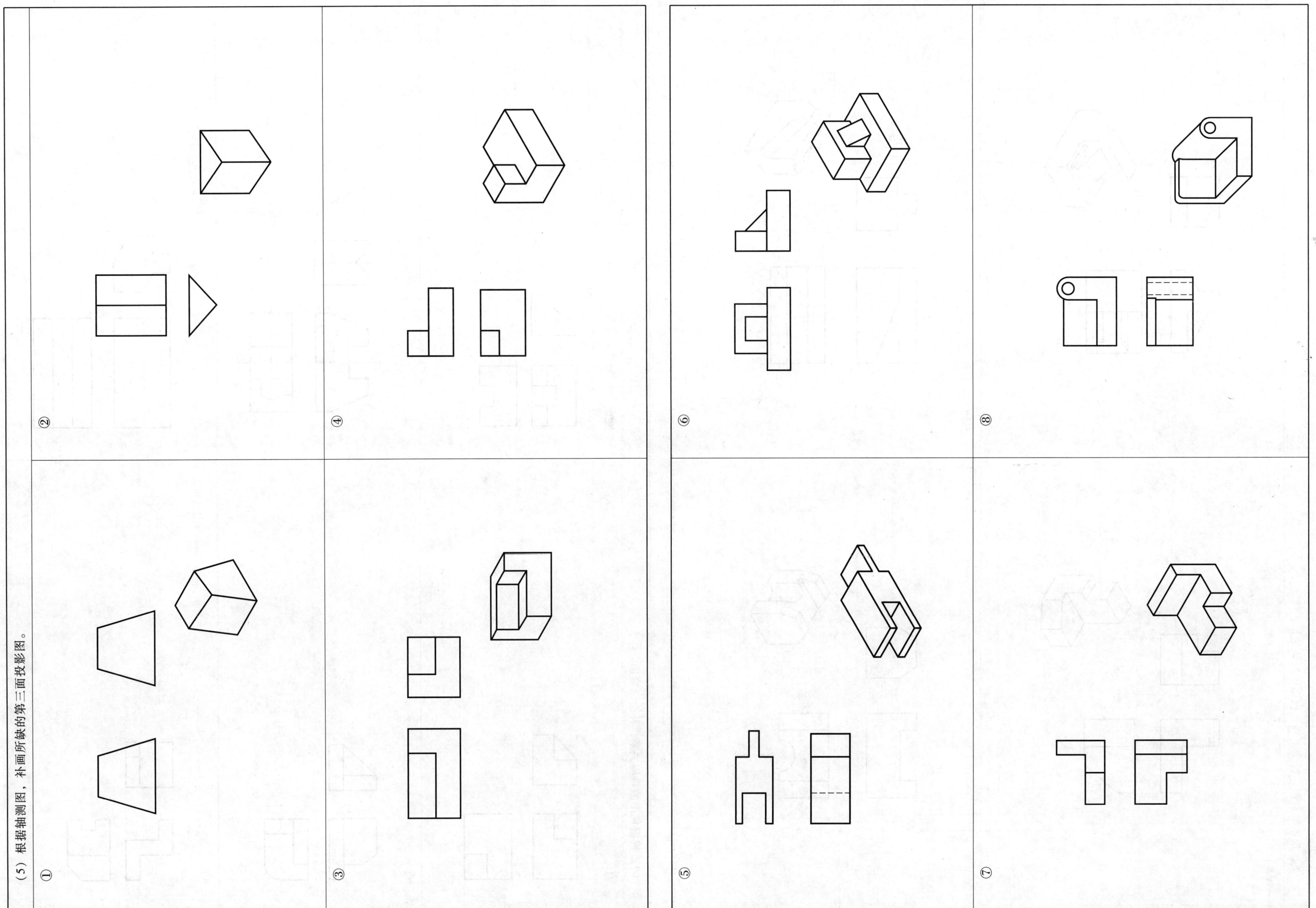

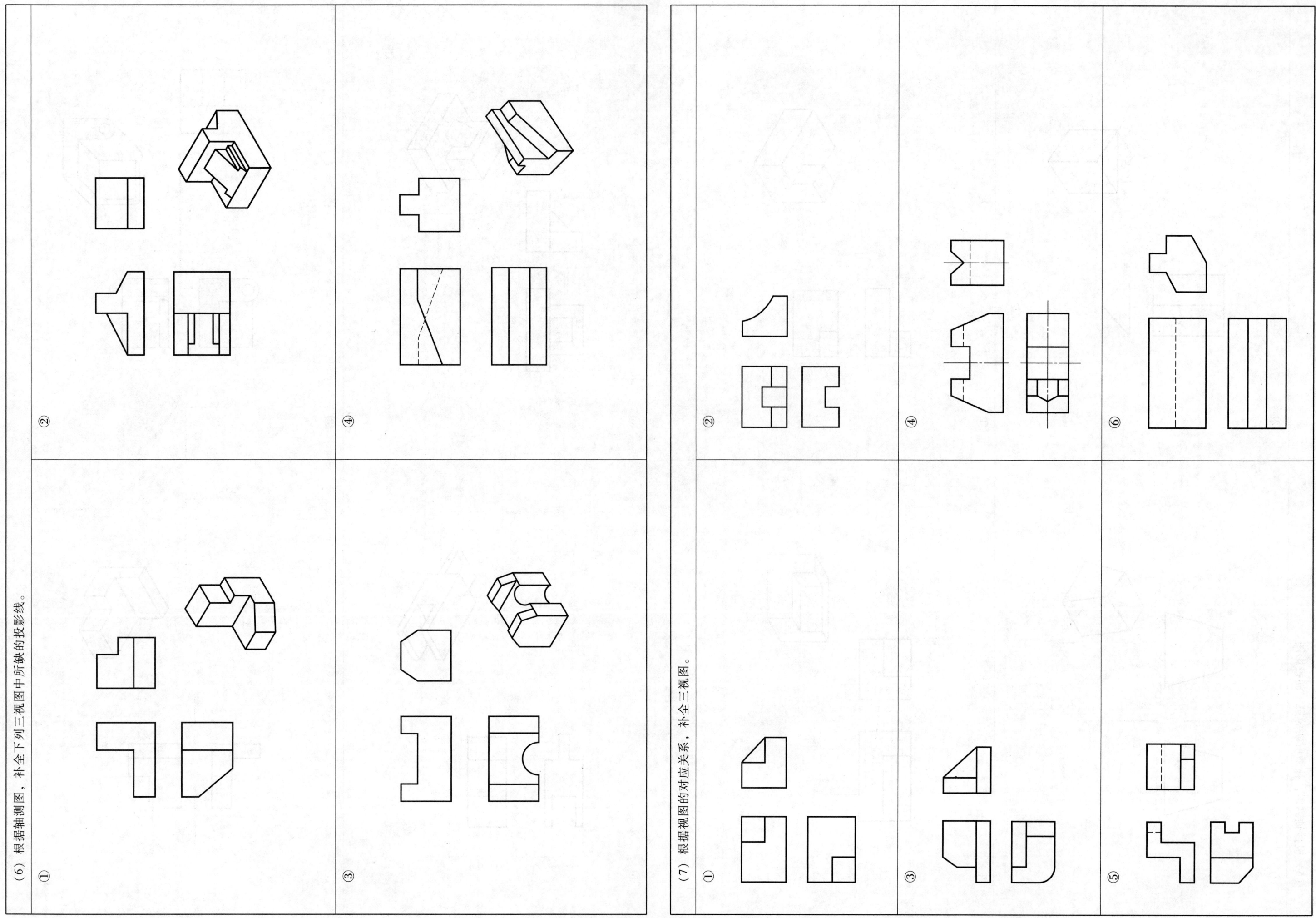

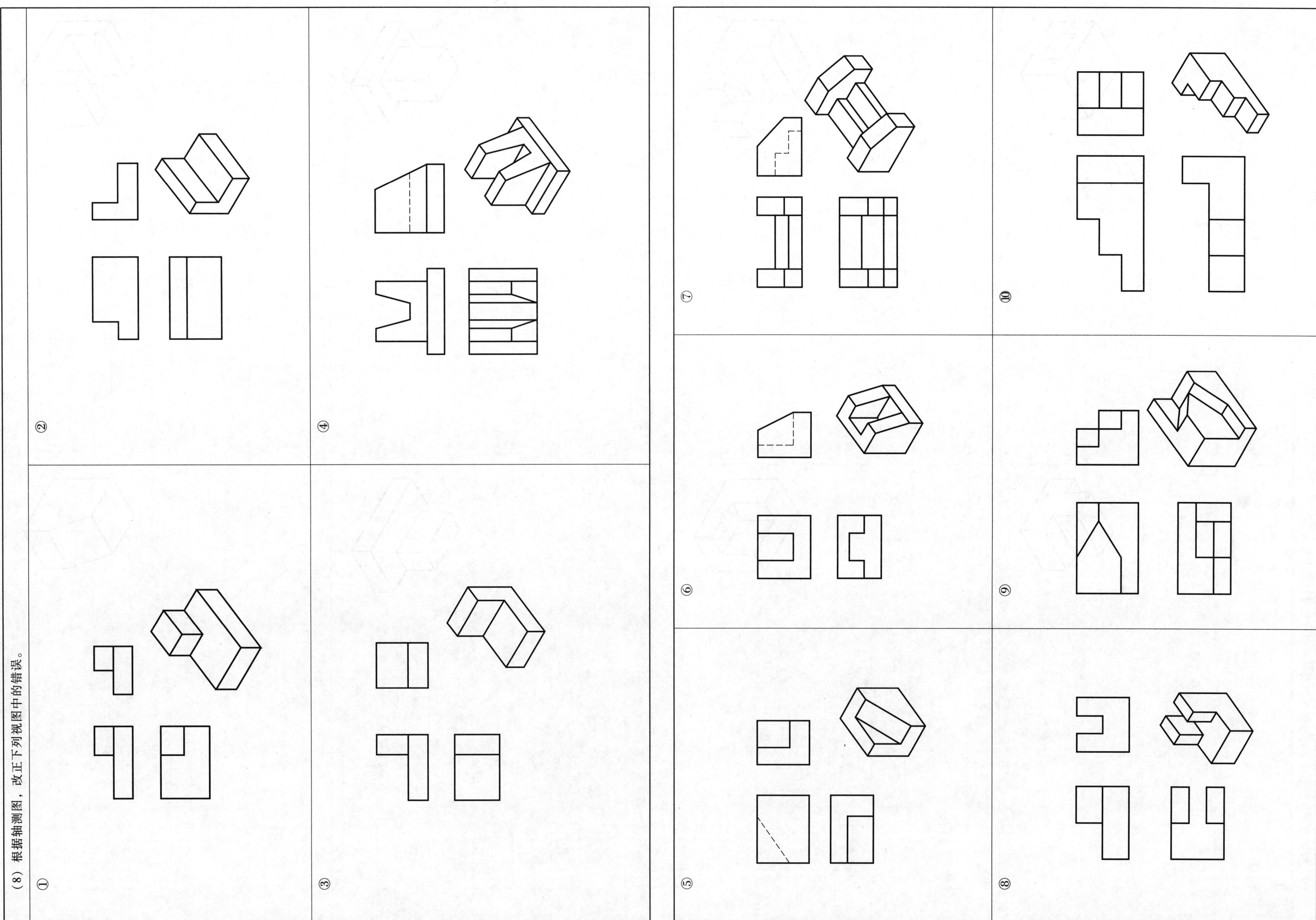

(9) 根据轴测图，作出下列形体的三面投影图（尺寸从图上量取）。

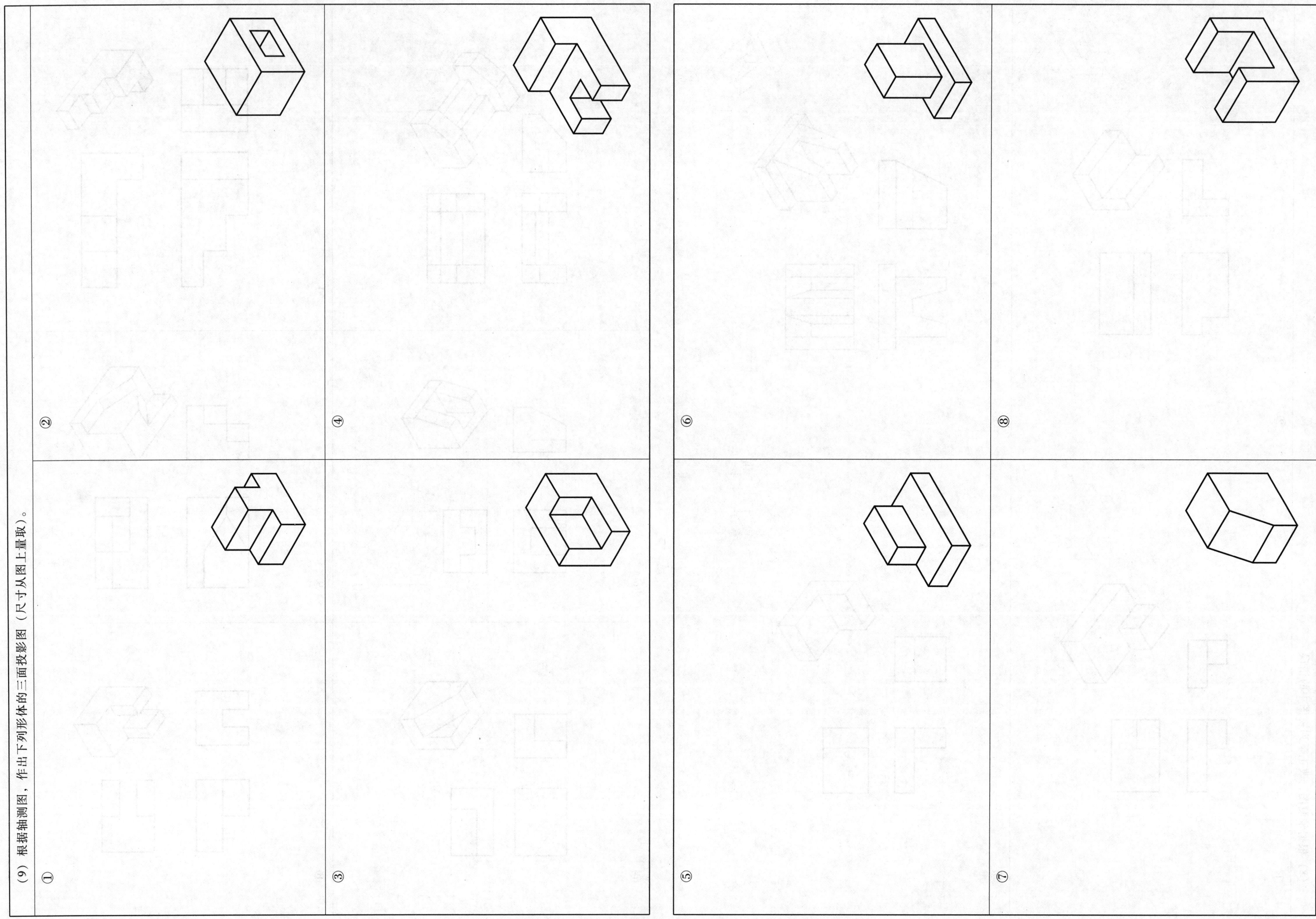

(10) 根据两视图，求作其第三面视图。

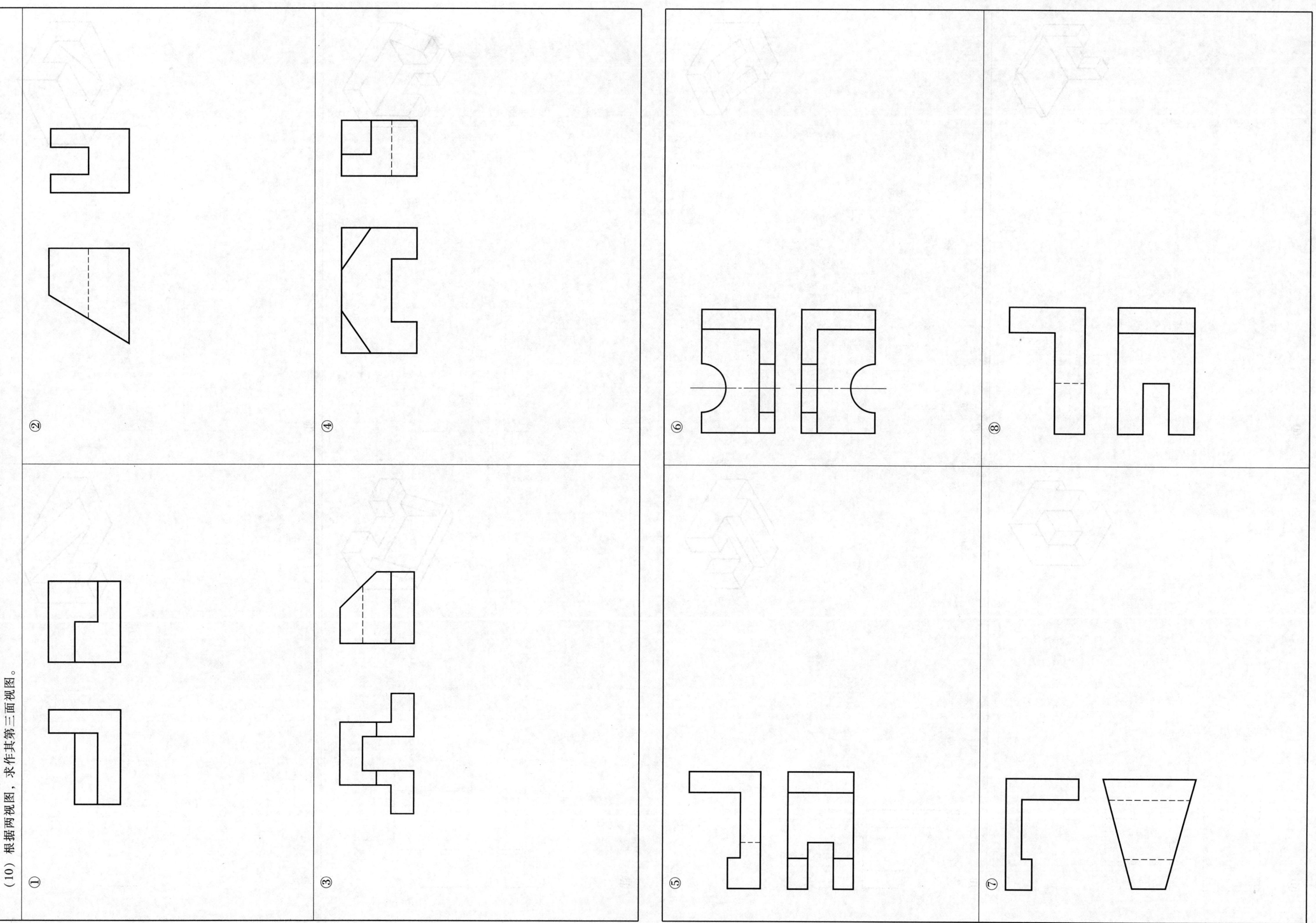

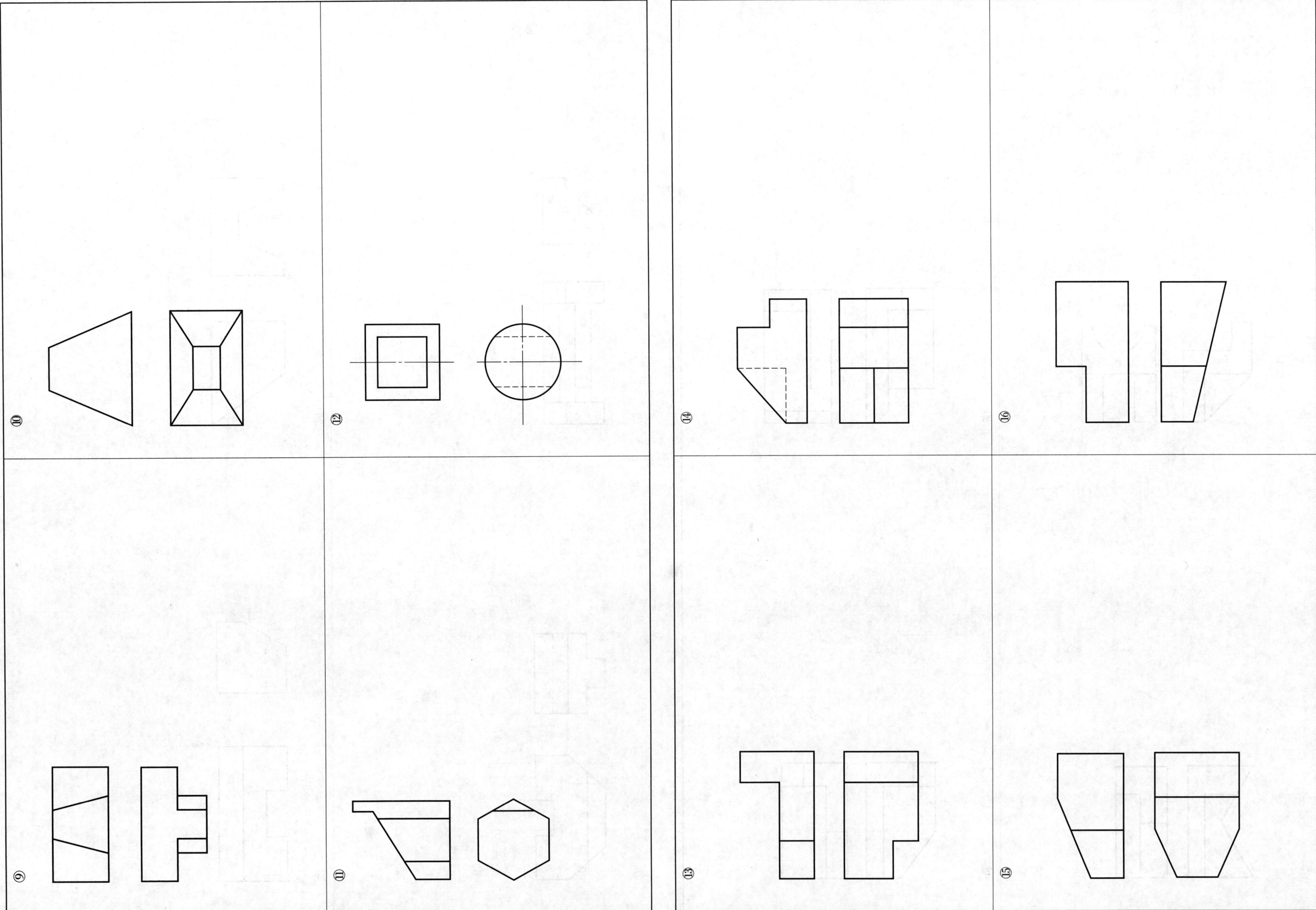

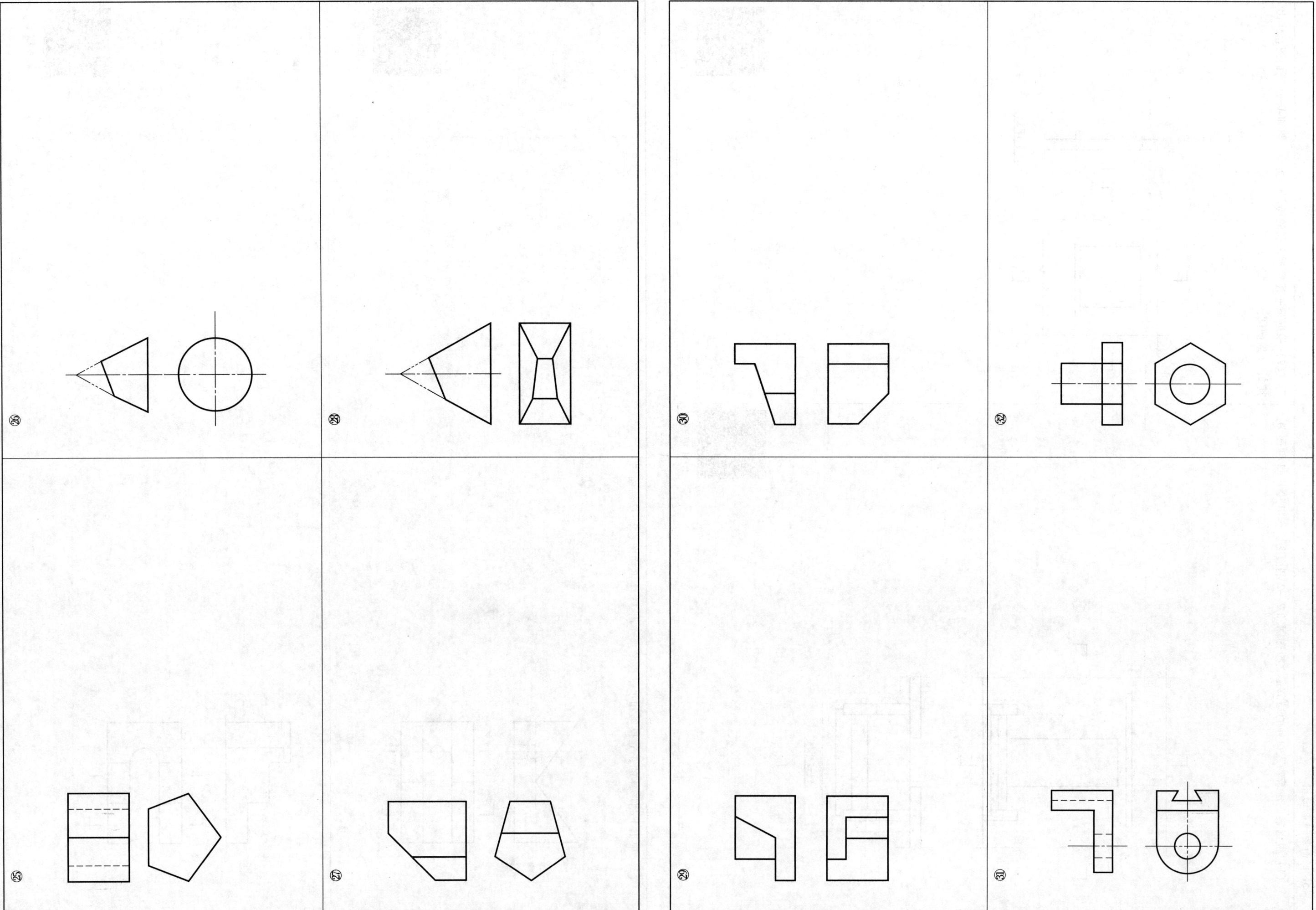

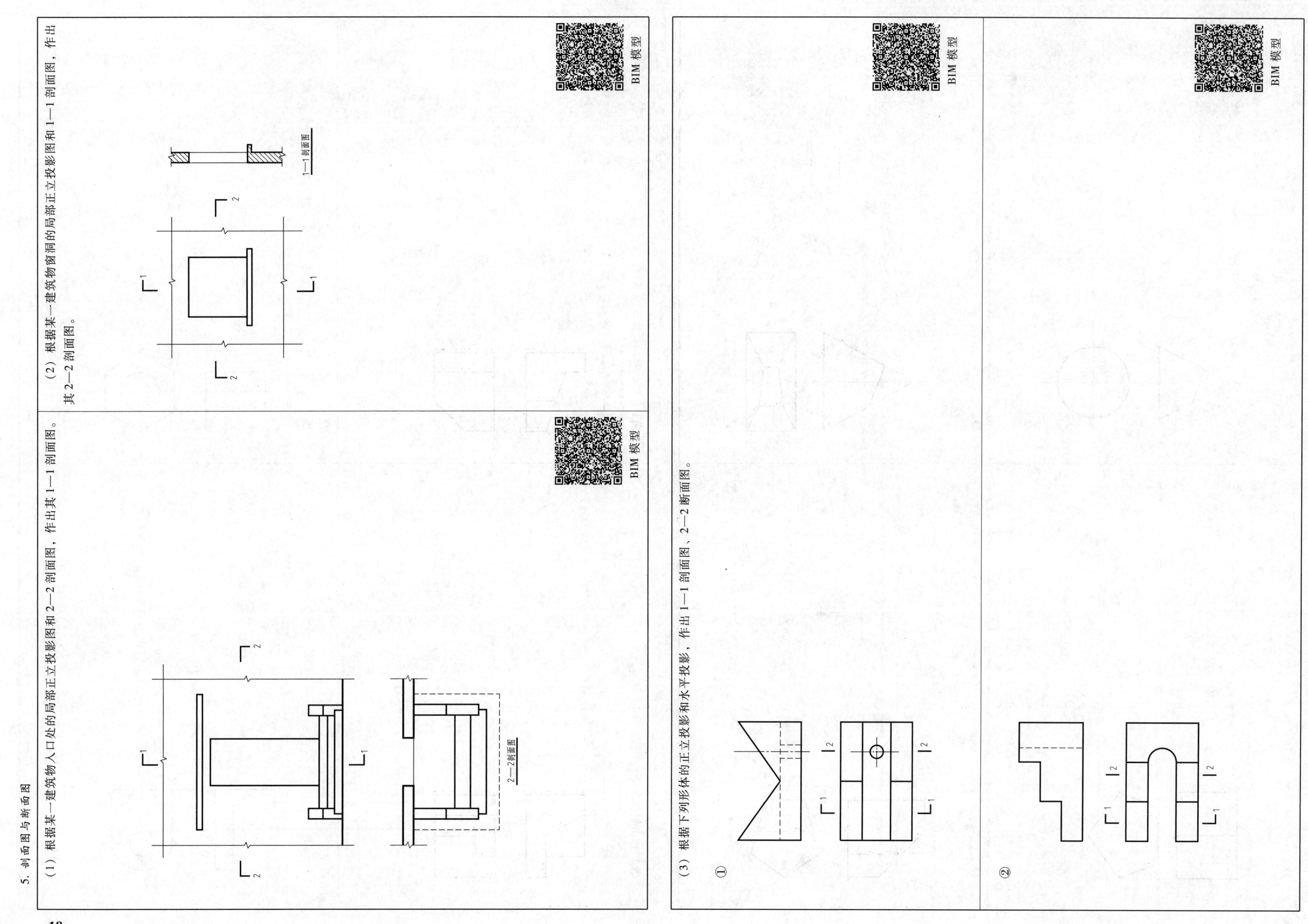

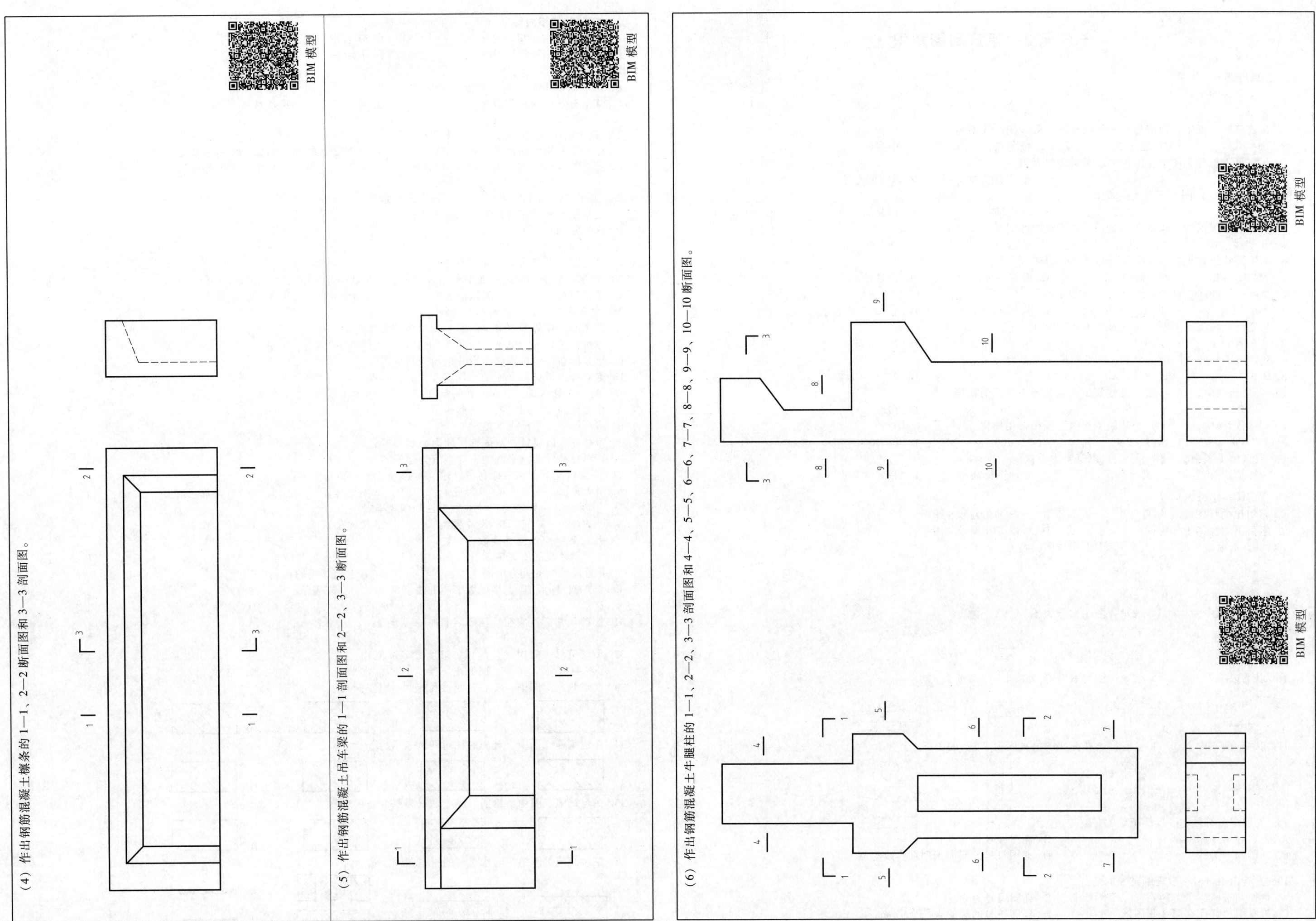

子单元2 建筑制图知识

一、单选题

1. 建筑工程图纸有（　　）种幅面尺寸。
   A. 2　　　B. 3　　　C. 4　　　D. 5
2. 在建筑施工图中，建筑材料图例填充线一般采用的线型为（　　）。
   A. 细实线　　B. 粗虚线　　C. 细单点长画线　　D. 中实线
3. 在建筑工程施工图中，定位轴线采用的线型为（　　）。
   A. 细实线　　B. 粗实线　　C. 细单点长画线　　D. 中实线
4. 下列（　　）图例用粗实线表示。
   A. 剖切符号　　B. 尺寸线　　C. 定位轴线　　D. 折断线
5. 在建筑施工图中，建筑立面图的外轮廓线的线型为（　　）。
   A. 粗实线　　B. 中实线　　C. 中粗实线　　D. 细实线
6. 标注尺寸的起止符号倾斜方向与尺寸界线成（　　）。
   A. 顺时针45°　　B. 逆时针45°　　C. 顺时针60°　　D. 逆时针60°
7. 角度的尺寸起止符号宜用（　　）表示。
   A. 细斜短线　　B. 中粗斜短线　　C. 粗斜短线　　D. 箭头
8. 在建筑工程施工图中，汉字的最小字高为（　　）mm。
   A. 2.5　　B. 3.5　　C. 5　　D. 7
9. 在建筑工程施工图中，数字和字母的最小字高为（　　）mm。
   A. 2.5　　B. 3.5　　C. 5　　D. 7
10. 下列选项中，（　　）不是建筑工程施工图中采用的比例。
    A. 1∶10　　B. 1∶5　　C. 1∶30　　D. 50∶1
11. 下列选项中，（　　）是建筑工程施工图中常用比例。
    A. 1∶100　　B. 1∶250　　C. 1∶300　　D. 1∶400
12. 建筑施工图中，下列（　　）以毫米为单位。
    A. 总平面图标高　　B. 总平面图尺寸　　C. 立面图标高　　D. 平面图尺寸
13. 索引符号 $\frac{4}{5}$ 表示（　　）。
    A. 索引出的详图编号为④　　B. 详图④在编号5图中
    C. 索引出的详图编号为⑤　　D. 详图⑤在编号4图中
14. 以下选项中，（　　）不是索引剖视详图的符号。
15. 以下选项中，（　　）表示详图的编号为5。
16. 以下选项中，（　　）表示详图与索引符号在同一张图纸上。
17. 以下选项中，（　　）表示详图在标准图集页码为"5"的图纸上。
18. 关于详图符号 $\frac{5}{3}$ 理解正确的是（　　）。
    A. 详图在第3张图纸上　　B. 详图编号为⑤
    C. 详图编号为③　　D. 详图符号的圆应该用细实线绘制
19. 关于详图符号 $\frac{5}{3}$ 理解正确的是（　　）。
    A. 详图与被索引的部位在同一张图纸上　　B. 详图编号为③
    C. 被索引的详图在第3张图纸上　　D. 详图符号的圆的直径为14mm
20. 定位轴线横向编号应（　　）。
    A. 从左至右用大写英文字母　　B. 从右至左用大写英文字母
    C. 从左至右用阿拉伯数字　　D. 从右至左用阿拉伯数字
21. 定位轴线竖向编号应（　　）。
    A. 从上至下用大写英文字母　　B. 从下至上用大写英文字母
    C. 从上至下用阿拉伯数字　　D. 从下至上用阿拉伯数字
22. 关于定位轴线编号 $\frac{2}{5}$，下列正确的是（　　）。
    A. 这是②号轴线前的第5根附加轴线　　B. 这是②号轴线后的第5根附加轴线
    C. 这是⑤号轴线前的第2根附加轴线　　D. 这是⑤号轴线后的第2根附加轴线
23. 关于定位轴线编号 $\frac{2}{5}$，下列错误的是（　　）。
    A. 这根附加轴线编号的圆的直径为10mm
    B. 这是附加轴线的竖向编号
    C. 这是⑥号轴线前的附加轴线
    D. ⑤号轴线后至少有2根附加轴线
24. 建筑工程图中附加轴线编号用分数表示，分数的分子用（　　）表示。
    A. 英文字母　　B. 阿拉伯数字　　C. 希腊字母　　D. 罗马字母
25. 关于绝对标高，下列不正确的是（　　）。
    A. 总图室外地坪绝对标高符号宜用涂黑的等腰直角三角形表示
    B. 绝对标高以米为单位
    C. 绝对标高以建筑物底层设计地面为起算零点
    D. 绝对标高以黄海平面的平均高度为起算零点
26. 关于相对标高，下列正确的是（　　）。
    A. 相对标高符号用等腰三角形表示
    B. 相对标高以毫米为单位
    C. 相对标高以建筑物室内首层地面为起算零点
    D. 相对标高以黄海平面的平均高度为起算零点
27. 一般情况下，相对标高是以建筑物的（　　）为起算零点。
    A. 基础顶面　　B. 基础底面　　C. 室外地面　　D. 室内首层地面
28. 下列（　　）不是尺寸线性标注的四要素之一。
    A. 尺寸线　　B. 尺寸界线　　C. 尺寸位置　　D. 尺寸数字
29. 尺寸数字应依据其读数方向注写在（　　）。
    A. 靠近尺寸线的下方中部　　B. 离尺寸线远些位置
    C. 靠近尺寸线的上方中部　　D. 靠近尺寸线的右侧中部
30. 圆的尺寸标注应在半径数字前加注字母（　　）来表示。
    A. ϕ　　B. R　　C. S　　D. T
31. 圆的尺寸标注应在直径数字前加注字母（　　）来表示。
    A. ϕ　　B. R　　C. S　　D. T
32. 坡度符号一般用（　　）加坡度数字来表示。
    A. 单双面箭头　　B. 圆弧线　　C. 水平线　　D. 45°角斜线
33. 在建筑施工图中，实心砖或多孔砖的材料图例表示为（　　）。
34. 在建筑施工图中，金属的材料图例表示为（　　）。
35. 在建筑施工图中，钢筋混凝土的材料图例表示为（　　）。
36. 在建筑施工图中，防水材料的材料图例表示为（　　）。

37. 在建筑施工图中，多孔材料的材料图例表示为（　　）。

A. B. C. D.

38. 在建筑施工图中，木材的材料图例表示为（　　）。

A. B. C. D.

39. 在建筑施工图中，加气混凝土的材料图例表示为（　　）。

A. B. C. D.

40. 在总平面图中，下列表示新建筑物的图例是（　　）。

A. B. C. D.

41. 在总平面图中，下列表示原有建筑物的图例是（　　）。

A. B. C. D.

42. 下列（　　）不用粗实线表示。
A. 总图中新建建筑物±0.00高度可见轮廓线　B. 剖切线
C. 建筑平面、剖面图中被剖切到的墙体　D. 总图中新建的地下建筑物或构筑物轮廓线

二、填空题

1. 图纸 A1 与 A3 的长边之比是_____。
2. 建筑工程制图中图线宽度可分为____、____、中、____四种，线宽比为 1:____:____:____。
3. 图纸中图示比例 1:100 指_____与_____相对应的线性尺寸之比。
4. 索引符号 $\frac{J103\ 5}{2}$ 表示索引出的详图在_____标准图册中页码____的____号详图。
5. 详图符号 $\frac{5}{3}$ 中的圆应以直径____的____线绘制。
6. 指北针符号中的圆应以直径____的____线绘制。
7. 建筑总平面图中表示风向的符号是_____。
8. 定位轴线应以_____绘制，其编号注写在端部的圆中。
9. 标注尺寸的四要素是_____、_____、_____和尺寸数字。
10. 对称符号由对称线和两端的两对平行线组成，对称线用____线绘制，平行线用____线绘制。

三、判断题

1. 图纸 A0:A1:A2:A3:A4 的宽度之比是 1:2:4:8:16。（　　）
2. 在图示比例小于或等于 1:100 的建筑平面图中，墙体图例用粗实线表示。（　　）
3. 比例 1:300 是建筑工程图的常用比例。（　　）
4. 索引符号 $\frac{5}{2}$ 表示索引出的详图在编号 2 的图纸上。（　　）
5. 英文字母 I、O、Z 可做轴线编号。（　　）
6. 角度标注的起止符号应该用箭头表示。（　　）
7. 所有建筑施工图的尺寸标注的单位都是毫米。（　　）
8. 相对标高是指建筑的标高，而绝对标高是指结构的标高。（　　）
9. 根据起算基准点不同，标高分为建筑标高和实际标高。（　　）
10. 所有施工图的标高标注的单位都是米。（　　）

四、简答题

1. 图示比例 1:10 和 10:1，哪个是放大比例？哪个是缩小比例？
2. 试说明索引符号与详图符号两者之间的对应关系。
3. 简述绝对标高和相对标高之间的关系。

五、字体练习

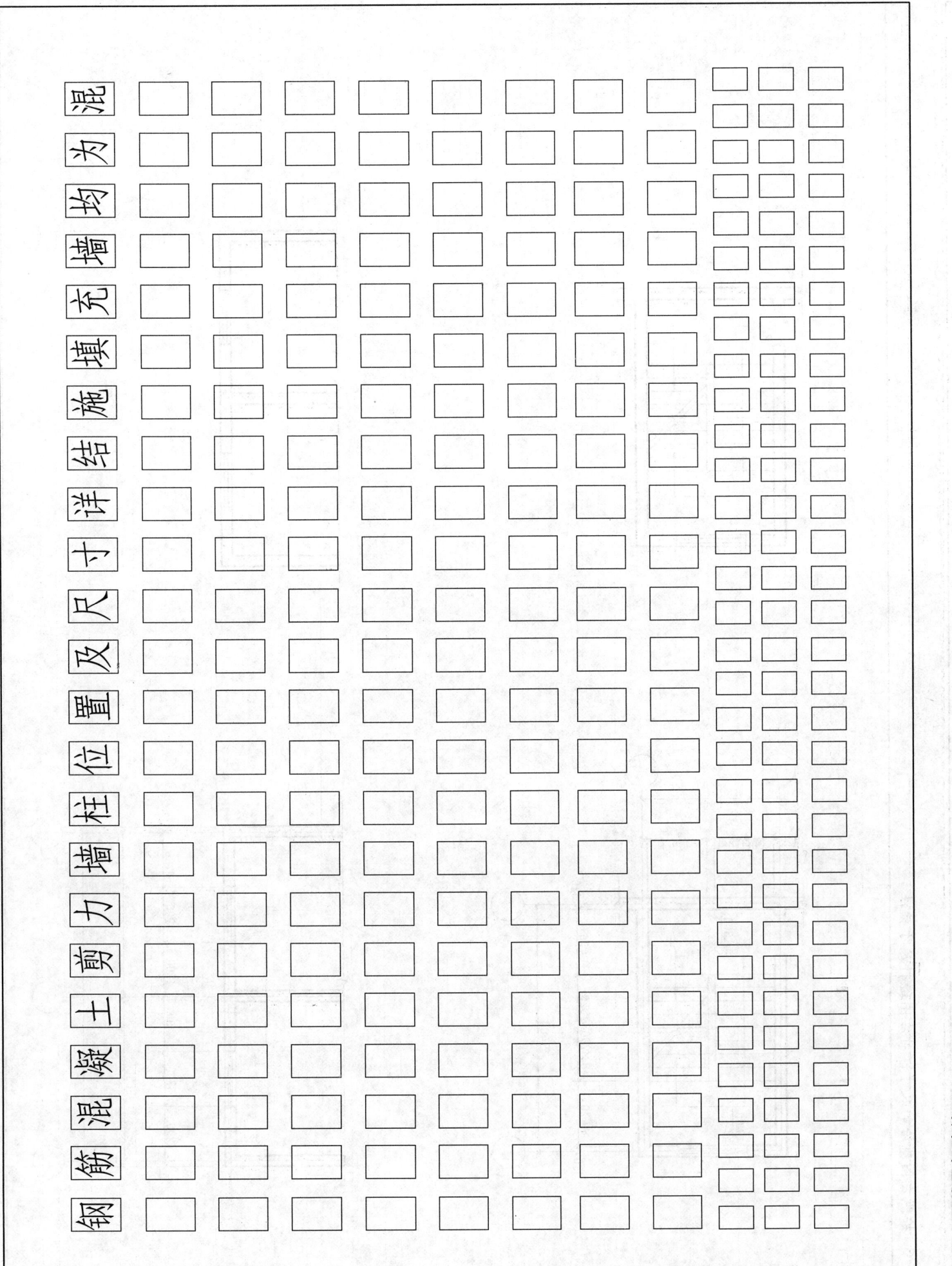

钢筋混凝土剪力墙柱位置及尺寸详结施填充墙均为混

六、图线及标注练习
1. 在图线右方的空白处画出图示的图线，注意线宽和线型

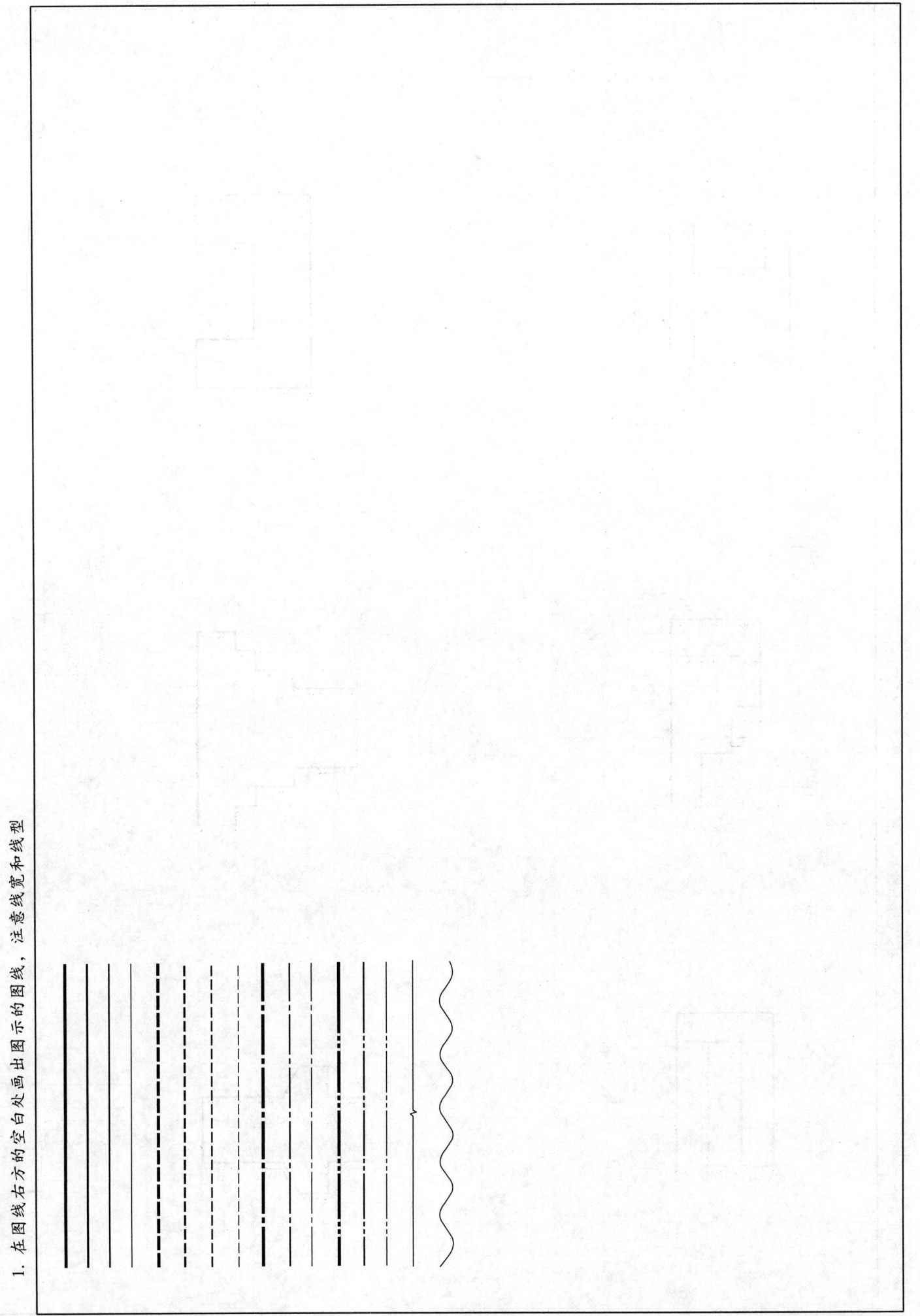

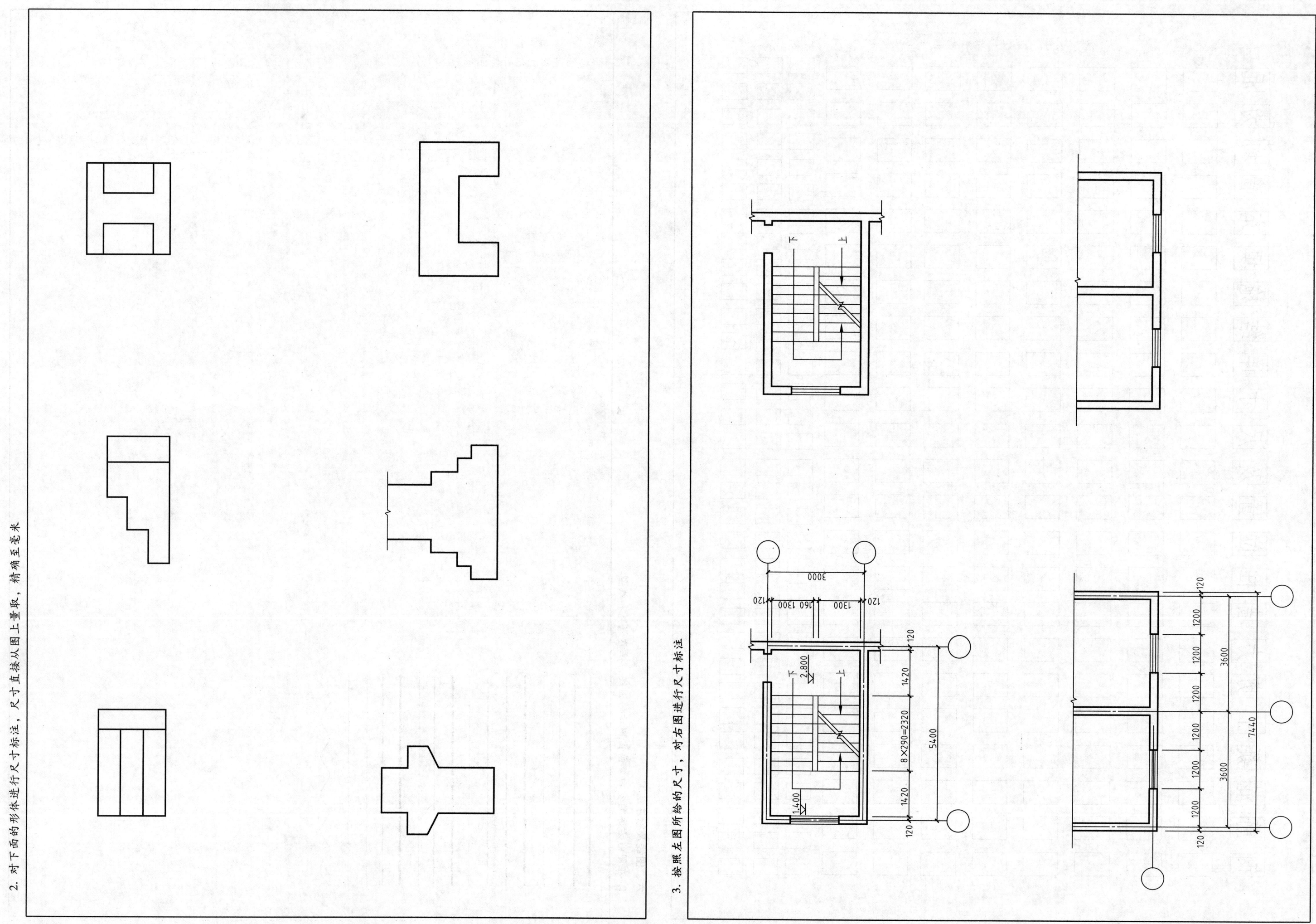

2. 对下面的形体进行尺寸标注，尺寸直接从图上量取，精确至毫米

3. 按照左图所给的尺寸，对右图进行尺寸标注

子单元3 房屋建筑基本知识

一、单选题

1. 建筑物按照使用性质可分为（　　）。
①工业建筑　②公共建筑　③民用建筑　④农业建筑　⑤居住建筑
A. ①②③　　　　　　　　　　B. ②③④
C. ①③④　　　　　　　　　　D. ②③⑤

2. 商场属于（　　）。
A. 居住建筑　　　　　　　　　B. 公共建筑
C. 工业建筑　　　　　　　　　D. 农业建筑

3. 民用建筑包括居住建筑和公共建筑，其中（　　）属于居住建筑。
A. 托儿所　　　　　　　　　　B. 宾馆
C. 公寓　　　　　　　　　　　D. 疗养院

4. 住宅建筑按照层数可分为（　　）。
①单层建筑　②低层建筑　③多层建筑　④中高层建筑　⑤高层建筑
A. ①②③　　　　　　　　　　B. ②③⑤
C. ③④⑤　　　　　　　　　　D. ②④⑤

5. 下列不属于公共建筑的是（　　）。
A. 大型超市　　　　　　　　　B. 医院
C. 酒店　　　　　　　　　　　D. 宿舍

6. 除住宅之外的民用建筑高度小于或等于（　　）m 的建筑属于非高层建筑。
A. 14　　　B. 24　　　C. 34　　　D. 44

7. 除住宅之外的民用建筑高度超过（　　）m 的二层及以上建筑属于高层建筑。
A. 14　　　B. 24　　　C. 34　　　D. 44

8. 对民用建筑分类时规定：建筑高度超过（　　）m 的属于超高层建筑。
A. 14　　　B. 24　　　C. 50　　　D. 100

9. 以砌体墙、柱和（　　）作为主要承重构件的结构，称为砖混结构。
A. 压型钢板组合楼板　B. 钢楼板　C. 钢筋混凝土楼板　D. 木楼板

10. 下列不是钢结构特点的是（　　）。
A. 强度高　　　　　　　　　　B. 刚度大
C. 自重大　　　　　　　　　　D. 耐久性差

11. 特别重要的建筑，设计使用年限为（　　）。
A. 100年　　　　　　　　　　 B. 50年
C. 25年　　　　　　　　　　　D. 5年

12. 普通建筑物按耐火极限不同，分为（　　）个耐火等级。
A. 一　　　　　　　　　　　　B. 二
C. 三　　　　　　　　　　　　D. 四

13. 耐火等级为（　　）级建筑物，相应构件耐火极限时间最长。
A. 一　　　　　　　　　　　　B. 二
C. 三　　　　　　　　　　　　D. 四

14. 构件耐火极限是指在标准耐火试验条件下，从受到火的作用时起到失去承载能力、完整性或隔热性为止的这段时间，用（　　）表示。
A. 秒　　　B. 分　　　C. 小时　　　D. 日

15. 普通建筑物的设计使用年限为（　　）年。
A. 50　　　B. 40　　　C. 25　　　D. 100

16. 高层住宅是指层数大于（　　）层或高度大于（　　）m 的住宅。
A. 9, 27　　　B. 9, 24　　　C. 10, 30　　　D. 10, 24

17. 铝合金门窗燃烧性能属于（　　）性。
A. 不燃　　　B. 可燃　　　C. 难燃　　　D. 易燃

18. 下列（　　）不是建筑物的保温措施。
A. 增加外窗面积　　　　　　　B. 选择热传导系数低的保温材料
C. 防止空气渗透　　　　　　　D. 增加外窗中空玻璃层数

19. 分模数的基数为（　　）。
①1/10M　②1/5M　③1/4M　④1/3M　⑤1/2M
A. ①③④　　　　　　　　　　B. ③④⑤
C. ②③④　　　　　　　　　　D. ①②⑤

20. 基本模数是模数协调中选定的基本尺寸单位，其符号为 M，数值为（　　）。
A. 100mm　　B. 10mm　　C. 1000mm　　D. 1mm

21. 下列构件尺寸之间关系正确的是（　　）。
A. 制作尺寸等于实际尺寸加制作公差　　B. 标志尺寸等于制作尺寸
C. 实际尺寸等于标志尺寸　　　　　　　D. 标志尺寸等于制作尺寸加制作公差

22. 根据中国气候区划图，下列哪些地区属于夏热冬冷地区（　　）。
①南昌　②武汉　③杭州　④广州　⑤长春
A. ①③④　　　B. ③④⑤　　　C. ②③④　　　D. ①②③

二、填空题

1. 按建筑结构材料分，建筑物可分为_____、_____、_____和组合结构。

2. 墙体的作用有_____、_____、_____三种。

3. 建筑构造的影响因素包括_____、自然因素、_____和建筑技术条件。

4. 建筑构件的燃烧性能一般可分为_____、_____和_____三类。

5. 建筑模数一般可分为基本模数、_____、_____。

6. 一般建筑由_____、_____、_____、_____、_____及门窗等部分组成。

三、判断题

1. 别墅、宿舍、宾馆、公寓都属于公共建筑。（　　）

2. 建筑高度为30m的单层图书馆是高层建筑。（　　）

3. 宿舍、公寓均属于非住宅类居住建筑。（　　）

4. 建筑物的设计使用年限至少50年以上。（　　）

5. 夏热冬冷地区建筑构造必须满足夏季防热同时兼顾冬季防寒。（　　）

四、简答题

1. 民用建筑的基本组成部分有哪些？各部分有何作用？

2. 党的二十大报告提出"推动经济社会发展绿色化、低碳化"，在民用建筑构造中具体体现在哪些方面？

3. 什么是基本模数？什么是扩大模数和分模数？

五、抄绘题

观察图1-1，分析图中所用线型对应的线宽分别是多少？并试按所选线宽组和规定比例进行抄绘。

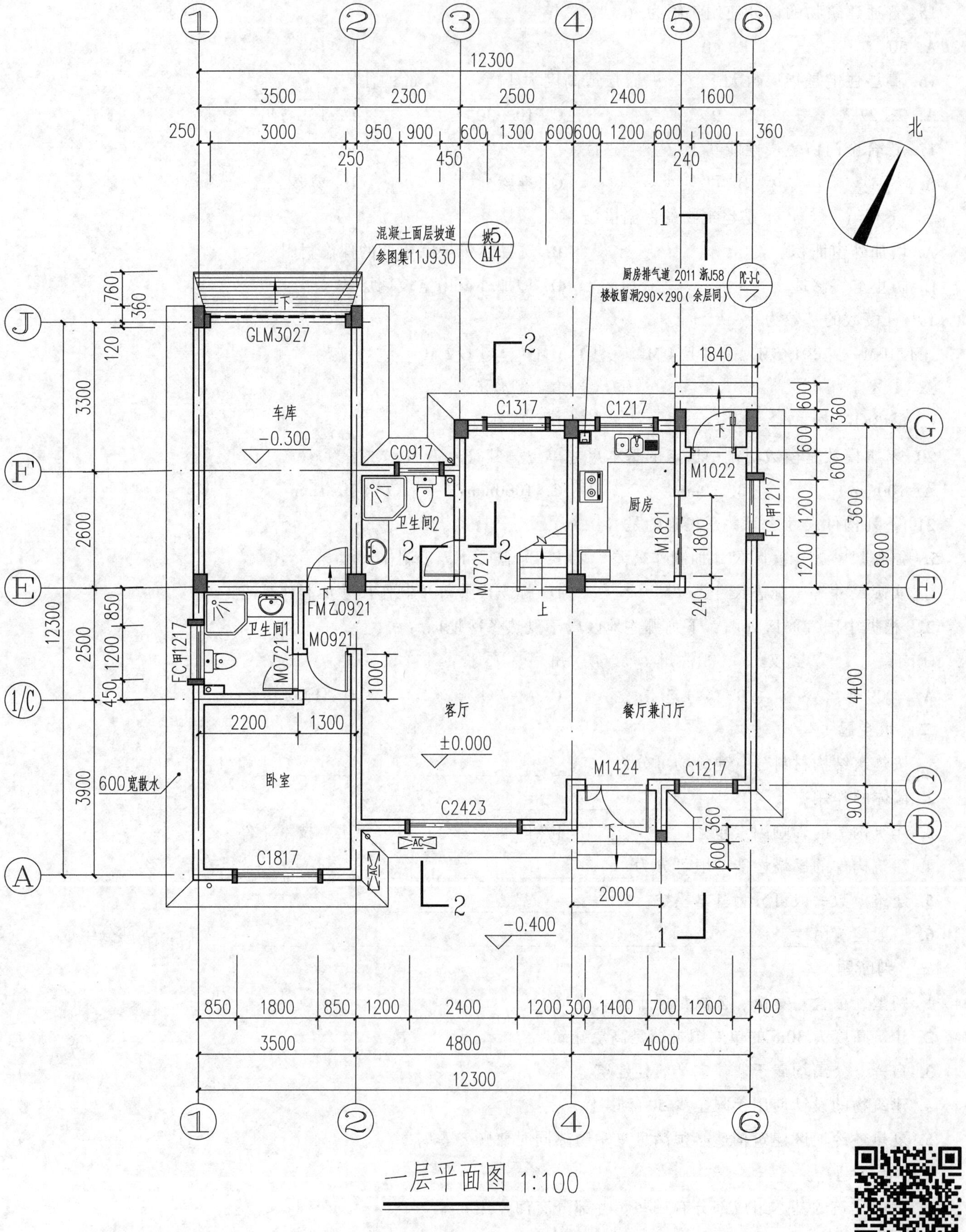

单元 2 建筑构造训练

子单元 1 基 础

一、单选题

1. 地基（　　）。
A. 是建筑物的组成部分　　　　　　B. 位于基础底面以下
C. 是墙的连续部分　　　　　　　　D. 是基础的垫层

2. 地基是（　　）受到建筑荷载作用影响的土层。
A. 基础底面以上　　B. 基础底面处　　C. 基础底面以下一定深度　　D. 基础底面以下直至地球岩芯

3. 基础承担建筑的（　　）荷载。
A. 少量　　　　　B. 部分　　　　　C. 一半　　　　　D. 全部

4. 基础的埋置深度是指（　　）。
A. 从室外设计地面到垫层底面的垂直距离　B. 从室内设计地面到基础底面的垂直距离
C. 从防潮层到基础底面的垂直距离　　　　D. 从室外设计地面到基础底面的垂直距离

5. 除岩石地基外,基础埋深一般不宜小于（　　）mm。
A. 1000　　　　　B. 800　　　　　C. 600　　　　　D. 500

6. 埋深不超过（　　）m 的基础称为浅基础。
A. 4　　　　　　B. 5　　　　　　C. 6　　　　　　D. 7

7. 一般将基础尽量埋置在（　　）。
A. 最高水位以下　　　　　　　　　B. 最高水位以上
C. 常水位以上　　　　　　　　　　D. 最高水位与最低水位之间

8. 下列有关基础的埋置深度,不正确的是（　　）。
A. 除岩石地基外,基础埋深不宜小于 0.5m
B. 基础底面应尽量选在常年未经扰动而且坚实平坦的土层上
C. 一般高层建筑的基础埋置深度为地面以上建筑物总高度的 1/18
D. 季节性冻土地区基础埋置深度宜深于场地冻结深度

9. 无筋扩展基础的受力特点是（　　）。
A. 抗拉强度大,抗压强度小　　　　B. 抗拉、抗压强度均大
C. 抗剪强度大　　　　　　　　　　D. 抗压强度大,抗拉强度小

10. 凡受到（　　）限制的基础被称为无筋扩展基础。
A. 基础台阶宽高比　　　　　　　　B. 基础材料的剪切角
C. 基础材料的摩擦角　　　　　　　D. 基础材料的抗扭角

11. 砖基础采用台阶式,逐级向下放大,一般为每二皮砖伸出（　　）砌筑。
A. 1/4 砖　　　　B. 1/2 砖　　　　C. 3/4 砖　　　　D. 1 砖

12. 下列属于扩展基础的是（　　）。
A. 钢筋混凝土基础　B. 毛石基础　　C. 素混凝土基础　　D. 砖基础

13. 下列无筋扩展基础台阶宽高比允许值（　　）最大。
A. 毛石基础　　　B. C15 混凝土基础　　C. 灰土基础　　　D. 砖基础

14. 当存在相邻建筑物时,新建建筑物的基础埋深不宜（　　）原有建筑物的基础。
A. 小于　　　　　B. 等于　　　　　C. 大于　　　　　D. 无要求

二、多选题

1. 影响基础埋置深度的主要因素:（　　）、相邻建筑物的基础埋置深度。

一层平面图 1:100

图 1-1

视频:图形图线抄绘

A. 建筑物的使用要求　　　　　　　B. 基础形式
C. 工程地质和水文地质条件　　　　D. 地基土冻结深度　　　　E. 建筑的重要性
2. 建筑物地基按是否经过处理分为（　　　）。
A. 岩石　　B. 碎石桩　　C. 砂桩　　D. 天然地基　　E. 人工地基
3. 基础按构造形式分为筏形基础、箱形基础、（　　　）等。
A. 独立基础　　B. 混凝土基础　　C. 砖基础　　D. 条形基础　　E. 桩基础
4. 下列属于无筋扩展基础的是（　　　）。
A. 混凝土基础　　B. 钢筋混凝土基础　　C. 砖基础　　D. 独立基础　　E. 筏形基础
5. 下列对"基础"的描述，（　　　）是正确的。
A. 位于建筑物地面以下的承重构件　　B. 承受建筑物总荷载的土壤层
C. 建筑物的全部荷载通过基础传给地基　　D. 应具有足够的强度和耐久性
E. 基础是建筑物的一部分
6. 基础应具有足够的（　　　）。
A. 强度　　B. 刚度　　C. 稳定性　　D. 耐久性　　E. 柔度

三、简答题
1. 地基与基础有什么区别？
2. 基础按构造形式分为哪几类？一般适用于什么情况？
3. 建筑工程常用地基有哪些？

四、抄绘题
观察基础详图（图2-1），试比较建筑施工图和结构施工图线型设置有何区别？断面图有什么图示特点？分析图中所用线型对应的线宽分别是多少？按规定比例抄绘此图。

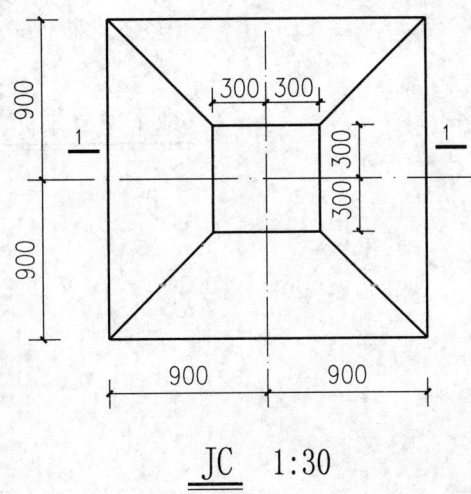

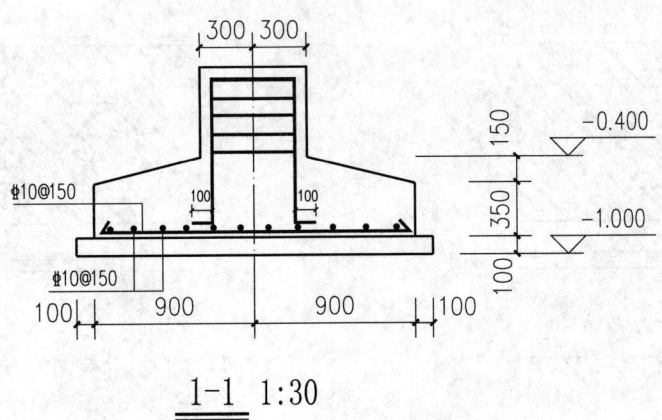

图2-1　基础详图

子单元2　地　下　室

一、单选题
1. 按房间地平面与室外地平面相对位置不同分为（　　　）、地下室。
A. 半地下室　　B. 全地下室　　C. 深埋地下室　　D. 浅埋地下室
2. 半地下室是指（　　　）。
A. 房间地平面低于室外地平面的高度超过该房间净高的1/2
B. 房间地平面低于室外地平面的高度小于该房间净高的1/3
C. 房间地平面低于室外地平面的高度超过该房间净高的1/3
D. 房间地平面低于室外地平面的高度为该房间净高的1/3～1/2
3. 地下室是指（　　　）。
A. 房间地平面低于室外地平面的高度超过该房间净高的1/2
B. 房间地平面低于室外地平面的高度小于该房间净高的1/3
C. 房间地平面低于室外地平面的高度超过该房间净高的1/3
D. 房间地平面低于室外地平面的高度为该房间净高的1/3～1/2
4. 地下室地坪只做防潮处理的条件是（　　　）。
A. 当最高地下水位高于地下室地坪时
B. 当最高地下水位等于地下室地坪时
C. 当最高地下水位低于地下室地坪时
D. 与地下水位无关
5. 地铁站的防水等级是（　　　）。
A. 一级　　B. 二级　　C. 三级　　D. 四级
6. 一级防水等级地下室的防水标准是（　　　）。
A. 不允许渗水　　B. 不允许漏水　　C. 可渗水　　D. 可漏水
7. 二级防水等级地下室的防水标准是（　　　）。
A. 结构表面无湿渍　　　　　　　　B. 结构表面有湿渍
C. 结构表面可有少量湿渍　　　　　D. 可漏泥砂
8. 三级防水等级地下室的适用范围是（　　　）。
A. 人员长期停留处　　　　　　　　B. 人员经常活动处
C. 人员临时活动处　　　　　　　　D. 都适用
9. 地下室迎水面的外墙应采用（　　　）。
A. 防水混凝土　　　　　　　　　　B. 砖墙
C. 普通混凝土　　　　　　　　　　D. 都适用
10. 上部带建筑物的地下工程防水设防高度，应高出室外地坪（　　　）mm以上。
A. 250　　B. 500　　C. 750　　D. 1000

二、多选题
1. 地下室一般由（　　　）、门窗等组成。
A. 底板　　B. 墙体　　C. 顶板　　D. 阳台　　E. 楼、电梯
2. 普通地下室一般用作（　　　）。
A. 设备用房　　B. 储藏用房　　C. 幼儿园　　D. 老年公寓　　E. 车库
3. 地下室按使用功能不同分为（　　　）。
A. 普通地下室　　B. 全地下室　　C. 深埋地下室　　D. 浅埋地下室　　E. 人防地下室
4. 对地下室防潮做法的表述，下列正确的是（　　　）。
A. 地下室的防潮应设水平防潮层与垂直防潮层
B. 当设计最高地下水位低于地下室地坪时可以做防潮处理
C. 地下室的内墙为砖墙时，墙身与地坪相交处也应做水平防潮层
D. 地下室的防潮，砌体必须用防水水泥砂浆砌筑
E. 地下室四周800mm以内宜采用灰土、黏土或亚黏土回填

5. 对地下室防水做法的表述，下列正确的是（   ）。
A. 地下室的防水底板应采用防水混凝土
B. 地下室的防水墙板可采用普通混凝土
C. 地下室的内墙板也应做防水处理
D. 防水地下室所有墙板不应有湿渍
E. 当最高地下水位高于地下室地坪时应做防水处理

三、简答题
1. 简述地下室卷材外防水、砂浆防水、涂料防水各自适用范围。
2. 人防地下室与普通地下室有何区别？

四、抄绘题
抄绘地下室外墙与底板（图2-2）、顶板的防水构造（图2-3），分析图中所用线型对应的线宽分别是多少？试按所选线宽组和规定比例抄绘，理解各图所示的主要内容和基本构造层次。

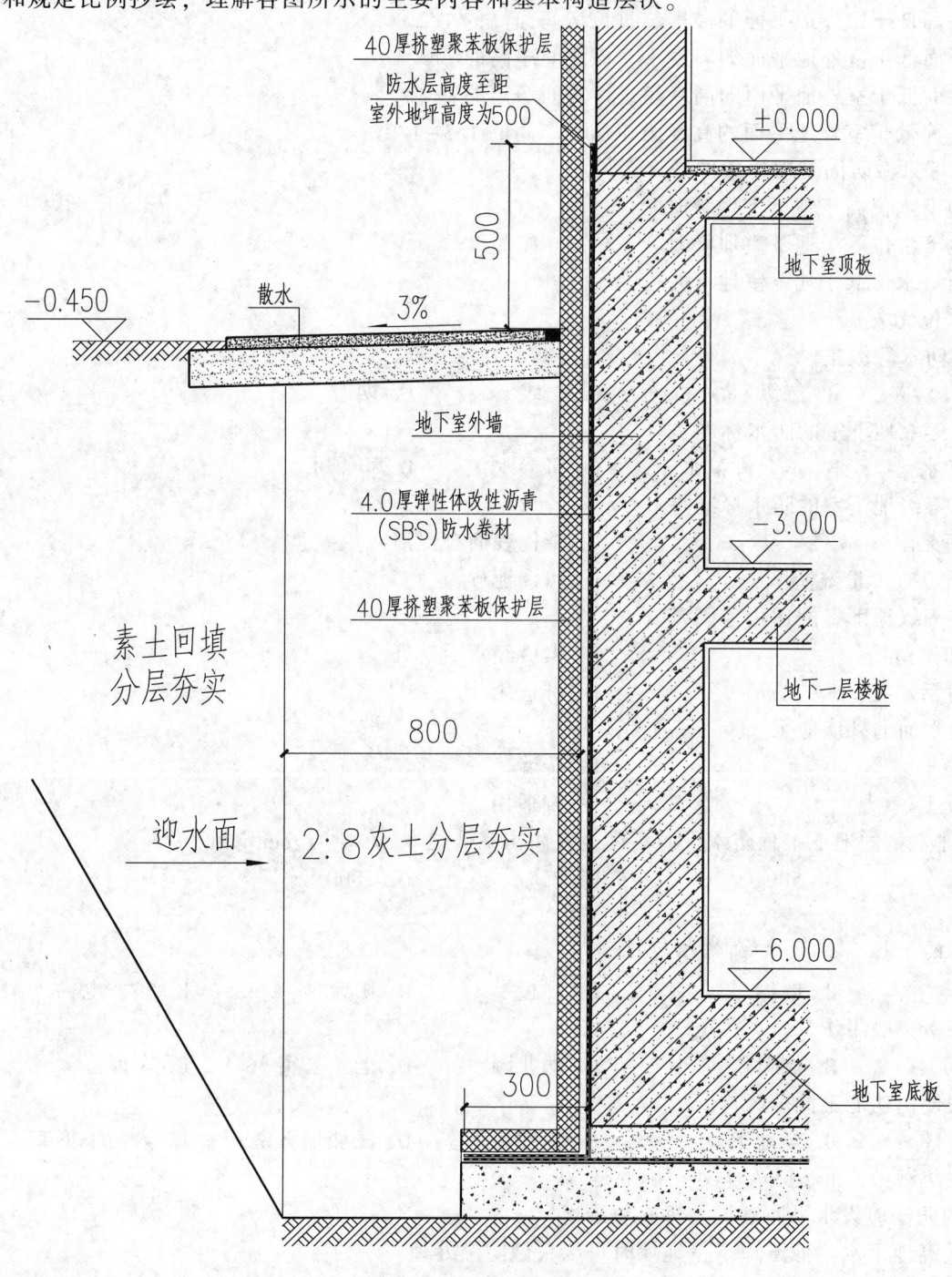

图 2-2 地下室构造示意图 1:20

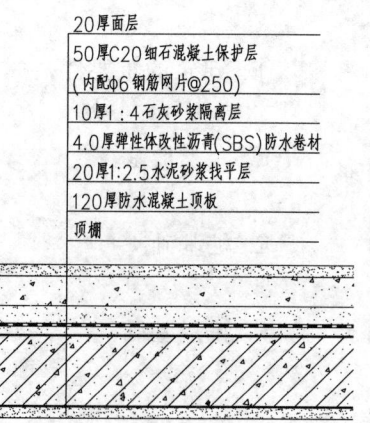

地下室顶板防水构造（1）1:10

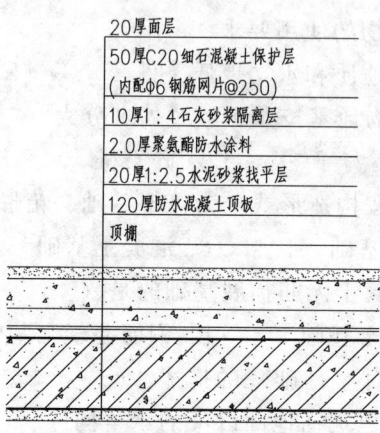

地下室顶板防水构造（2）1:10

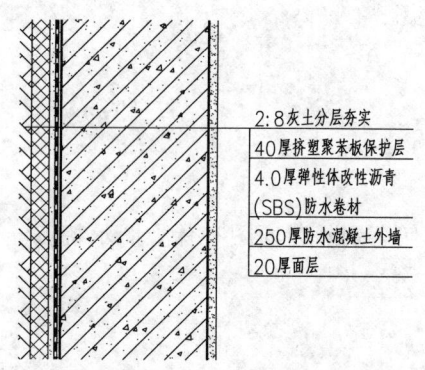

地下室外墙防水构造（1）1:10

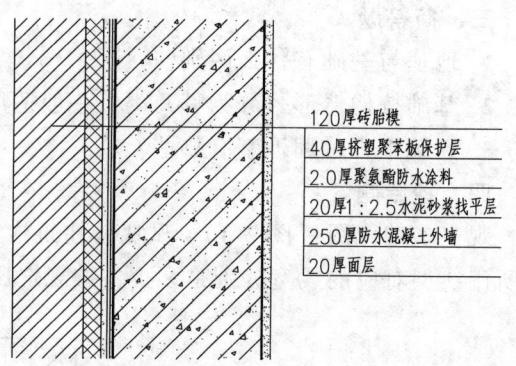

地下室外墙防水构造（2）1:10

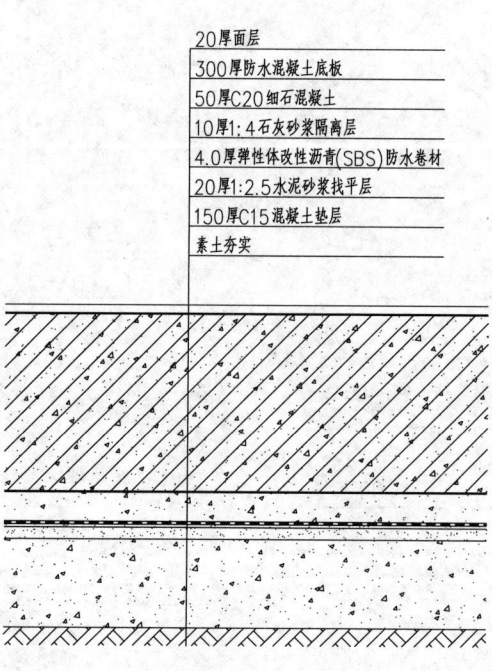

地下室底板防水构造（1）1:10

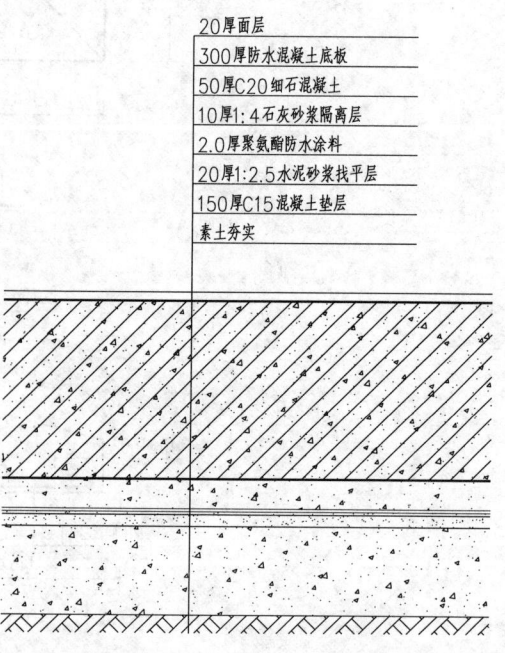

地下室底板防水构造（2）1:10

图 2-3

子单元 3 墙 体

一、单选题

1. 位于建筑物外部的横墙，习惯上称为（　　）。
   A. 山墙　　B. 窗间墙　　C. 封檐墙　　D. 围护墙
2. 墙体按在建筑物中的位置不同，可分为外墙和（　　）。
   A. 窗下墙　　B. 内墙　　C. 窗间墙　　D. 分隔墙
3. 墙体根据受力情况不同可分为承重墙和（　　）。
   A. 非承重墙　　B. 构造墙　　C. 结构墙　　D. 装饰墙
4. 框架结构中柱与柱之间的墙，习惯上称为（　　）。
   A. 自承重墙　　B. 窗间墙　　C. 填充墙　　D. 承重墙
5. 建筑物较长方向的墙叫（　　）。
   A. 横墙　　B. 纵墙　　C. 长向墙　　D. 短向墙
6. 横墙承重方案是指建筑物的梁、（　　）等水平承重构件搁置在横墙上的一种承重方案。
   A. 防水板　　B. 天花板　　C. 楼屋面板　　D. 保温板
7. 纵墙承重方案的建筑物，（　　）可灵活布置。
   A. 内墙　　B. 楼梯间墙　　C. 隔墙　　D. 横墙
8. 适用于潮湿环境的砌筑砂浆是（　　）。
   A. 水泥砂浆　　B. 混合砂浆　　C. 石灰砂浆　　D. 石膏砂浆
9. 一砖半墙的构造尺寸是（　　）mm。
   A. 380　　B. 375　　C. 370　　D. 365
10. 图中砖墙的组砌方式是（　　）。
    A. 梅花丁　　B. 多顺一丁　　C. 全顺式　　D. 一顺一丁
11. 图中砖墙的组砌方式是（　　）。
    A. 梅花丁　　B. 多顺一丁　　C. 全顺式　　D. 一顺一丁
12. 图中砖墙的组砌方式是（　　）。
    A. 梅花丁　　B. 多顺一丁　　C. 全顺式　　D. 一顺一丁
13. 蒸压加气混凝土砌块不适用于（　　）。
    A. 山墙　　B. 基础墙　　C. 填充墙　　D. 隔墙
14. 与蒸压加气混凝土砌块相匹配的砌筑砂浆是（　　）砂浆。
    A. 水泥　　B. 石灰　　C. 专用　　D. 混合
15. 蒸压加气混凝土砌块不应直接砌筑在（　　）上。
    A. 门顶　　B. 楼地面　　C. 框梁　　D. 窗顶
16. 下列散水构造做法不正确的是（　　）。
    A. 在素土夯实上做60~100mm厚混凝土，其上再做5%的水泥砂浆抹面
    B. 散水宽度一般为600~1000mm
    C. 散水与墙体之间应整体连接，防止开裂
    D. 当散水采用混凝土时，宜按20~30m间距设置伸缝
17. 墙体勒脚部位的水平防潮层一般设于（　　）。
    A. 基础顶面　　B. 基础底面
    C. 底层室内地坪下60mm处　　D. 室外地坪面
18. 为增强砌体结构的整体刚度可设置（　　）等措施。
    A. 沉降缝　　B. 伸缩缝　　C. 过梁　　D. 圈梁
19. 填充墙与柱必须有可靠的连接，常用做法是沿柱高每（　　）mm平行伸出2Φ6钢筋砌入墙体水平灰缝中。
    A. 1000　　B. 500　　C. 300　　D. 800
20. 蒸压加气混凝土砌块按（　　）分级。
    A. 尺寸偏差和外观质量　　B. 强度和干密度
    C. 尺寸偏差和干密度　　D. 强度和外观质量
21. 墙体构造柱施工时应做到（　　）留出马牙槎。
    A. 后砌墙　　B. 先砌墙
    C. 墙柱同时施工　　D. 先浇柱
22. 宜做隔墙的墙体构造有（　　）。
    A. 立筋人造板墙　　B. 37砖墙　　C. 钢筋混凝土墙　　D. 清水墙
23. 墙面花岗岩饰面目前主要采用的是（　　）施工方法。
    A. 粘贴　　B. 湿挂　　C. 干挂　　D. 半干挂
24. 住宅的临空窗台高度低于（　　）mm时，应采取防护措施。
    A. 600　　B. 700　　C. 800　　D. 900
25. 下列（　　）是蒸压加气混凝土砌块和普通砖的强度等级代号。
    A. A3.5，M5.0　　B. B05，M5.0　　C. A3.5，MU10　　D. A3.5，B05
26. 蒸压加气混凝土砌块产品质量分为（　　）两个等级。
    A. 优等、不合格　　B. 合格、不合格　　C. 优等、合格　　D. 优等、良好
27. 屋顶上部的外墙被称为（　　）。
    A. 防火墙　　B. 女儿墙　　C. 马头墙　　D. 封檐墙

二、多选题

1. 建筑物中墙体的作用为（　　）。
   A. 承重　　B. 保温　　C. 围护　　D. 分隔　　E. 保安
2. 按所用材料不同，常见墙体可分为（　　）。
   A. 砖墙　　B. 砌块墙　　C. 混凝土墙　　D. 泥墙　　E. 石墙
3. 常见非承重墙的类型有（　　）。
   A. 外墙　　B. 填充墙　　C. 内墙　　D. 幕墙　　E. 剪力墙
4. 在砌体结构中，承重墙的结构布置方式有（　　）。
   A. 横墙承重　　B. 纵墙承重　　C. 山墙承重　　D. 纵横墙承重　　E. 部分内框架承重
5. 块材墙体砌筑时，应做到（　　）。
   A. 砂浆饱满　　B. 横平竖直　　C. 块材大小一致　　D. 内外搭接　　E. 竖直灰缝错开
6. 砌筑砂浆的强度等级是由它的抗压强度确定的，常用的是（　　）等级别。
   A. MU30　　B. WM10　　C. Ms7.5　　D. M5.0　　E. Mb15
7. 墙身防潮层常用的材料有（　　）。
   A. 防水砂浆　　B. 混合砂浆　　C. 细石混凝土　　D. 石灰砂浆　　E. 砌筑砂浆
8. 建筑物勒脚是指墙身接近室外地面的部分，其作用是（　　）。
   A. 保护墙身　　B. 防冻　　C. 增加建筑美观　　D. 防潮防水　　E. 防止碰撞
9. 在砌体结构中，圈梁的作用正确的是（　　）。

A. 加强房屋的整体性 B. 提高墙体的承载能力
C. 减少由于基础不均匀沉降引起的墙体开裂 D. 加强墙体的稳定性
E. 提高抗震能力
10. 根据保温层与基层墙体的相对位置，外墙体保温可分为（   ）。
A. 外墙外保温 B. 外墙内保温 C. 外墙中保温 D. 内墙内保温 E. 内墙中保温
11. 门窗过梁的作用是（   ）。
A. 装饰 B. 承受外墙的荷载 C. 承受门窗上部墙的荷载
D. 承受门窗上部楼板的荷载 E. 承受门窗的荷载
12. 砖墙材料包括（   ）。
A. 烧结普通砖 B. 混凝土普通砖 C. 蒸压灰砂砖 D. 蒸压粉煤灰砖 E. 混凝土多孔砖
13. 当圈梁被门窗洞口截断时，应在洞口上方设置附加圈梁，附加圈梁与圈梁的搭接长度每边至少（   ）。
A. 等于二者垂直中距 3 倍 B. 等于二者垂直中距 2 倍
C. 等于二者垂直净距 3 倍 D. 等于二者垂直净距 2 倍
E. 不得小于 1m
14. 外围护墙保温措施有（   ）等方面。
A. 自保温 B. 附加材料保温 C. 采用太阳能 D. 利用空调 E. 利用地热
15. 外墙内保温有（   ）等方面优点。
A. 不影响外墙饰面 B. 不影响外墙防水构造 C. 减少使用面积
D. 占据较多室内空间 E. 不利二次装修

三、简答题

1. 勒脚的作用是什么？常用做法有哪几种？
2. 墙身中为什么要设水平防潮层？设在什么位置？有哪些做法？各有什么优缺点？
3. 墙身什么情况下要设垂直防潮层？为什么？
4. 常见的过梁有几种？它们的适用范围和构造特点是什么？
5. 对于墙体来说，过梁和圈梁有什么作用？一般设置在什么部位？
6. 简述构造柱的作用和设置位置。
7. 党的二十大报告提出"人民健康是民族昌盛和国家强盛的重要标志"，谈谈墙身防潮对人民健康的影响。
8. 试述墙面装修的作用和基本类型。
9. 墙面抹灰可分为哪几层？简述各层的作用及厚度。

四、抄绘题

试按所选线宽组和规定比例抄绘图 2-4、图 2-5，理解各图所示的主要内容和基本构造层次并与校内建筑对照比较。

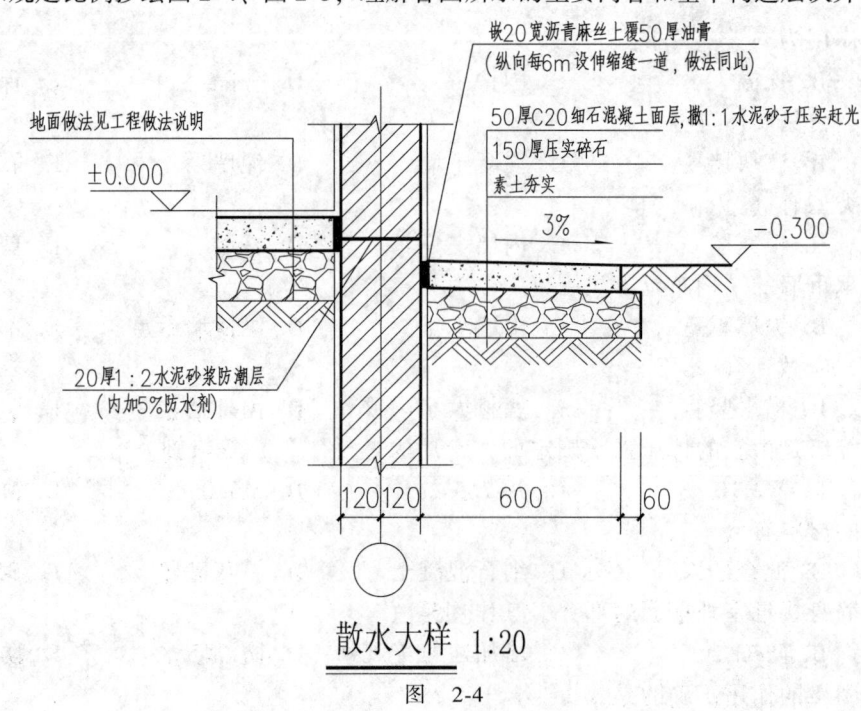

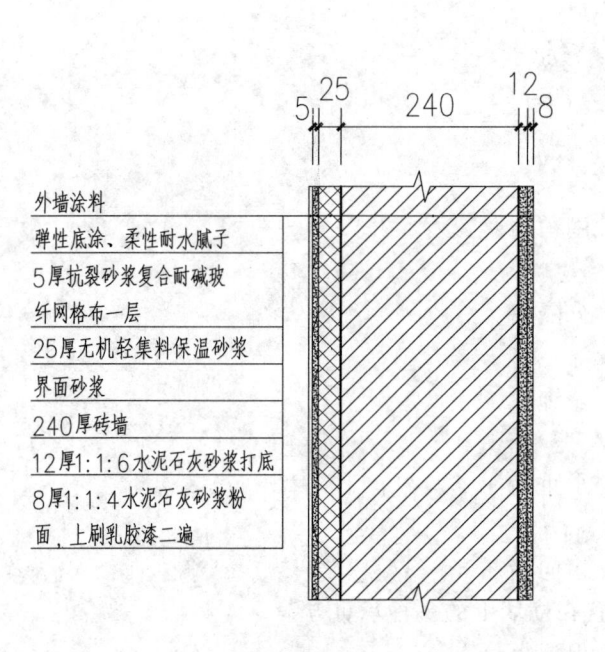

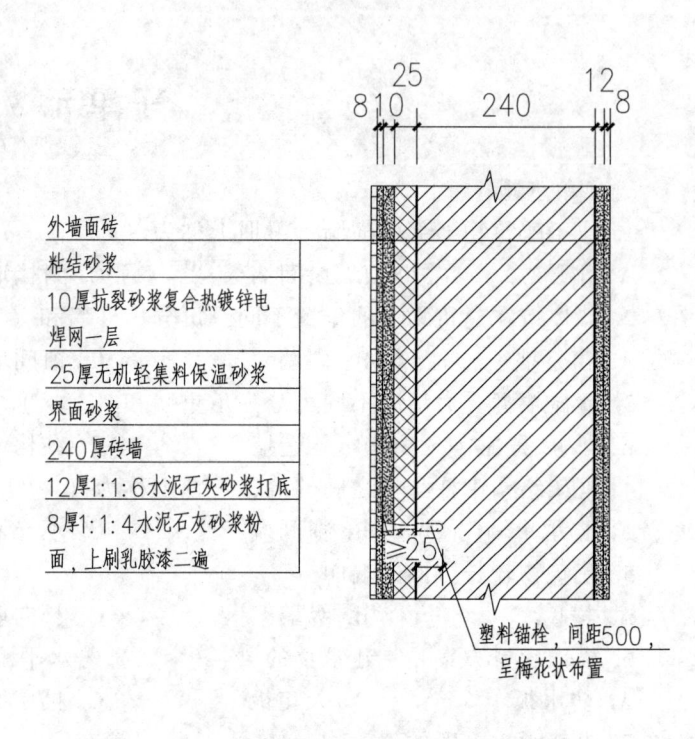

图 2-4 散水大样 1:20

图 2-5 墙体构造

涂料类墙面外保温装修构造 1:10

面砖类墙面外保温装修构造 1:10

子单元 4 门   窗

一、单选题

1. 民用建筑门洞尺寸和开启方向主要取决于（   ）。
A. 建筑立面造型 B. 采光 C. 人流疏散 D. 通风
2. 在民用建筑中使用最为广泛的门为（   ）。
A. 平开门 B. 推拉门 C. 弹簧门 D. 转门
3. 下列属于安全玻璃的是（   ）。
A. 钢化玻璃 B. 平板玻璃 C. 磨砂玻璃 D. 有机玻璃
4. 既有保温、隔热、隔声功能，又有装饰安全等性质的多功能玻璃是（   ）。
A. 钢化玻璃 B. 压花玻璃 C. 中空玻璃 D. 夹丝玻璃
5. 节能门窗中的型材普遍采用的是（   ）。
A. 普通铝合金 B. 断热铝合金 C. 钢材 D. 木材
6. 防火门窗的耐火极限等级分为（   ）。
A. 甲乙丙丁 B. 甲乙丙 C. 一二三四 D. 一二三
7. 全玻璃门应选用（   ）。
A. 有色玻璃 B. 普通玻璃 C. 白玻璃 D. 安全玻璃
8. 安全玻璃除具备一定的强度外，还必须具有（   ）性能。
A. 耐磨 B. 耐腐蚀 C. 破碎后无伤害 D. 抗冲击

二、多选题

1. 门窗的安装可采用（   ）方法。
A. 立口 B. 塞口 C. 平口 D. 开口 E. 企口
2. 按开启方向不同，门可分为（   ）、转门等几种。
A. 平开门 B. 固定门 C. 弹簧门 D. 推拉门 E. 折叠门
3. 门主要由（   ）组成。
A. 门槛 B. 门框 C. 亮子 D. 门扇 E. 五金配件

4. 节能外门窗应具备（　　）性能。
A. 水密性　　　　B. 气密性　　　　C. 抗风压　　　　D. 防火性　　　　E. 耐碱性
5. 建筑上固定遮阳板可分为水平遮阳板、竖直遮阳板、（　　）四种。
A. 花格遮阳板　　B. 综合遮阳板　　C. 雨篷遮阳板　　D. 挡板式遮阳板　　E. 植物遮阳板
6. 门窗保温节能的构造措施有（　　）。
A. 增加窗扇层数和玻璃层数　　　　　　B. 减少门窗缝隙的长度
C. 减少窗洞口面积　　　　　　　　　　D. 门窗框体采用钢材
E. 设置窗帘

三、简答题
1. 门和窗各有哪几种开启方式？
2. 门和窗主要由什么组成？
3. 门窗保温节能的常用措施有哪些？

四、抄绘题
抄绘门窗详图（图2-6），分析图中所用线型对应的线宽分别是多少。试按所选线宽组和规定比例抄绘，理解各图所示的门窗扇的开启方式。

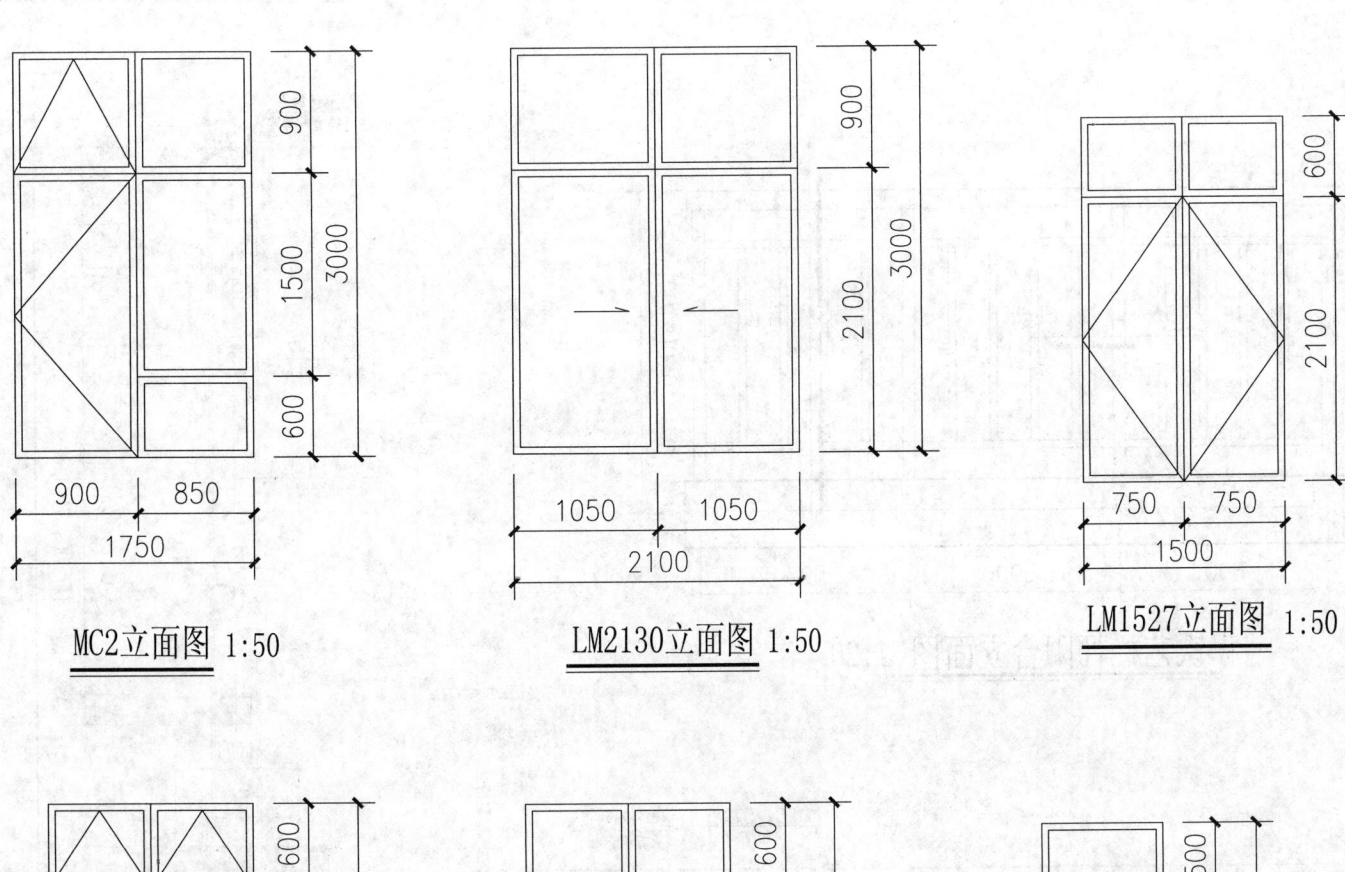

图2-6 门窗大样

五、识图题
仔细阅读某别墅一层建筑平面图（图1-1）统计各种门窗的种类和数量。

门窗表

类别	设计编号	洞口尺寸		数量
		宽度/mm	高度/mm	
门	GLM3027			
	M1821			
	M1424			
	FM乙0921			
	M0721			
	M0921			
	M1022			
窗	C2423			
	C1817			
	C1317			
	C1217			
	C0917			
	FC甲1217			

子单元5　楼　地　面

一、单选题
1. 下列不属于楼板附加层所起的作用是（　　）。
A. 保温　　　　B. 承重　　　　C. 隔声　　　　D. 防水
2. 楼板层的隔声构造措施不正确的是（　　）。
A. 楼面上铺设地毯　　B. 设置矿棉毡垫层　　C. 楼板下做吊顶　　D. 设置混凝土垫层
3. 顶棚有（　　）两种类型。
A. 悬吊式顶棚，抹灰顶棚　　　　　　B. 贴面顶棚，悬吊式顶棚
C. 悬吊式顶棚，直接式顶棚　　　　　D. 贴面顶棚，直接式顶棚
4. 阳台设计不需满足的要求是（　　）。
A. 安全坚固耐久　　B. 解决防水和排水问题　　C. 美观　　D. 支撑楼板
5. 六层及六层以下住宅阳台扶手高度应大于或等于（　　）mm。
A. 900　　　　B. 1000　　　　C. 1050　　　　D. 1100
6. 高层住宅阳台扶手高度应大于或等于（　　）mm。
A. 900　　　　B. 1000　　　　C. 1050　　　　D. 1100
7. 住宅阳台空花栏杆的竖直杆件间的净距应小于等于（　　）mm。
A. 900　　　　B. 100　　　　C. 110　　　　D. 120
8. 厕所间的墙面面层材料应采用易（　　）材料。
A. 清洗　　　　B. 吸水　　　　C. 吸污　　　　D. 腐蚀
9. 存放食品的房间，当食品与楼地面直接接触时，严禁采用（　　）材料作为楼地面面层。
A. 花岗岩　　　B. 混凝土　　　C. 地砖　　　　D. 有毒
10. 生产和储存吸味较强的食品场所，楼地面面层严禁采用（　　）的材料。
A. 织物　　　　B. 混凝土　　　C. 聚合物　　　D. 散发异味

二、多选题
1. 地坪层由（　　）等几个基本层次组成。

A. 结构层　　　　B. 面层　　　　C. 顶棚层　　　　D. 地基　　　　E. 垫层
2. 楼板层由（　　）等几个基本层次组成。
A. 结构层　　　　B. 面层　　　　C. 顶棚层　　　　D. 附加层　　　E. 垫层
3. 楼板层中附加层可起（　　）。
A. 防潮作用　　　B. 防水作用　　　C. 承受和传递楼盖上的全部荷载　　　D. 隔声作用
E. 保温或隔热作用
4. 楼地面应具有足够的（　　），以保证建筑物和使用者的安全。
A. 强度　　　　　B. 耐久性　　　　C. 刚度　　　　　D. 厚度　　　　E. 工作性
5. 现浇钢筋混凝土楼板按支承梁的布置分为（　　）。
A. 主次梁式楼板　　　　　　　　B. 预制装配式楼板
C. 压型钢板组合楼板　　　　　　D. 装配整体式楼板　　　　E. 井格式楼板
6. 下列不属于整体类楼地面面层的是（　　）地面。
A. 水泥砂浆　　　B. 细石混凝土　　C. 地毯　　　　　D. 人造石板　　E. 木地板
7. 楼板结构层可（　　）。
A. 起构造作用　　B. 改善使用功能　C. 承受和传递楼盖上的全部荷载
D. 维护和增强建筑物的整体刚度　　E. 维护墙体的稳定性
8. 厕所间的楼地面面层材料应采用（　　）。
A. 防滑　　　　　B. 不吸水　　　　C. 不吸污　　　　D. 耐腐蚀　　　E. 防静电
9. 经常积水的楼地面应采取（　　）措施。
A. 低于相邻楼地面　B. 设门槛　　　C. 装地漏　　　　D. 四周墙体做混凝土翻边
E. 找排水坡

三、简答题

1. 简述楼地面的种类及其特点。
2. 简述有水房间的楼地层防水构造要求。
3. 简述阳台的排水构造。

四、抄绘题

试按所选线宽组和规定比例抄绘图 2-7~图 2-10，理解各图所示的主要内容和基本构造层次并与校内建筑对照比较。

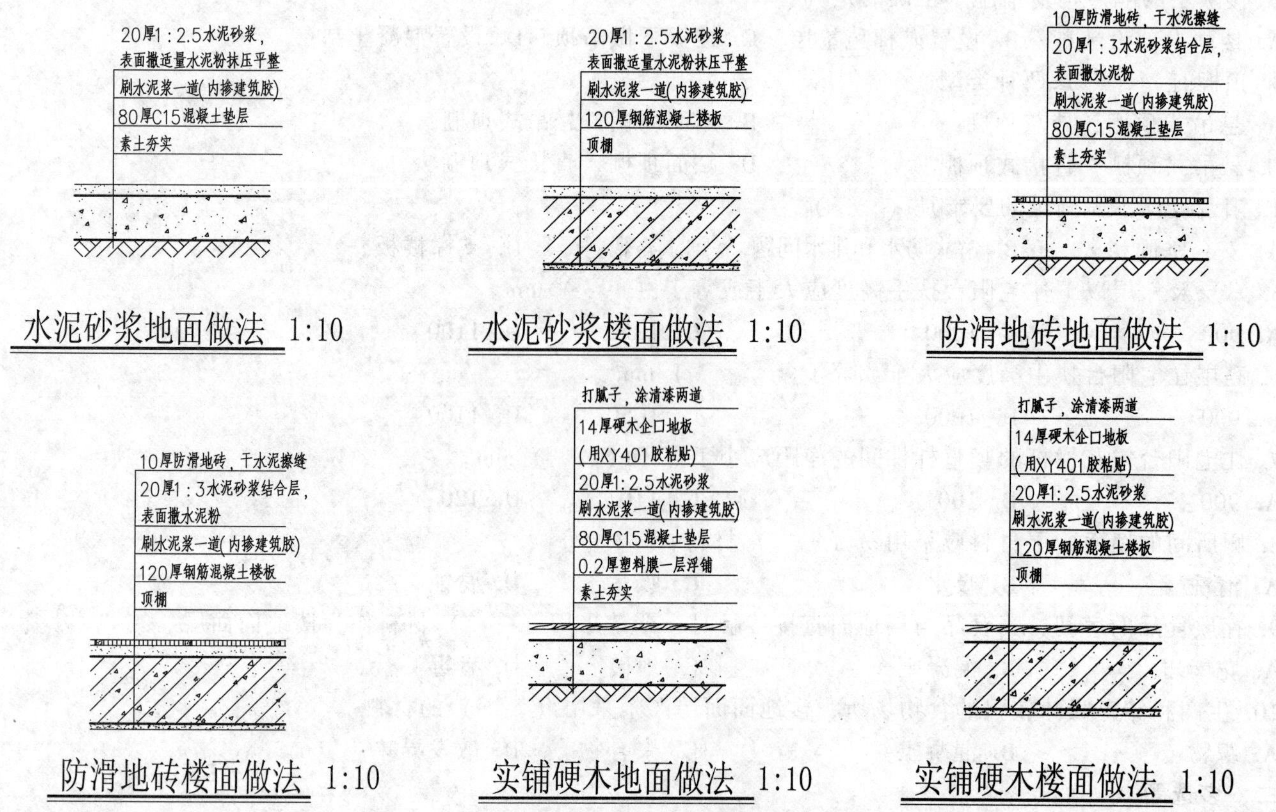

图 2-7　楼地面构造

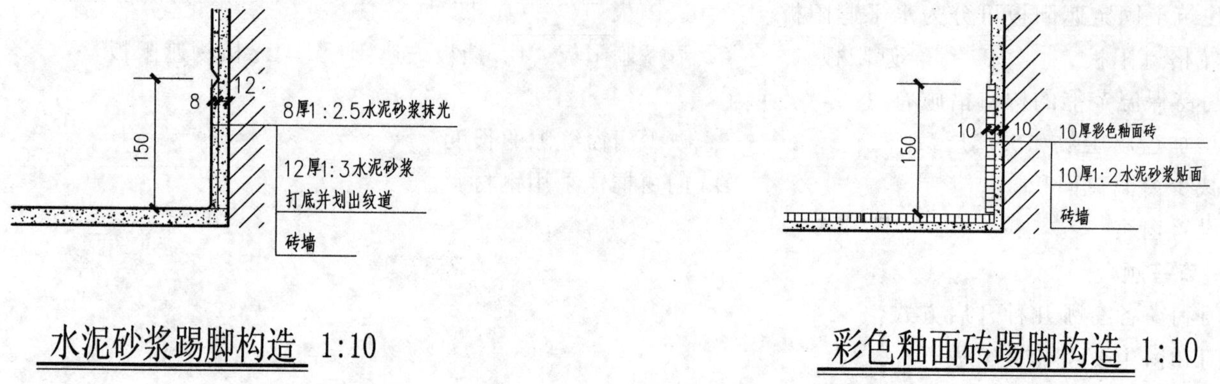

图 2-8　踢脚详图

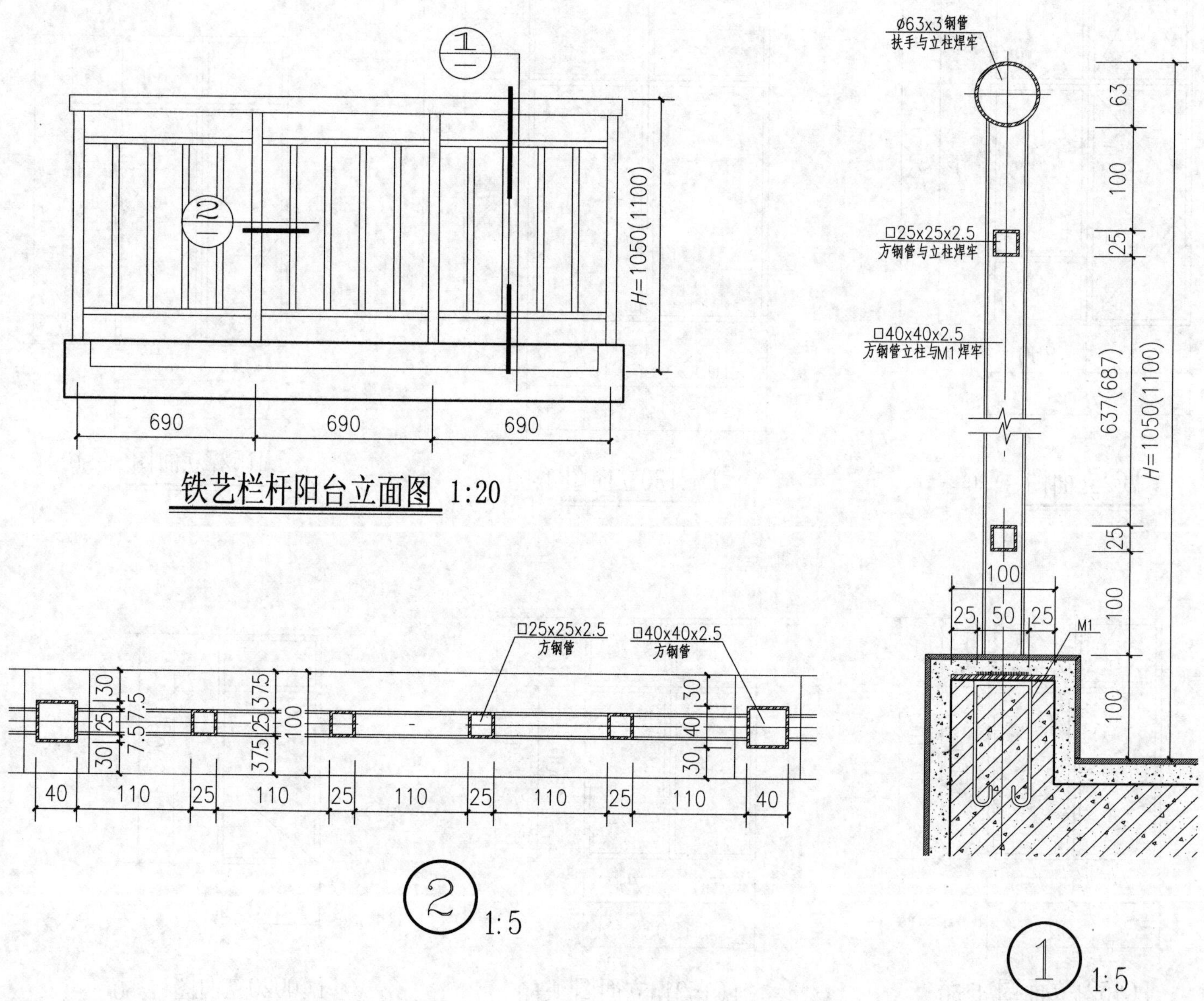

图 2-9　阳台大样

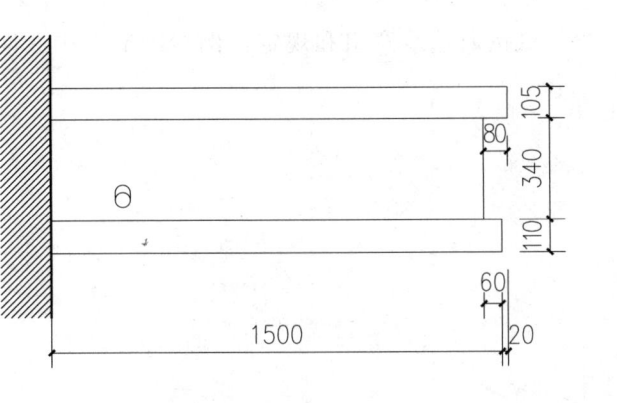

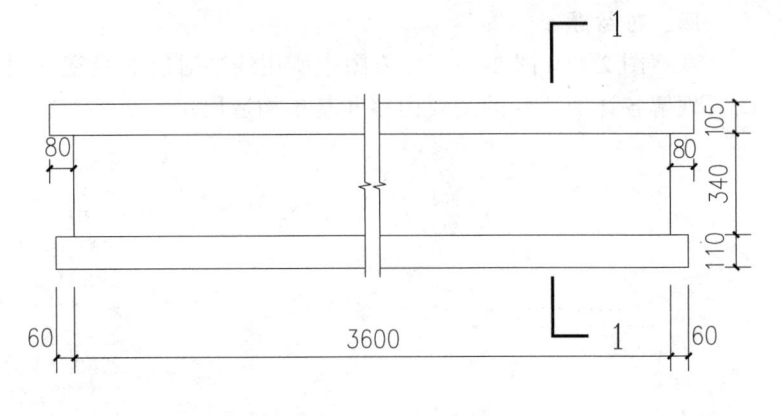

混凝土雨篷侧立面图 1:20

混凝土雨篷正立面图 1:20

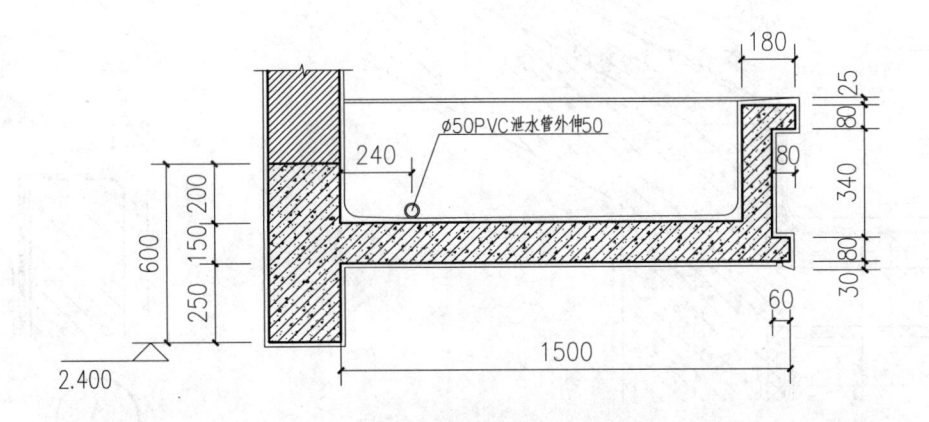

混凝土雨篷 1-1剖面图 1:20

图 2-10 雨篷大样

子单元 6 屋 顶

一、单选题

1. 坡屋顶是指其屋面坡度（ ）的屋顶。
A. <5%　　　　　　　　　　　B. >3%
C. <10%　　　　　　　　　　 D. ≥10%
2. 屋面防水层是指能够隔绝水且不向建筑物内部渗透的（ ）。
A. 构造层　　　　　　　　　　B. 隔离层
C. 结构层　　　　　　　　　　D. 隔汽层
3. 屋顶坡度形成的方法中，材料找坡是指（ ）来形成的。
A. 利用预制板的搁置坡度　　　B. 选用轻质材料找坡
C. 利用屋顶面层材料的厚度变化 D. 利用结构层的厚度变化
4. 屋顶采用材料找坡时，垫坡材料不宜用（ ）。
A. 水泥炉渣　　　　　　　　　B. 石灰炉渣
C. 细石混凝土　　　　　　　　D. 膨胀珍珠岩
5. 结构层为钢筋混凝土的屋面，材料找坡时排水坡度不宜大于（ ）%。
A. 0.5　　　　　　　　　　　　B. 2
C. 6　　　　　　　　　　　　　D. 10
6. 在易渗漏和易破损部位设置的卷材或涂膜加强层称为（ ）。
A. 保护层　　　　　　　　　　B. 防水层
C. 复合层　　　　　　　　　　D. 附加层
7. 结构层为钢筋混凝土的屋面，结构找坡时排水坡度不应小于（ ）%。
A. 3　　　　　　　　　　　　　B. 5
C. 6　　　　　　　　　　　　　D. 10
8. 下列（ ）排水方式不属于有组织排水。
A. 坡屋顶檐口外排水　　　　　B. 挑檐自由落水
C. 挑檐沟外排水　　　　　　　D. 女儿墙檐沟外排水
9. 屋面的泛水是指屋面防水层与突出构件之间的（ ）构造。
A. 滴水　　　　　　　　　　　B. 排水
C. 防水　　　　　　　　　　　D. 散水
10. 防水附加层在竖直墙面的铺贴高度不应小于（ ）mm。
A. 100　　　　　　　　　　　　B. 150
C. 200　　　　　　　　　　　　D. 250
11. 当细石混凝土作防水保护层时，为减少自身变形对防水层的不利影响，常在防水层与保护层之间设置（ ）。
A. 隔汽层　　　　　　　　　　B. 隔离层
C. 隔热层　　　　　　　　　　D. 隔声层
12. 建筑物屋面的防水等级分为（ ）。
A. Ⅰ、Ⅱ、Ⅲ、Ⅳ、Ⅴ　　　　B. Ⅰ、Ⅱ、Ⅲ、Ⅳ
C. Ⅰ、Ⅱ、Ⅲ　　　　　　　　D. Ⅰ、Ⅱ
13. 屋面防水或保温层上的细石混凝土保护层，其厚度一般为（ ）mm。
A. 10　　　　　　　　　　　　　B. 20
C. 30　　　　　　　　　　　　　D. 40
14. 屋面采用细石混凝土作保护层时，表面应抹平压光，并应分分格缝，其纵横间距不应大于（ ）m。
A. 6　　　　　　　　　　　　　B. 7
C. 8　　　　　　　　　　　　　D. 9
15. 为了防止室内水蒸气渗透到屋面保温材料中，应采取（ ）措施。
A. 加大屋面斜度　　　　　　　B. 加钢筋混凝土垫层
C. 加水泥砂浆隔离层　　　　　D. 设隔汽层
16. 钢筋混凝土檐沟与天沟净宽不应小于（ ）mm。
A. 300　　　　　　　　　　　　B. 350
C. 400　　　　　　　　　　　　D. 450
17. 钢筋混凝土檐沟与天沟沟内纵向找坡不应小于（ ）。
A. 5%　　　B. 3%　　　C. 2%　　　D. 1%
18. 防水层下要求坚实平整的找平层，故找平层应具备一定的（ ）。
A. 强度和厚度　　　　　　　　B. 变形能力
C. 隔水能力　　　　　　　　　D. 隔汽能力
19. 檐沟外侧下端等部位的滴水槽宽度和深度不宜小于（ ）mm。
A. 20，20　　B. 15，10　　C. 10，10　　D. 5，10
20. 檐沟外侧下端等部位均应作滴水处理，滴水处理包括（ ）。
A. 防水和排水　B. 滴水和排水　C. 滴水和防水　D. 鹰嘴和滴水槽

二、多选题

1. 屋顶设计中主要解决（ ）问题。
A. 防水　B. 保温　C. 隔热　D. 结构承载　E. 排水
2. 屋面防水层的材料主要有（ ）。
A. 玻璃顶　B. 防水卷材　C. 细石混凝土　D. 防水涂膜　E. 金属板
3. 屋顶的保温材料按形状可分为（ ）。
A. 纤维类　B. 现浇类　C. 板块类　D. 整体类　E. 散料类

4. 长期处于潮湿环境的屋面防水材料必须考虑下列（　　）性能。
   A. 耐腐蚀　　B. 耐霉变　　C. 耐长期水浸　　D. 耐紫外线　　E. 耐穿刺
5. 屋面防水工程应根据建筑物的（　　）来确定防水等级。
   A. 建筑类别　　B. 使用功能　　C. 重要程度　　D. 防水层厚度　　E. 防火要求
6. 块体材料、水泥砂浆、细石混凝土保护层与（　　）防水层之间应设置隔离层。
   A. 卷材　　B. 涂膜　　C. 防水砂浆　　D. 密封材料　　E. 混凝土瓦
7. 屋面需设置隔汽层时，隔汽层应设置在（　　）。
   A. 结构层上　　B. 顶棚下　　C. 保温层下　　D. 隔离层上　　E. 保护层下
8. 夏季炎热地区屋面隔热可采取下列（　　）措施。
   A. 绿化　　B. 蓄水　　C. 保温　　D. 涂浅色涂料　　E. 架空
9. 下列说法中正确的是（　　）。
   A. 屋面细石混凝土保护层用于保护防水层或保温层
   B. 屋面细石混凝土保护层，女儿墙与保护层之间应留缝，并加铺附加卷材形成泛水
   C. 泛水应有足够高度，一般不少于150mm
   D. 屋面细石混凝土保护层内的钢筋在分仓缝处应连通，保持保护层的整体性
   E. 屋面泛水的垂直面上铺贴防水卷材时，宜采用机械固定并用防水密封材料密封
10. 下列有关屋面细石混凝土保护层与卷材防水层之间设置隔离层的叙述，正确的是（　　）。
    A. 消除细石混凝土保护层与卷材防水层之间的黏结力
    B. 防止细石混凝土保护层伸缩变形破坏防水层
    C. 消除细石混凝土保护层与卷材防水层之间的机械咬合力
    D. 防止细石混凝土施工时破坏防水层
    E. 加强防水能力
11. 下列建筑物屋顶的排水方式，合理的是（　　）。
    A. 高层建筑宜采用外排水
    B. 多层建筑宜采用内排水
    C. 低层建筑可采用无组织排水
    D. 汇水面积大的屋面宜采用天沟排水
    E. 檐高小于10m的建筑可采用无组织排水
12. 屋面防水等级为Ⅰ级的建筑物，下列防水做法合适的是（　　）。
    A. 1.2mm合成高分子防水卷材+1.5mm合成高分子防水涂膜
    B. 1.5mm自粘聚合物改性沥青防水卷材+1.5mm合成高分子防水涂膜
    C. 40厚细石混凝土+3.0mm聚合物改性沥青防水涂膜
    D. 2.0mm合成高分子防水卷材+装饰瓦
    E. 3.0mm聚合物改性沥青防水卷材+2.0mm聚合物改性沥青防水涂膜
13. 屋面防水等级为Ⅱ级的建筑物，下列防水做法合适的是（　　）。
    A. 1.5mm合成高分子防水卷材
    B. 4.0mm自粘聚合物改性沥青防水卷材
    C. 3.0mm改性沥青防水涂膜
    D. 1.5mm合成高分子防水卷材+装饰瓦
    E. 3.0mm聚合物改性沥青防水卷材+1.2mm聚合物改性沥青防水涂膜

三、简答题
1. 屋顶设计应满足哪些要求？
2. 影响屋顶坡度的因素有哪些？如何形成屋顶的排水坡度？
3. 屋顶排水组织设计主要包括哪些内容？具体要求是什么？
4. 屋顶的排水方式有哪几种？简述各自的优缺点和适用范围。
5. 卷材防水屋面基本构造层次有哪些？各层次的作用是什么？
6. 泛水作用是什么？通常设置在哪些部位？
7. 屋顶的保温构造处理有哪几种做法？

四、抄绘题
观察图2-11～图2-13，分析图中所用线型对应的线宽分别是多少。试按所选线宽组和规定比例抄绘节点构造详图，理解各详图所示的主要内容和基本构造层次。

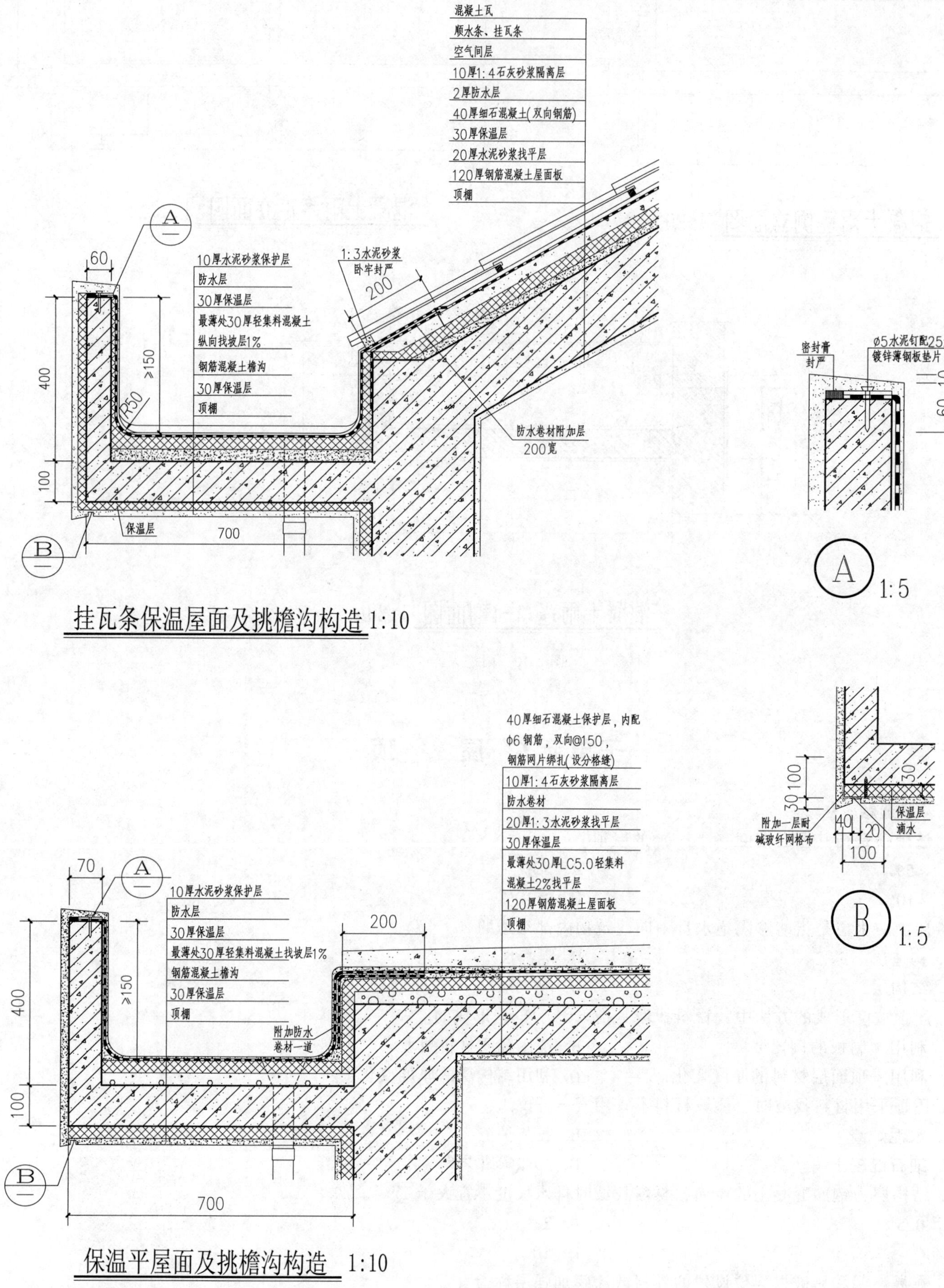

图2-11 正置保温屋面构造

图 2-12 倒置保温屋面构造

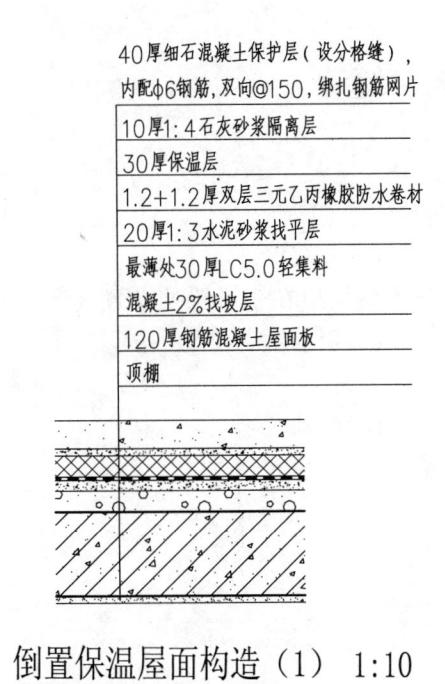

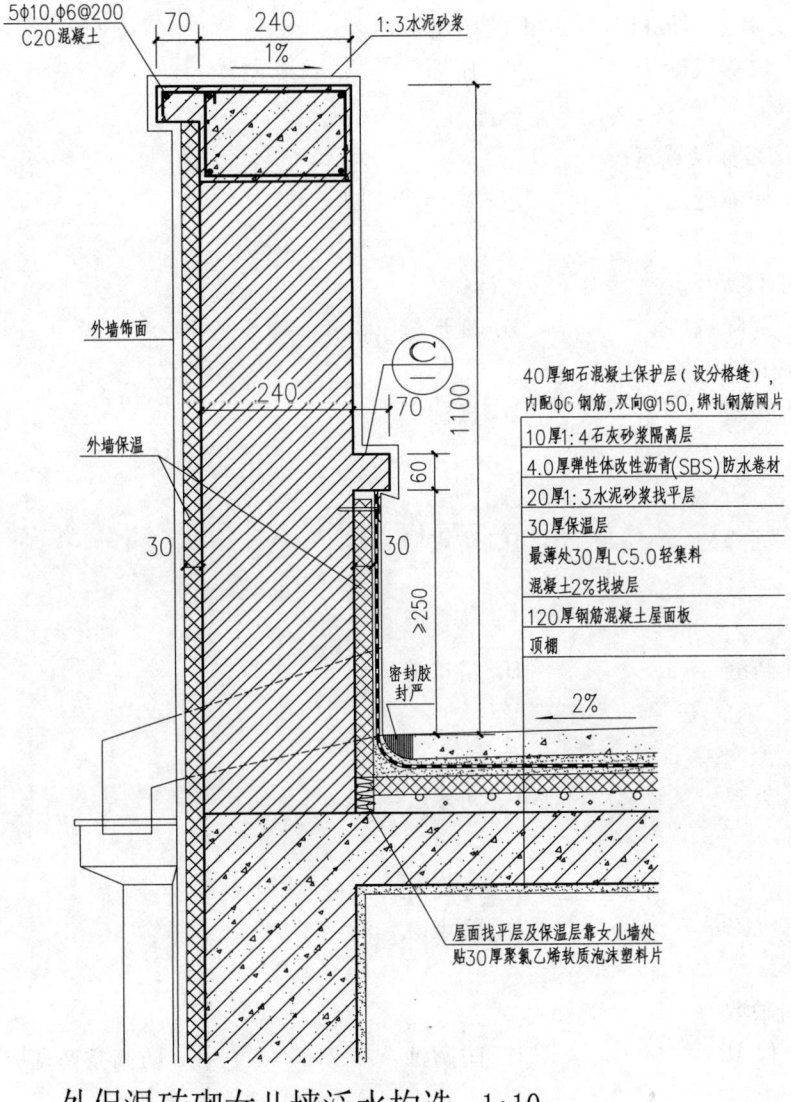

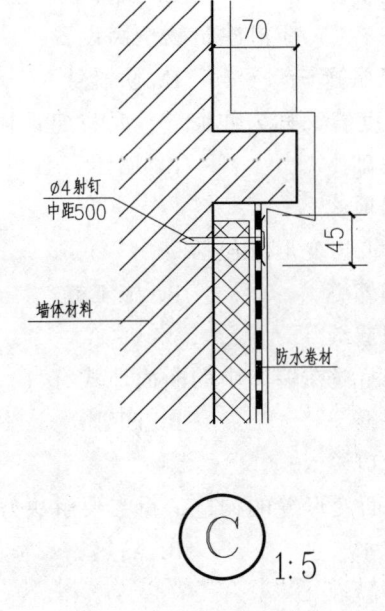

图 2-13 女儿墙泛水构造详图

视频：识读女儿墙节点构造详图

子单元 7 楼　　梯

一、单选题

1. 在楼梯形式中，不宜用于疏散楼梯的是（　　）。
A. 直跑楼梯　　B. 双跑楼梯　　C. 剪刀楼梯　　D. 螺旋形楼梯
2. 室内楼梯栏杆扶手的高度一般为 900mm，供儿童使用的楼梯应在（　　）mm 高度增设扶手。
A. 400　　B. 600　　C. 800　　D. 850
3. 楼梯平台是梯段改变方向的转换构件，扶手转向端处平台最小宽度应（　　）梯段的宽度，并不小于 1.2m。
A. <　　B. ≤　　C. ≥　　D. >
4. 每个梯段踏步数一般不应超过（　　）级，也不应少于（　　）级。
A. 20，4　　B. 15，3　　C. 15，1　　D. 18，3
5. 楼梯梯段的坡度在下列（　　）组较舒适。
Ⅰ. 23°　Ⅱ. 30°　Ⅲ. 40°　Ⅳ. 45°　Ⅴ. 60°
A. Ⅱ~Ⅴ　　B. Ⅰ~Ⅲ　　C. Ⅱ~Ⅳ　　D. Ⅰ~Ⅱ
6. 一般楼梯梯段部分的净高不应小于（　　）mm。
A. 1800　　B. 2000　　C. 2200　　D. 2400
7. 楼梯扶手高度的计量与（　　）有关。
A. 梯段踏步高度　　B. 梯段的坡度　　C. 梯段踏步前缘　　D. 梯段的长度
8. 供日常主要交通用的楼梯的梯段宽度，不应少于（　　）人流。
A. 一股　　B. 二股　　C. 三股　　D. 四股
9. 楼梯平台上下部过道处的净高（　　）2m。
A. 不应小于　　B. 不应大于　　C. 不宜小于　　D. 不宜大于
10. 楼梯踏面前缘一般应设（　　）。
A. 保护条　　B. 安全条　　C. 防滑条　　D. 保安带
11. 公共建筑室内外台阶踏步高度不宜大于（　　）mm，并不宜小于（　　）mm。
A. 150，100　　B. 180，100　　C. 200，150　　D. 250，150
12. 公共建筑室内外台阶踏步宽度不宜小于（　　）mm。
A. 350　　B. 300　　C. 250　　D. 220
13. 室内外台阶总高度超过（　　）并侧面临空时，应设置护栏。
A. 1.2m　　B. 1m　　C. 0.7m　　D. 0.5m
14. 根据通行人数和建筑防火要求确定的住宅楼梯梯段净宽不应小于（　　）m。
A. 2.00　　B. 1.50　　C. 0.90　　D. 1.10
15. 供行人使用的室内坡道坡度不宜大于（　　），室外坡道坡度不宜大于（　　）。
A. 1:8，1:10　　B. 1:10，1:12　　C. 1:12，1:8　　D. 1:10，1:8
16. 供轮椅使用的坡道净宽度不应小于（　　）m。
A. 0.9　　B. 1.0　　C. 1.1　　D. 1.2
17. 少年儿童专用活动场所的栏杆必须采用防止（　　）的构造。
A. 攀登　　B. 光滑　　C. 摩擦　　D. 嬉戏
18. 计算楼梯踏步尺寸的经验公式为（　　），其中 h 为踏步高度，b 为踏步宽度。
A. $b-h=100mm$　　B. $h+2b=600~620mm$
C. $2h+b=600~620mm$　　D. $2h-b=450mm$
19. 室外疏散楼梯扶手高度不应小于（　　）mm，梯段净宽度不应小于（　　）mm。
A. 1100，900　　B. 1050，900　　C. 1100，1100　　D. 1050，1100
20. 当一侧有扶手时，梯段净宽应为（　　）至（　　）的水平距离。
A. 墙体饰面，扶手边线　　B. 墙体装饰面，扶手中心线
C. 墙体中心线，扶手中心线　　D. 墙体中心线，扶手边线
21. 当双侧有扶手时，梯段净宽应为两侧（　　）之间的水平距离。

A. 扶手边线　　　　B. 扶手中心线　　　　C. 墙体装饰面　　　　D. 墙体中心线
22. 住宅必须设置电梯的条件是（　　）或住户入口层楼面距室外设计地面的高度超过（　　）m。
　　A. 七层及七层以上，16　　　　　　B. 六层及六层以上，16
　　C. 五层及五层以上，12　　　　　　D. 四层及四层以上，10

二、多选题
1. 按楼梯平面形式不同，可分为（　　）、折角楼梯、弧形楼梯等。
　A. 单跑楼梯　　B. 双跑平行楼梯　　C. 剪刀楼梯　　D. 三跑楼梯　　E. 螺旋楼梯
2. 少年儿童专用活动场所的楼梯梯井净宽（　　）时，必须采取防止坠落的措施。
　A. <0.2m　　B. ≤0.11m　　C. ≥0.2m　　D. >0.2m　　E. =0.3m
3. 室内楼梯梯段与平台的尺寸关系应是（　　）。
　A. 扶手转向端处的平台宽度大于梯段净宽　　B. 扶手转向端处的平台宽度等于梯段净宽
　C. 扶手转向端处的平台宽度小于梯段净宽　　D. 扶手转向端处的平台宽度为梯段净宽的一半
　E. 扶手转向端处的平台宽度不得小于1200mm
4. 现浇钢筋混凝土楼梯按梯段结构形式的不同，可分为（　　）。
　A. 整体式　　B. 板式　　C. 装配式　　D. 梁式　　E. 组合式
5. 下列说法正确的是（　　）。
　A. 电梯可作为逃生通道　　　　　　B. 电梯是上下楼层间的垂直交通工具
　C. 高层建筑应设电梯　　　　　　　D. 低层建筑不应设电梯
　E. 消防电梯平时可兼作普通电梯使用
6. 电梯由（　　）、导轨、轿厢等组成。
　A. 井道　　B. 机房　　C. 基坑　　D. 坡道　　E. 顶棚

三、简答题
1. 楼梯由哪几部分组成？各组成部分起什么作用？
2. 梯段的坡度如何确定？与楼梯踏步有什么关系？
3. 预制装配式钢筋混凝土楼梯有哪些特点？有几种形式？
4. 党的二十大报告提出"实施积极应对人口老龄化国家战略"，在楼梯电梯构造设计中如何体现关怀老人？

四、观测题
根据你所住公寓楼的楼梯，在图2-14上标注出①一层、中间层、顶层平面中梯段踏步数量，每级踏步的宽度，梯段的水平投影长度；②休息平台和楼层平台的宽度；③梯段、梯井宽度；④楼梯间开间、进深尺寸。（假定墙体中心到装饰面之间距离为150mm）

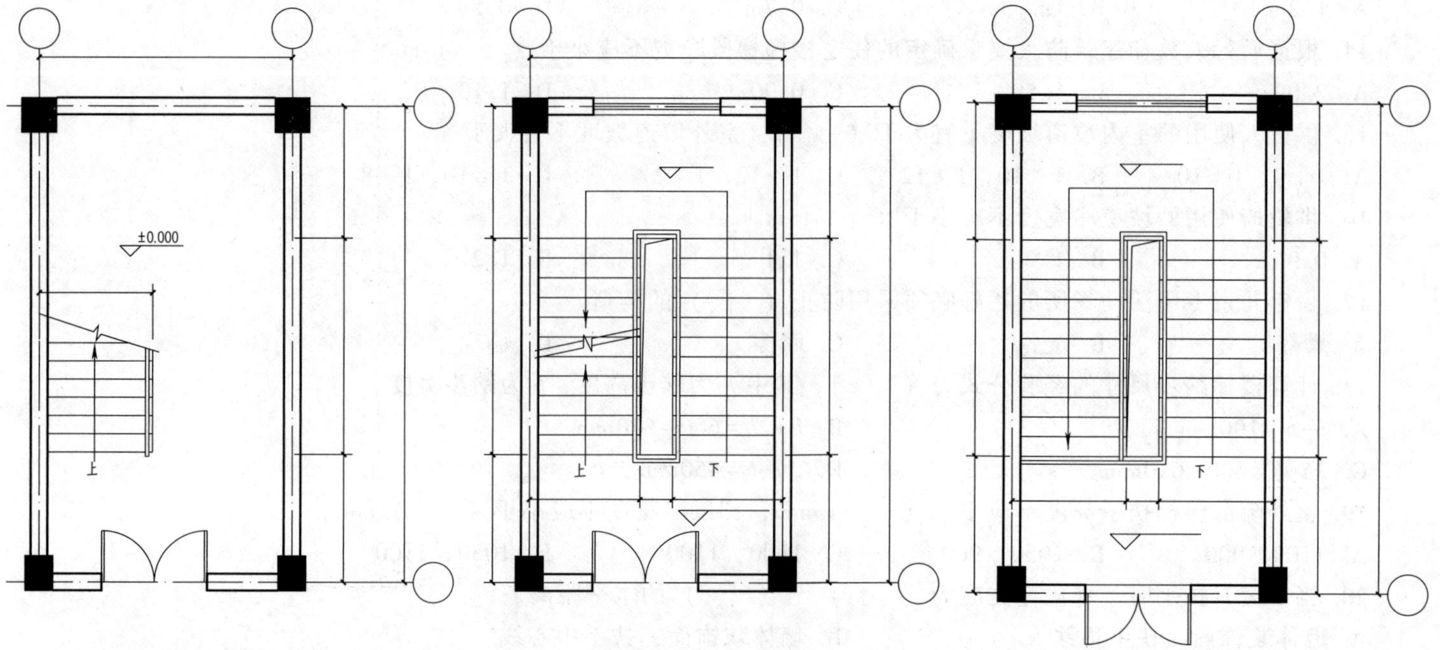

图2-14　楼梯详图

子单元8　变形缝

一、单选题
1. 为防止建筑物因沉降不均匀而发生破坏，所设置的变形缝称为（　　）。
　A. 分仓缝　　B. 沉降缝　　C. 防震缝　　D. 伸缩缝
2. 在地下水位较高地区，如地下室设置变形缝，施工时为增加防水效果应在变形缝处设置（　　）。
　A. 止水带　　B. 防沉槽　　C. 后浇带　　D. 积水坑
3. 建筑物设置伸缩缝时，（　　）一般不需要断开。
　A. 墙体　　B. 屋面　　C. 楼板　　D. 基础
4. 墙体的伸缩缝可用（　　）填塞。
　A. 砂浆　　　　　　　　　　　　　B. 砖块
　C. 低密度聚苯板　　　　　　　　　D. 混凝土
5. 伸缩缝的宽度一般为（　　）mm。
　A. 50～60　　　　　　　　　　　　B. 70～80
　C. 20～30　　　　　　　　　　　　D. 10～15
6. 当建筑物长度超过限度时，应考虑设置（　　）。
　A. 施工缝　　　　　　　　　　　　B. 沉降缝
　C. 防震缝　　　　　　　　　　　　D. 伸缩缝
7. 变形缝的构造，使其在产生（　　）时不受阻，不被破坏，并不破坏建筑物。
　A. 拉伸　　B. 扭转　　C. 位移或变形　　D. 压缩

二、多选题
1. 在建筑设计中，防止建筑物不均匀沉降的措施有设置（　　）。
　A. 圈梁　　　　　　　　　　B. 后浇带　　　　　　　　C. 伸缩缝
　D. 施工缝　　　　　　　　　E. 沉降缝
2. （　　）应沿建筑物全高设置，一般基础可不断开。
　A. 伸缩缝　　B. 防震缝　　C. 沉降缝　　D. 变形缝　　E. 施工缝
3. 温度缝又称为伸缩缝，是将建筑物（　　）断开。
　A. 基础　　B. 墙体　　C. 楼板　　D. 楼梯
　E. 屋顶
4. 建筑物变形缝包括（　　）。
　A. 伸缩缝　　B. 施工缝　　C. 沉降缝　　D. 防震缝
　E. 构造缝
5. 伸缩缝在墙体中的断面形式有（　　）。
　A. 平缝　　B. 凹缝　　C. 凸缝　　D. 错口缝
　E. 企口缝
6. 屋面变形缝的构造，重点要解决好（　　）。
　A. 排水　　B. 隔热　　C. 美观　　D. 防水
　E. 保温
7. 门的开启不能跨越（　　）。
　A. 伸缩缝　　B. 分仓缝　　C. 沉降缝　　D. 防震缝
　E. 诱导缝
8. 变形缝的构造和材料应根据其部位需要分别采取（　　）等措施。
　A. 防排水　　B. 防火　　C. 保温　　D. 防腐蚀　　E. 防高空坠落

三、简答题
1. 简述伸缩缝、沉降缝、防震缝的作用。
2. 简述伸缩缝、沉降缝、防震缝的设置原则。

四、抄绘题

试按所选线宽组和规定比例抄绘图 2-15 及图 2-16。

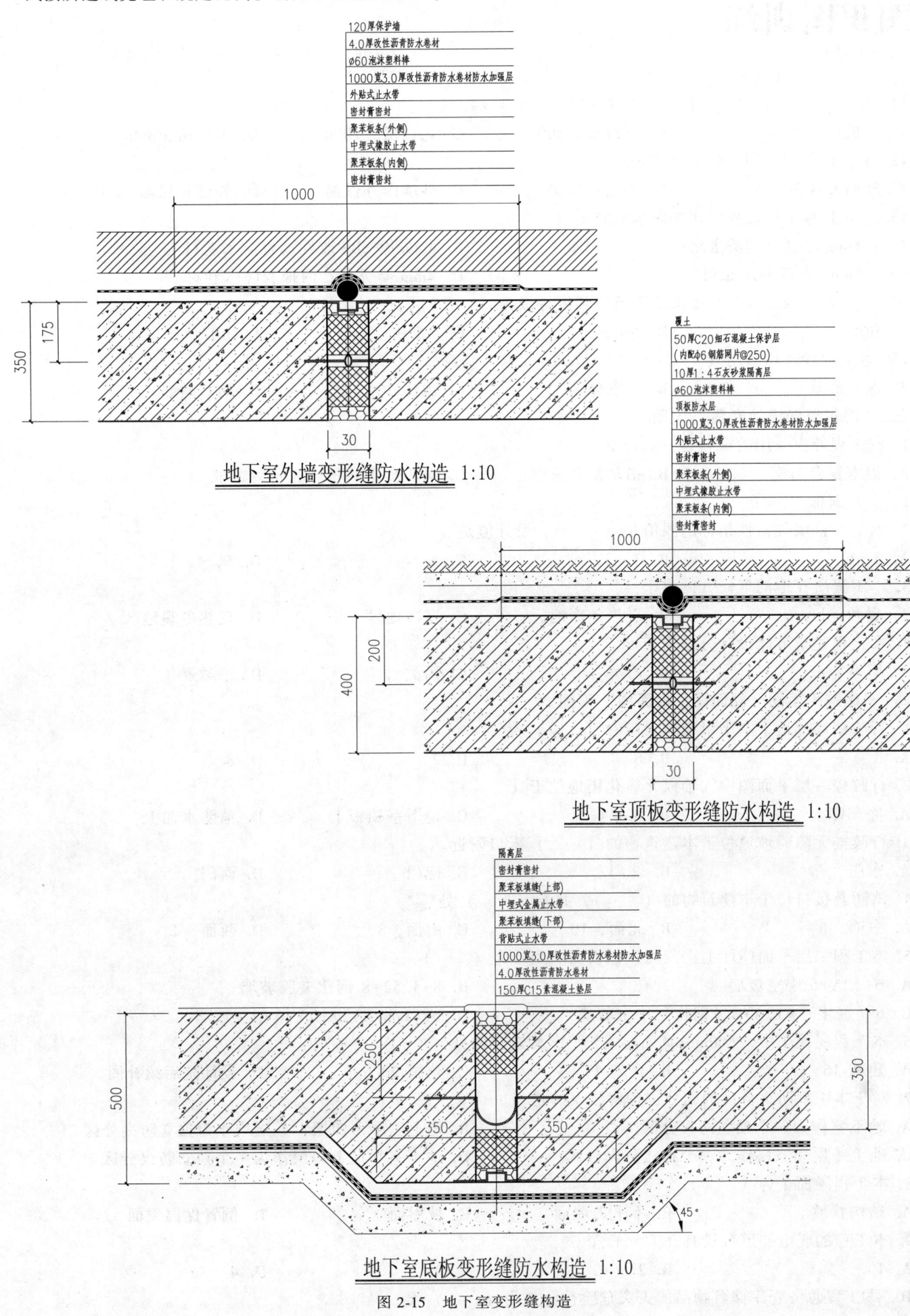

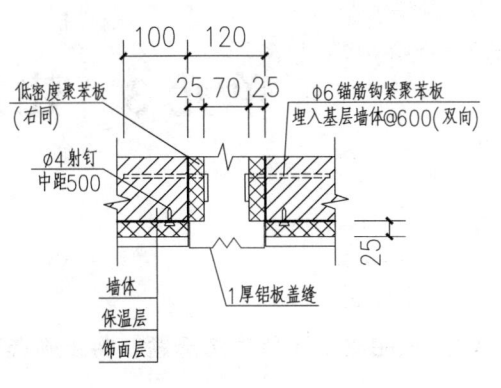

图 2-15　地下室变形缝构造

- 地下室外墙变形缝防水构造 1:10
- 地下室顶板变形缝防水构造 1:10
- 地下室底板变形缝防水构造 1:10

图 2-16　地上建筑物变形缝构造

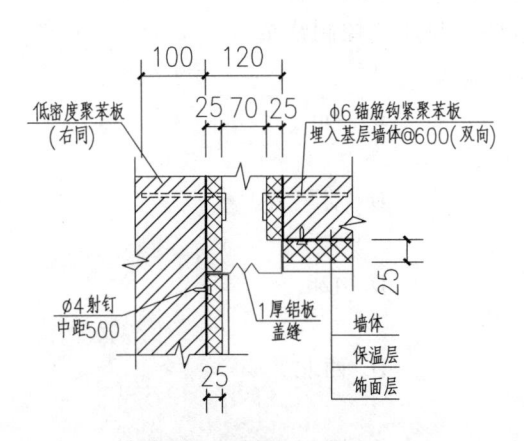

- 墙身变形缝构造（1） 1:10
- 墙身变形缝构造（2） 1:10
- 地砖楼面变形缝构造 1:10
- 木楼面变形缝构造 1:10
- 屋面变形缝构造（1） 1:10
- 屋面变形缝构造（2） 1:10

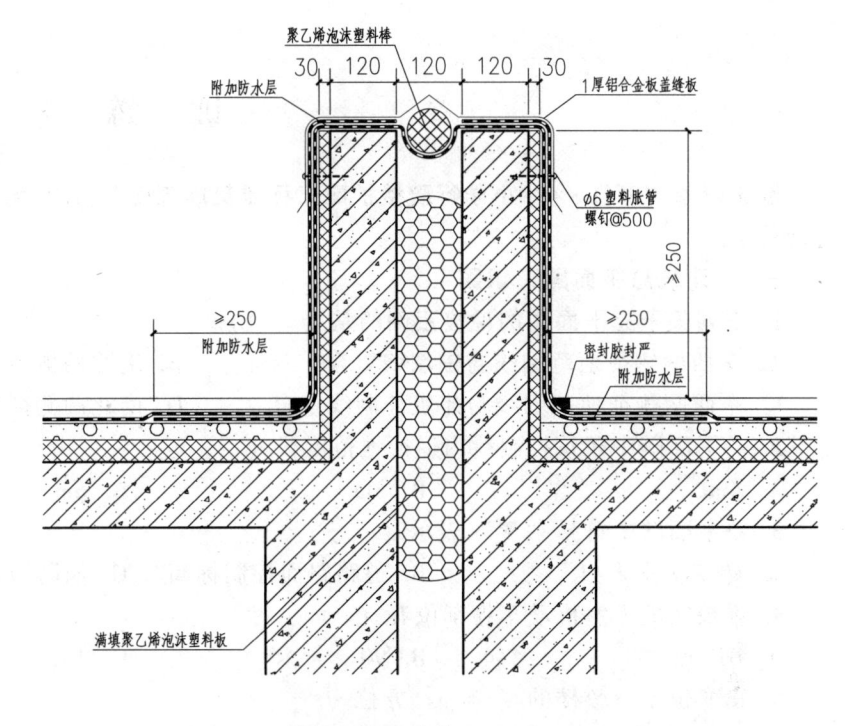

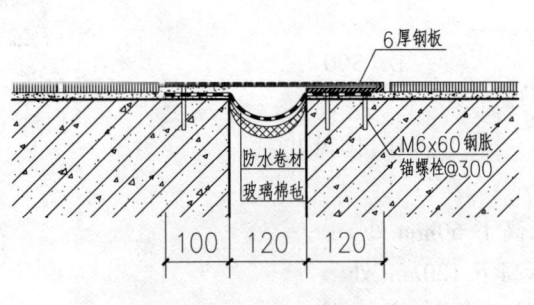

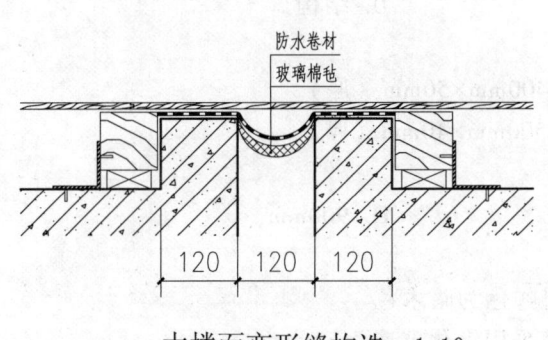

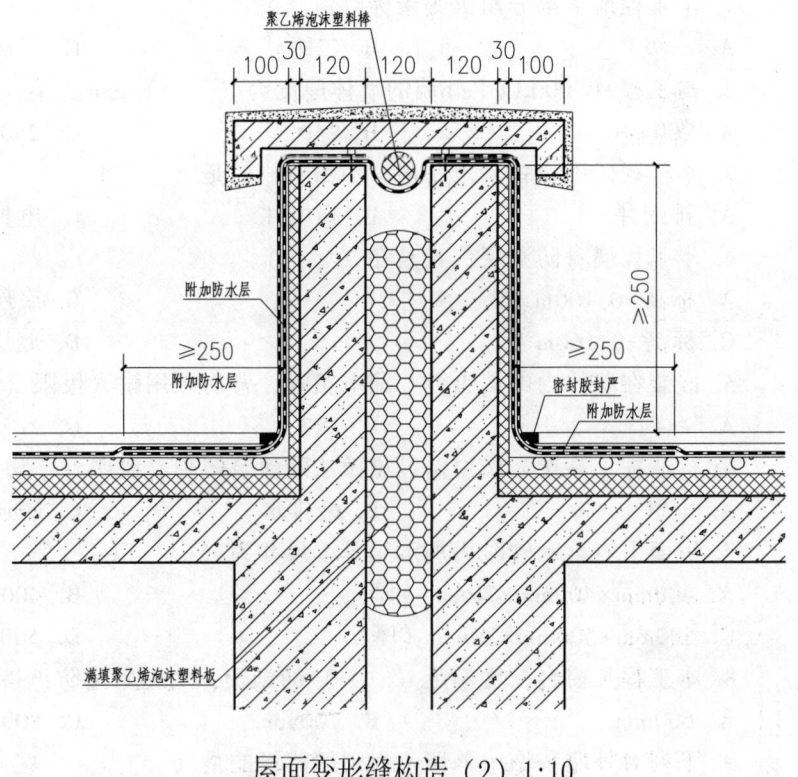

单元3　建筑施工图识图训练

训　练　1

请先识读"浙江××××小学行政楼扩建工程建筑施工图"（详见附录A），再完成下述单项选择题，将正确选项填在括号中。

一、"建筑总平面图"识图

1. 下列关于总平面图的说法正确的是（　　）。
   A. 东西两侧征地范围线与围墙线重合　　B. 南北两侧征地范围线与围墙线重合
   C. 东西两侧征地范围线与建筑控制线重合　D. 南北两侧征地范围线与建筑控制线重合
2. 总平面图中建筑控制线内退征地范围线（　　）。
   A. 4m　　　　B. 5m　　　　C. 6m　　　　D. 7m
3. 总平面图中符号"▼"表示（　　）。
   A. 建筑物出入口　B. 道路路面控制标高　C. 消防通道　D. 前三者
4. 本校区地下室机动车停车位有（　　）个。
   A. 61　　　　B. 90　　　　C. 151　　　　D. 428
5. 食堂位于行政楼的（　　）方位。
   A. 东南　　　B. 西南　　　C. 东北　　　D. 西北
6. 总平面图中的建筑物定位坐标系，是指（　　）。
   A. 新1954年北京坐标系　B. 1980年西安坐标系　C. 地方坐标系　D. 图纸未明确

二、"建筑施工图设计说明"识图

1. 本工程地下部分耐火等级为（　　）。
   A. 一级　　　B. 二级　　　C. 三级　　　D. 四级
2. 本工程±0.000以上外墙的墙体厚度为（　　）mm。
   A. 200　　　B. 240　　　C. 250　　　D. 300
3. 本工程砖砌设备管道井内壁不做粉刷的是（　　）。
   A. 排烟井　　B. 强电井　　C. 电梯井　　D. 排风井
4. 本工程墙身防潮层位置是在（　　）。
   A. 标高-0.100m处　　　　B. 底层地面标高下60mm处
   C. 标高-0.160m处　　　　D. 底层地面标高下120mm处
5. 嵌装在墙体内的消火栓、配电箱等，背后须用耐火极限（　　）的不燃烧材料封堵。
   A. ≥4　　　B. ≥3　　　C. ≤2　　　D. ≤2.5
6. 构造柱、圈梁、门窗洞过梁做法除建筑图中有说明外，均详见（　　）施工图。
   A. 电气　　　B. 给排水　　C. 暖通　　　D. 结构
7. 屋面上有落水管时需加水簸箕，尺寸为（　　）。
   A. 400mm×400mm×20mm（厚）　　B. 400mm×400mm×50mm（厚）
   C. 500mm×500mm×20mm（厚）　　D. 500mm×500mm×40mm（厚）
8. 本工程凡窗台高度不足（　　）的低窗，均应采用防护措施。
   A. 600mm　　B. 700mm　　C. 800mm　　D. 900mm
9. 下列对外墙装饰中幕墙工程理解错误的是（　　）。
   A. 幕墙工程的设计由专业资质的单位承担　B. 幕墙框料颜色为暗木色
   C. 幕墙工程的施工由土建单位承担　　　　D. 幕墙玻璃采用钢化玻璃
10. 本工程竣工验收时，室内环境污染物中甲醛的限量为（　　）。
    A. ≤0.06mg/m³　B. ≤0.07mg/m³　C. ≤0.15mg/m³　D. ≤0.20mg/m³
11. 本工程采用（　　）电梯，载重量为（　　）kg。
    A. 有机房，1000　B. 有机房，800　C. 无机房，1000　D. 无机房，800
12. 本工程外墙采用的保温方式是（　　）。
    A. 外墙外保温　　B. 外墙内保温　　C. 外墙内外保温　　D. 外墙自保温
13. 本工程地下室底板采用的防水材料是（　　）。
    A. 1.5mm厚聚氨酯防水涂料　　　B. 4mm厚SBS改性沥青防水卷材
    C. 1.5mm厚JS防水涂料　　　　　D. 4mm厚三元乙丙橡胶防水卷材
14. 本工程蒸压加气混凝土砌块的抗压强度等级为（　　）。
    A. B05　　　B. A3.5　　　C. A5.0　　　D. B07
15. 本工程砂浆均采用（　　）。
    A. 保温砂浆　B. 干混砂浆　C. 预拌砂浆　D. 防水砂浆

三、"建筑节能设计专篇"识图

1. 本工程外窗采用的框料是（　　）。
   A. 铝木复合窗框　　B. 铝塑复合窗框　　C. 隔热金属型材多腔密封窗框
   D. 塑料窗框
2. 本工程幕墙气密性指标的限值是（　　），设计值是（　　）。
   A. 3，6　　　B. 3，3　　　C. 4，4　　　D. 6，4
3. 本工程所在地的气候分区属于（　　）。
   A. 暖和地区　B. 夏热冬冷地区　C. 寒冷地区　D. 夏热冬暖地区
4. 本工程建筑节能设计分类属于（　　）。
   A. 甲类　　　B. 乙类　　　C. 丙类　　　D. 丁类

四、"建筑平面图、立面图、剖面图"识图

1. 行政楼局部地下室中甲级防火门有（　　）樘。
   A. 5　　　　B. 6　　　　C. 7　　　　D. 8
2. 行政楼一层平面图中Ⓐ轴以北绿化用地位于（　　）。
   A. 停车库上　B. 水泵房上　C. 地下室顶板上　D. 消防水池上
3. 行政楼无障碍坡道位于本建筑物的（　　）入口附近。
   A. 东门　　　B. 北门　　　C. 南门　　　D. 西门
4. 消防救援口位于本建筑物的（　　），共有（　　）处。
   A. 东面，6　B. 北面，10　C. 南面，8　D. 西面，4
5. 本工程二层平面门厅上空四周，栏板玻璃型号为（　　）。
   A. 6+12A+6中空玻璃　　　　　　　B. 8+1.52+8钢化夹胶玻璃
   C. 6（钢化）+12A+6（钢化）中空玻璃　D. 6（Low-E）+10A+6中空玻璃
6. 本工程屋面1中"300mm宽面层浅沟"，构造详图见（　　）。
   A. 建施-16　B. 建施-17　C. 建施-20　D. 设计院后续补图
7. 对于本工程防火分区的划分，理解错误的是（　　）。
   A. 地下室作为一个独立防火分区　　B. 地上三层、四层、五层均作为独立防火分区
   C. 地上一层和二层作为一个独立防火分区　D. 地下室和地上一层作为一个独立防火分区
8. 本工程屋面1为（　　）。
   A. 结构找坡　B. 不上人屋面　C. 坡屋面　D. 倒置保温屋面
9. 本工程的弱电井道数量有（　　）个。
   A. 1　　　　B. 2　　　　C. 3　　　　D. 4
10. 本工程总务仓库储藏物品的火灾危险性分类为（　　）类。

A. 甲　　　　　　　　B. 乙　　　　　　　　C. 丁　　　　　　　　D. 戊
11. 下列能看到 MQ3 投影的图样是（　　）。
A. ⑭~Ⓐ轴立面图　　B. ①~⑫轴立面图　　C. 1—1 剖面图　　D. ⑫~①轴立面图
12. 本工程勒脚部位墙面的装饰材料为（　　）。
A. 红褐色火山岩烧结砖筑　　　　　　B. 高级深灰色仿石外墙面砖
C. 高级深灰色弹性涂料　　　　　　　D. 高级深浅色仿石外墙面砖
13. 1—1 剖面图标高 4.700m 处的投影线，是指（　　）。
A. 连廊屋面　　　B. 庭院顶盖　　　C. ⑥轴墙段　　　D. ⑨轴墙段
14. 二层卫生间吊顶离地相对标高为（　　）m。
A. 3.000　　　　B. 6.900　　　　C. 6.870　　　　D. 2.970
15. 本工程红褐色火山岩烧结砖块砌筑墙体的主要作用是（　　）。
A. 装饰墙　　　B. 填充墙　　　C. 承重墙　　　D. 防火墙
16. 在⑫~①轴立面图中，底层所示开设双扇木质门的部位是（　　）。
A. 2 号楼梯间　　B. 无障碍通道　　C. 1 号楼梯间　　D. 卫生间
17. ⑭~Ⓐ轴立面图中，某建筑构造部件的投影可见而漏画的门是（　　）。
A. MLC2424　　　B. LC2121　　　　C. M1024　　　　D. LC0906

五、"建筑详图"识图

1. 本工程通至地下室的楼梯为（　　）。
A. 1 号楼梯　　　B. 2 号楼梯　　　C. 爬梯　　　　D. 图中未说明
2. 本工程 1 号楼梯地上与地下分隔墙的耐火极限要求是（　　）。
A. 不低于 1h　　B. 不低于 1.5h　　C. 不低于 2h　　D. 不低于 3h
3. 本工程楼梯顶层平台玻璃栏板的防护高度为（　　）mm。
A. 900　　　　　B. 1000　　　　　C. 1050　　　　　D. 1100
4. 本工程楼梯结构形式为（　　）。
A. 梁式楼梯　　　B. 板式楼梯　　　C. 悬挑楼梯　　　D. 无法判断
5. 空调隔板防水做法为（　　）。
A. 1.0mm 厚聚氨酯防水涂料聚氨酯两遍　　B. 1.5mm 厚 JS 防水涂料三遍
C. 1.0mm 厚水泥渗透结晶两遍　　　　　　D. 20mm 厚聚合物防水砂浆
6. 本工程无障碍卫生间详图见（　　）。
A. 建施-14　　　B. 12J926 中 J2 页　　C. 建施-15　　D. 12J926 中 D1-D4 页
7. 本工程窗 LC0621 装在（　　），共有（　　）樘。
A. 2 号楼梯间，4　　B. 卫生间，10　　C. 传达室，1　　D. 办公室，6
8. 本工程红褐色火山岩烧结砖块砌筑墙体，勾缝材料是（　　）。
A. 1∶3 水泥砂浆　B. 1∶2 水泥砂浆　C. 聚合物砂浆　D. 防水砂浆

训　练　2

请先识读"浙江××××学院学生公寓建筑施工图"（详见附录B），再完成下述单项选择题，将正确选项填在括号中。

一、"建筑总平面图、建筑设计说明"识图

1. 本工程的外门窗抗风压性能要求达（　　）级，气密性能要求达（　　）级。
A. 4，6　　　　　B. 4，3　　　　　C. 3，3　　　　　D. 6，3
2. 本工程中室内标高 3.600m，相当于绝对标高（　　）m。
A. 3.900　　　　B. 4.200　　　　C. 10.100　　　　D. 9.900
3. 本工程首层地坪饰面做法有（　　）种。
A. 5　　　　　　B. 4　　　　　　C. 3　　　　　　D. 2
4. 门 MFM1521 乙为（　　）门。
A. 普通　　　　B. 防火　　　　C. 保温　　　　D. 防盗
5. 卫生间楼地面的装饰材料采用（　　）。
A. 防滑抛光砖　　B. 防滑彩色釉面砖　C. 马赛克　　　D. 花岗岩
6. 走道踢脚的装饰面层材料是（　　）。
A. 120mm 高防滑彩色釉面砖　　　　B. 120mm 高 1∶2 水泥砂浆
C. 120mm 高防滑抛光砖　　　　　　D. 120mm 高花岗岩
7. 室内外露明金属件的油漆均需刷（　　）底漆。
A. 乳胶　　　　B. 真石　　　　C. 调和　　　　D. 防锈
8. 新建学生食堂±0.000 相当于黄海高程（　　）m。
A. 6.300m　　　B. 6.500m　　　C. 6.150m　　　D. 6.800m
9. 采用 250mm 宽 PVC 铝扣板吊顶的房间是（　　）。
A. 卫生间　　　B. 走道　　　　C. 入口门厅　　D. 楼梯间
10. 室内墙柱的阳角处均需做（　　）暗护角。
A. 1∶3 水泥砂浆　B. 混合砂浆　　C. 1∶2 水泥砂浆　D. 钢
11. 卫生间内墙面的装饰材料采用（　　）。
A. 乳胶漆刷白　　B. 白瓷砖　　　C. 釉面砖　　　D. 花岗岩
12. 总平面图中新建学生公寓①轴至⑬轴的图上距离为（　　）mm。
A. 41　　　　　B. 82　　　　　C. 20.5　　　　D. 58
13. 内门立樘位置与（　　）方向墙面平。
A. 关闭　　　　B. 开启　　　　C. 居墙中　　　D. 图纸未提及
14. 校庆广场位于新建学生公寓的（　　）方位。
A. 东南　　　　B. 东北　　　　C. 西南　　　　D. 西北
15. 外门窗框料采用（　　）型材。
A. 断热铝合金　B. 普通铝合金　C. 彩色铝合金　D. 塑钢
16. 卫生间防水材料采用（　　）。
A. 合成高分子涂料　　　　　　　B. SBS 高聚物改性沥青卷材
C. 防水砂浆　　　　　　　　　　D. 聚氨酯防水涂膜
17. 新建学生公寓的工程安全等级为（　　）级。
A. 一级　　　　B. 二级　　　　C. 三级　　　　D. 四级
18. 墙身防潮层位置设在标高（　　）处。
A. -0.060m　　B. -0.200m　　C. 约-0.100m　　D. -0.030m
19. 屋面刚性保护层需设分仓缝，用（　　）嵌缝。
A. 油膏　　　　B. 沥青　　　　C. 聚氨酯密封膏　D. 发泡剂
20. 除楼梯间外±0.000 以上外墙采用（　　）墙体，内墙采用（　　）墙体。
A. 页岩砖，加气砌块　　　　　　B. 黏土砖，砌块
C. 加气砌块，页岩砖　　　　　　D. 灰砂砖，黏土砖

二、"建筑节能设计专篇"识图

1. 外墙面采用（　　）作为保温材料。
A. 聚苯板　　　　　　　　　　　B. 岩棉板
C. 无机轻集料保温砂浆Ⅱ型　　　D. 泡沫玻璃
2. 外窗采用（　　）中空玻璃。
A. 6+12A+6　　　　　　　　　　B. 6mm 中透光 Low-E+12A+6mm 透明
C. 5+12A+5　　　　　　　　　　D. 6mm 高透光 Low-E+10A+6mm 透明
3. 本建筑分户墙传热系数 K 的限值为（　　）W/(m²·K)。
A. ≤1.0　　　　B. ≤1.5　　　　C. ≤2.0　　　　D. ≤3.0

三、"建筑平面图、立面图、剖面图"识图

1. 本工程室内外出入口有（　　）个。
A. 1　　　　　　B. 2　　　　　　C. 3　　　　　　D. 4
2. 卫生间采用 PW-Q 型排气道，共需（　　）个。（以每个层高为一个计数单位）

· 39 ·

A. 17 B. 14 C. 84 D. 78

3. 入口门厅处台阶踏步高度为（　　）mm。
A. 145，145 B. 140，140 C. 145，140 D. 150，150

4. 建施-21中详图①的轴线编号是（　　）。
A. Ⓔ B. Ⓕ C. 1/E D. Ⓗ

5. 本工程卫生间有（　　）种类型。
A. 1 B. 2 C. 3 D. 4

6. 安装带灭火器箱组合式消防柜甲型，在墙上预留洞口，洞底离地（　　）mm。
A. 135 B. 120 C. 240 D. 60

7. 一至六层墙体厚度有（　　）mm。
A. 240，60 B. 120，370 C. 240，370 D. 240，120

8. 1—1剖面图中底层Ⓔ~Ⓓ轴间门编号是（　　）。
A. MFM1521乙 B. LM1527 C. MC1 D. LM2130

9. 2号楼梯室内外出入口方位是（　　）。
A. 东北 B. 西北 C. 西南 D. 东南

10. 楼梯间屋面排水方式采用（　　）。
A. 外排水 B. 内排水 C. 内外均有 D. 自由落水

11. 窗C1的窗台高度尺寸是（　　）mm。
A. 600 B. 500 C. 900 D. 300

12. 六层屋面女儿墙高度从结构面算起为（　　）mm。
A. 1500 B. 1050 C. 1100 D. 600

13. 卫生间、阳台楼地面比相邻房间的楼地面低（　　）mm。
A. 30 B. 20 C. 40 D. 50

14. 本工程中窗LC15′23有（　　）樘。
A. 1 B. 2 C. 3 D. 4

15. ①~⑬轴立面中共有（　　）种不同布置形式的仿木铝合金百页。
A. 2 B. 3 C. 4 D. 5

16. 上人屋面的结构面标高为（　　）m。
A. 21.840 B. 25.100 C. 24.600 D. 21.600

17. 外檐沟排水坡度为（　　）。
A. 1% B. 2% C. 3% D. 5%

18. 上人屋面采用（　　）找坡，坡度为（　　）。
A. 结构，2% B. 材料，2% C. 结构，1% D. 材料，1%

四、"建筑详图"识图

1. 窗LC15′23的开启方式为（　　）。
A. 固定+下悬 B. 固定+上悬 C. 固定+平开 D. 固定+推拉

2. 本工程的阳台栏板材料为（　　）。
A. 钢筋混凝土+钢化夹胶玻璃+钢管 B. 钢筋混凝土+钢管
C. 钢管+钢化夹胶玻璃 D. 钢管

3. 女儿墙与屋面间的泛水构造封口采用（　　）压条。
A. 木 B. 30×2铝 C. 聚氯乙烯胶泥 D. 塑料

4. 2号楼梯梯井宽度为（　　）。
A. 60 B. 160 C. 460 D. 100

5. 女儿墙上预留过水孔尺寸有矛盾的图纸是（　　）。
A. 建施-10与建施-21 B. 建施-10与建施-22
C. 建施-09与建施-21 D. 建施-09与建施-22

6. 1号楼梯室内外出入口处采用（　　）。
A. 台阶 B. 坡道 C. 踏步 D. 图纸未表示

7. 1号楼梯第1跑梯段踏步级数为（　　）。
A. 14 B. 13 C. 12 D. 11

8. 楼梯间休息平台处的护窗栏杆套用（　　）图集。
A. 06J403-1 B. 03J201 C. 03J926 D. 2008浙J44

9. 1号楼梯第2跑梯段水平投影长度为（　　）mm。
A. 3080 B. 2240 C. 3640 D. 1920

10. 楼梯滴水线装饰材料是（　　）。
A. 防水砂浆 B. 马赛克 C. M5.0混合砂浆 D. 1：2水泥砂浆

11. 散水与墙之间缝隙上覆（　　）嵌缝。
A. 50mm厚油膏 B. 20mm厚油膏 C. 20mm厚沥青麻丝 D. 50mm厚沥青麻丝

五、识图综合题

1. 本工程女儿墙采用的是（　　　　）材料，厚度为（　　　　）mm。
2. 窗C1护栏的扶手材料是（　　　　）、栏杆材料是（　　　　）。
3. 窗LC15′27的窗下墙由（　　　　）、（　　　　）、（　　　　）材料组成。
4. 除主入口台阶外其他台阶踏步高度分别是（　　　　）mm、（　　　　）mm、（　　　　）mm。
5. 屋面构架梁高有（　　）种，分别是（　　　　）mm、（　　　　）mm。
6. 本工程雨篷材料是（　　　　　　　　）雨篷。

单元4 绘图训练

训练1 绘制单层建筑物平面图、立面图、剖面图

一、训练目的
1) 根据建筑物的建筑施工图，按比例制作建筑模型，验证识图正确性，培养与提高空间想象力。
2) 掌握用正投影原理表达建筑物的空间形状、大小和内部布置的图示方法。
3) 掌握建筑物各部分组成与图示方法。
4) 理解同一建筑物的实体、模型与图样三者之间的比例关系。

二、训练内容
1) 根据本书附录C中8幢单层建筑物的建筑施工图（附C-1~附C-8），以小组为单位选其中一幢按比例制作建筑模型。
2) 根据已制作的建筑模型，绘制模型的平面图、立面图、剖面图并标注尺寸。

三、训练工具
图板，三角板，一字尺，3号绘图纸，比例尺，2H、HB、2B铅笔，橡皮，建筑模板，胶带纸，KT板，刀片。

四、训练要求
1) 根据建筑施工图尺寸，在KT板上绘图取材，制作模型，模型比例1∶20或自定。
2) 在模型表面标出班级及组员姓名。
3) 每人在A3图纸上用适当比例绘制模型的底层平面图、屋顶平面图、立面图（至少选2个差异大的立面）和一个剖面图，轴线、标高、尺寸标注完整。

五、绘图步骤
1. 定图纸幅面，定绘图比例
2. 布置图面
底层平面图与屋顶平面图、立面图与剖面图中同一方向尺寸尽量处在同一直线上。
3. 画底图（2H铅笔）
(1) 底层平面图
1) 绘制定位轴线。
2) 绘制墙体、柱断面。
3) 绘制门窗图例。
4) 标注剖切符号，绘制指北针。
5) 绘制台阶、散水等细部构造。
6) 绘制剖切到构件的材料图例。
7) 标注定位轴号、尺寸、室内外标高。
8) 注写门窗编号、图纸名称、比例等。
(2) 屋顶平面图
1) 绘制定位轴线。
2) 绘制屋面外轮廓线。
3) 绘制女儿墙、屋脊（分水线）、屋面排水坡向。
4) 绘制檐口、檐沟、檐沟排水坡向、雨水口。
5) 标注定位轴号、尺寸、标高。
6) 注写屋面排水坡度、图纸名称、比例等。
(3) 立面图
1) 绘制建筑物两端首尾轴线。
2) 绘制外墙轮廓线、屋顶轮廓线、檐口线。

3) 确定门窗洞口位置，绘制门窗。
4) 绘制室外地坪线、台阶、散水、雨水管等细部构造。
5) 标注定位轴号、尺寸、标高。
6) 注写图纸名称、比例等。
(4) 剖面图
1) 绘制定位轴线。
2) 绘制墙体。
3) 绘制室内外地面、屋面。
4) 确定门窗洞口位置，绘制门窗。
5) 绘制剖切到构件的材料图例。
6) 标注定位轴号、尺寸、标高。
7) 注写图纸名称、比例等。
4. 加深加粗图线
擦除多余线条，用HB、2B铅笔按照制图标准加深加粗线条，完成平、立、剖面图的绘制。

六、成果评定标准
1. 模型成果评定标准
(1) 90~100分 模型比例合理、模型内容完整、各部尺寸正确、表面平整美观。
(2) 80~90分 模型比例合理、模型内容完整、各部尺寸基本正确、表面平整。
(3) 70~80分 模型比例稍有偏差、模型内容基本完整、各部尺寸基本正确、表面平整。
(4) 60~70分 模型比例有偏差、模型内容不完整、各部尺寸基本正确、美观性差。
(5) 60分以下 模型比例有严重偏差、模型内容不完整、各部尺寸不正确、美观性差。

2. 绘图成果评定标准
(1) 90~100分
1) 比例正确、绘图内容齐全。
2) 线型线宽符合制图标准，尺寸标注完整。
3) 布图匀称，图面整洁、美观，书写工整。
(2) 80~90分
1) 比例正确、绘图内容齐全。
2) 线型线宽符合制图标准，尺寸标注基本完整。
3) 布图匀称，图面整洁、美观，书写基本工整。
(3) 70~80分
1) 比例基本正确、绘图内容基本齐全。
2) 线型线宽符合制图标准，尺寸标注基本完整。
3) 布图基本匀称，图面基本整洁，书写基本工整。
(4) 60~70分
1) 比例基本正确、绘图内容基本齐全。
2) 线型线宽基本符合制图标准，尺寸标注基本完整。
3) 布图不匀称，书写不工整。
(5) 60分以下
1) 比例基本不正确，绘图内容不齐全。
2) 线型线宽基本不符合制图标准，尺寸标注不完整。
3) 布图不匀称，书写不工整。

训练 2　绘制墙身大样

一、训练目的
1）了解墙身构造组成。
2）掌握墙身细部构造做法。
3）正确绘制墙身构造详图。

二、训练资料
1）根据某小学宿舍楼的 A—A 剖面图（图 4-1）进行设计。
2）采用框架结构，外墙材料为烧结页岩砖，厚度为 240mm，室内外高差 300mm。
3）现浇钢筋混凝土楼板厚 110mm。
4）门窗采用断热铝合金中空玻璃，窗过梁为预制钢筋混凝土梁。
5）内外墙面均做涂料装饰，外墙外保温材料采用 25mm 厚无机轻集料保温砂浆。
6）楼地面、散水、踢脚等做法自定。

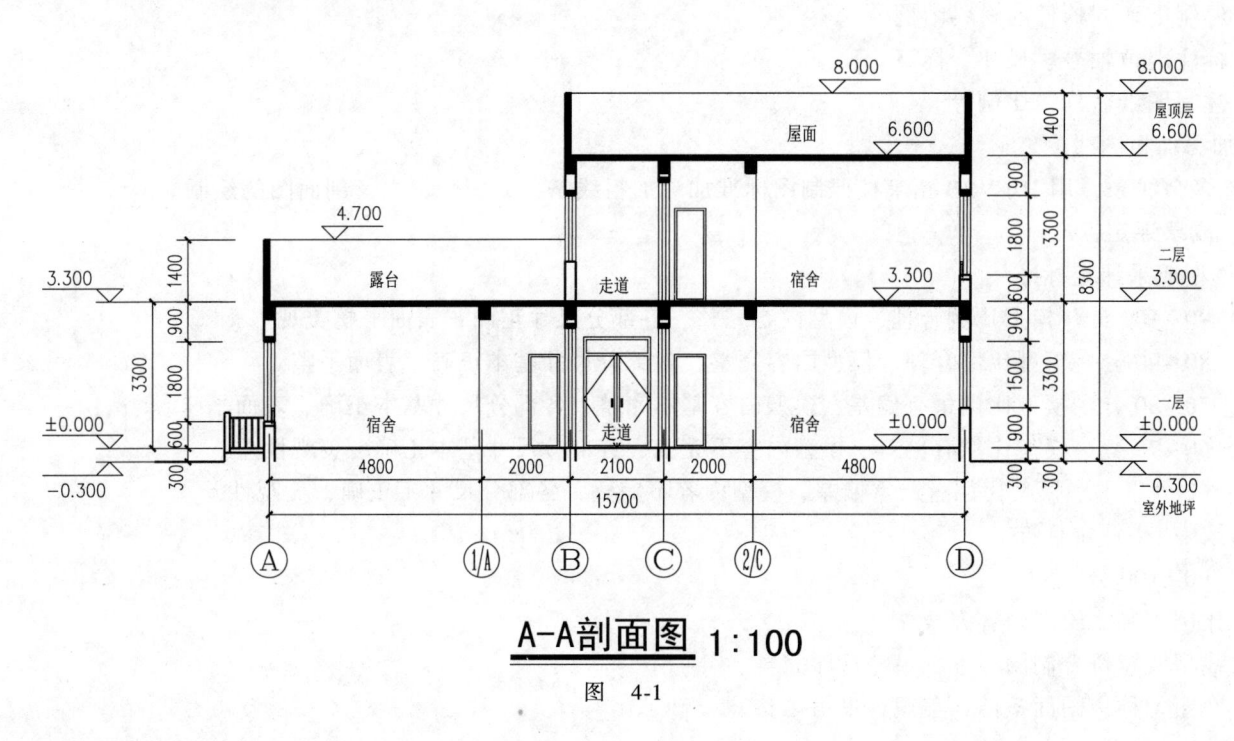

A—A剖面图 1:100
图 4-1

三、训练内容
根据 A—A 剖面图（图 4-1），绘制出①轴线二层及以下墙身大样。

四、训练工具
图板，三角板，一字尺，A3 绘图纸，比例尺，2H、HB、2B 铅笔，橡皮，建筑模板，胶带纸。

五、训练要求
1）绘制墙身三个节点详图：①墙脚及散水；②窗台；③过梁和楼面框架梁。将①、②、③节点按由下至上顺序绘制在同一轴线上，绘图比例 1:20。
2）标注主要控制面标高（室内外地坪、楼面、窗台面、过梁底）与两道尺寸（窗台高度、窗洞高度等分部尺寸和层高度）。
3）标出定位轴线和轴号。
4）按制图标准用材料图例绘制出墙身内外构成层次，并用多层构造引出线说明每层构造做法。
5）按制图标准用材料图例绘制出楼地面、散水构成层次，并用多层构造引出线说明每层构造做法。
6）标注散水、窗台的排水方向、排水坡度与过梁底部滴水处理。
7）标注图名与比例。

六、绘图步骤
参考本书附录 D 墙身大样及绘图步骤。

七、成果评定标准
(1) 90~100 分
1）比例正确、绘图内容齐全。
2）建筑构造合理，标注说明齐全。
3）符合剖面图制图标准。
4）线型线宽符合制图标准，尺寸标注完整。
5）布图匀称，图面整洁、美观，书写工整。

(2) 80~90 分
1）比例正确、绘图内容齐全。
2）建筑构造基本合理，标注说明齐全。
3）符合剖面图制图标准。
4）线型线宽符合制图标准，尺寸标注完整。
5）布图匀称，图面整洁、美观，书写基本工整。

(3) 70~80 分
1）比例基本正确、绘图内容基本齐全。
2）建筑构造基本合理，标注说明基本齐全。
3）基本符合剖面图制图标准。
4）线型线宽符合制图标准，尺寸标注完整。
5）布图基本匀称，图面基本整洁，书写基本工整。

(4) 60~70 分
1）比例基本正确、绘图内容基本齐全。
2）建筑构造基本合理，标注说明齐全。
3）基本符合剖面图制图标准。
4）线型线宽基本符合制图标准，尺寸标注基本完整。
5）布图不匀称，书写不工整。

(5) 60 分以下
1）比例基本不正确、绘图内容不齐全。
2）建筑构造基本不合理，标注说明不齐全。
3）不符合剖面图制图标准。
4）线型线宽基本不符合制图标准，尺寸标注不完整。
5）布图不匀称，书写不工整。

训练 3　绘制楼梯详图

一、训练目的
1）掌握楼梯构造组成。
2）会运用现行规范确定楼梯各部分尺寸。
3）能正确绘制楼梯构造详图。

二、训练资料
1）根据某住宅楼的楼梯间平面图（图 4-2）进行设计。
2）楼梯间的平面尺寸：进深 5600mm，开间 2700mm。
3）层数为 5 层，层高均为 2900mm，每层设梯段相等的平行双跑楼梯。
4）楼梯间为框架结构，框架柱断面尺寸：400mm×400mm。墙体为烧结页岩砖，厚度 240mm，轴线居墙中。
5）采用现浇钢筋混凝土板式楼梯，梯板、平台板厚度均为 100mm。
6）门 M1224 乙洞口尺寸：宽×高 = 1200mm×2400mm，居墙中设置；窗 C1221 洞口尺寸：宽×高 = 1200mm×2100mm，居墙中设置，窗台高度 400mm。
7）门顶过梁为钢筋混凝土框架梁，梁断面尺寸：240mm×500mm。窗顶过梁为钢筋混凝土框架梁，梁断面尺寸：240mm×400mm。

8）楼面、墙面装修做法自定。
9）首层室内地坪相对标高±0.000。

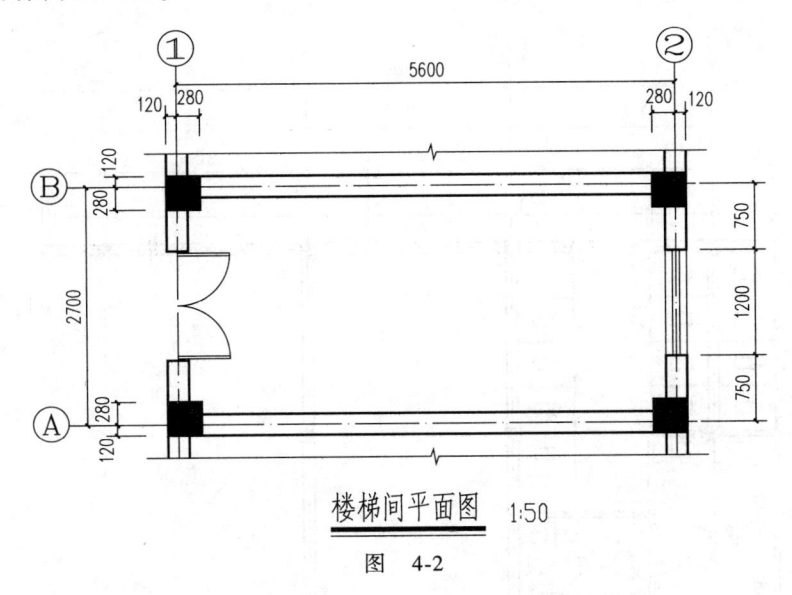

楼梯间平面图 1:50
图 4-2

三、训练内容
1）根据楼梯间平面图（图4-2），绘制出楼梯三层平面图、三层楼面下行梯段及其相邻梯段剖面图。
2）绘制出栏杆扶手构造做法、栏杆与踏步的连接做法。
3）绘制踏步面层做法及踏步的防滑处理。

四、训练工具
图板，三角板，一字尺，A3绘图纸，比例尺，2H、HB、2B铅笔，橡皮，建筑模板，胶带纸。

五、训练要求
1. 绘制楼梯三层平面图
绘图比例1:50，并标注如下内容：
1）楼梯开间方向两道尺寸：轴线尺寸、梯段与梯井宽度尺寸。
2）楼梯进深方向两道尺寸：轴线尺寸、梯段水平投影长度（踏步宽度与级数关系）与平台宽度尺寸。
3）梯段上下符号。
4）三层楼面平台与二至三层中间平台标高。
5）剖切符号、图名、比例。

2. 绘制楼梯三层楼面下行梯段及其相邻梯段剖面图
绘图比例1:50，并标注如下内容：
1）水平方向两道尺寸：楼梯进深尺寸、梯段水平投影长度（踏步宽度与级数关系）与平台宽度尺寸。
2）竖直方向两道尺寸：两平台之间高度、梯段高度（踏步高度与级数关系）。
3）三层楼面平台与二至三层中间平台标高。
4）栏杆扶手高度、窗台高度。
5）详图索引。
6）图名、比例。

3. 绘制楼梯节点详图
绘图比例1:10。

六、绘图步骤
参考本书附录E楼梯详图及绘图步骤。

七、成果评定标准
(1) 90~100分
1）各部位尺寸设计合理。
2）节点构造做法合理、图例表达正确。
3）比例正确、绘图内容齐全。
4）符合剖面图制图标准。

5）线型线宽符合制图标准，尺寸标注完整。
6）布图匀称，图面整洁、美观，书写工整。
(2) 80~90分
1）各部位尺寸设计基本合理。
2）节点构造做法基本合理、图例表达正确。
3）比例正确、绘图内容齐全。
4）符合剖面图制图标准。
5）线型线宽符合制图标准，尺寸标注完整。
6）布图匀称，图面整洁、美观，书写工整。
(3) 70~80分
1）各部位尺寸设计基本合理。
2）节点构造做法基本合理、图例表达正确。
3）比例基本正确、绘图内容基本齐全。
4）基本符合剖面图制图标准。
5）线型线宽符合制图标准，尺寸标注完整。
6）布图基本匀称，图面基本整洁，书写基本工整。
(4) 60~70分
1）各部位尺寸设计基本合理。
2）节点构造做法基本合理、图例表达基本正确。
3）比例基本正确、绘图内容基本齐全。
4）基本符合剖面图制图标准。
5）线型线宽基本符合制图标准，尺寸标注基本完整。
6）布图不匀称，书写不工整。
(5) 60分以下
1）各部位尺寸设计不合理。
2）节点构造做法不合理、图例表达不正确。
3）比例基本不正确、绘图内容不齐全。
4）不符合剖面图制图标准。
5）线型线宽基本不符合制图标准，尺寸标注不完整。
6）布图不匀称，书写不工整。

八、知识链接
1. 梯段宽度要求
(1)《民用建筑设计统一标准》（GB 50352—2019）（以下简称"标准"）相关条文
6.8.2 当一侧有扶手时，梯段净宽应为墙体装饰面至扶手中心线的水平距离，当双侧有扶手时，梯段净宽应为两侧扶手中心线之间的水平距离。当有凸出物时，梯段净宽应从凸出物表面算起。
6.8.3 梯段净宽除应符合现行国家标准《建筑设计防火规范》（GB 50016—2014）及国家现行相关专用建筑设计标准的规定外，供日常主要交通用的楼梯的梯段净宽应根据建筑物使用特征，按每股人流宽度为0.55m+（0~0.15）m的人流股数确定，并不应少于两股人流。（0~0.15）m为人流在行进中人体的摆幅，公共建筑人流众多的场所应取上限值。
(2)《住宅设计规范》（GB 50096—2011）相关条文
6.3.1 楼梯梯段净宽不应小于1.10m，不超过六层的住宅，一边设有栏杆的梯段净宽不应小于1.00m。
2. 踏步与栏杆扶手要求
(1) "标准"相关条文
6.8.5 每个梯段的踏步数不应少于3级，且不应超过18级。
6.8.7 楼梯应至少于一侧设扶手，梯段净宽达三股人流时应两侧设扶手，达四股人流时宜加设中间扶手。
6.8.8 室内楼梯扶手高度自踏步前缘线量起不宜小于0.9m。楼梯水平栏杆或栏板长度大于0.5m时，其高度不应小于1.05m。
6.8.10 楼梯踏步的宽度和高度应符合表4-1的规定。
6.8.11 梯段内每个踏步高度、宽度应一致，相邻梯段的踏步高度、宽度宜一致。
6.8.13 踏步应采取防滑措施。
(2)《住宅设计规范》（GB 50096—2011）相关条文

6.3.2 楼梯踏步宽度不应小于0.26m,踏步高度不应大于0.175m。扶手高度不应小于0.90m。楼梯水平段栏杆长度大于0.50m时,其扶手高度不应小于1.05m。楼梯栏杆垂直杆件间净空不应大于0.11m。

表4-1 楼梯踏步最小宽度和最大高度 （单位：m）

楼梯类别		最小宽度	最大高度
住宅楼梯	住宅公共楼梯	0.260	0.175
	住宅室内楼梯	0.220	0.200
宿舍楼梯	小学宿舍楼梯	0.260	0.150
	其他宿舍楼梯	0.270	0.165
老年人建筑楼梯	住宅建筑楼梯	0.300	0.150
	公共建筑楼梯	0.320	0.130
托儿所、幼儿园楼梯		0.260	0.130
小学校楼梯		0.260	0.150
人员密集且竖向交通繁忙的建筑和大、中学校楼梯		0.280	0.165
其他建筑楼梯		0.260	0.175
超高层建筑核心筒内楼梯		0.250	0.180
检修及内部服务楼梯		0.220	0.200

注：螺旋楼梯和扇形踏步离内侧扶手中心0.250m处的踏步宽度不应小于0.220m。

3. 平台尺寸要求

（1）"标准"相关条文

6.8.4 当梯段改变方向时,扶手转向端处的平台最小宽度不应小于梯段净宽,并不得小于1.2m。当有搬运大型物件需要时,应适量加宽。直跑楼梯的中间平台宽度不应小于0.9m。

6.8.6 楼梯平台上部及下部过道处的净高不应低于2.0m,梯段净高不应低于2.2m。

注：梯段净高为自踏步前缘（包括每个梯段最低和最高一级踏步前缘线以外0.3m范围内）量至上方突出物下缘间的垂直高度。

（2）《住宅设计规范》（GB 50096—2011）相关条文

6.3.3 楼梯平台净宽不应小于楼梯梯段净宽,且不得小于1.20m。楼梯平台的结构下缘至人行通道的垂直高度不应低于2.00m。入口处地坪与室外地面应有高差,并不应小于0.10m。

（3）《建筑设计防火规范》（GB 50016—2014）（2018年版）相关条文

6.4.11.3 开向疏散楼梯或疏散楼梯间的门,当其完全开启时,不应减少楼梯平台的有效宽度。

4. 梯井宽度要求

（1）"标准"相关条文

6.8.9 托儿所、幼儿园、中小学校及其他少年儿童专用活动场所,当楼梯井净宽大于0.2m时,必须采取防止少年儿童坠落的措施。

（2）《住宅设计规范》（GB 50096—2011）相关条文

6.3.5 楼梯井净宽大于0.11m时,必须采取防止儿童攀滑的措施。

训练4 绘制屋顶排水节点详图

一、训练目的

1) 掌握屋面排水组织设计方法及防排水做法。
2) 理解屋面各构造层次作用及做法。
3) 正确绘制屋面防排水构造节点详图。

二、训练资料

1) 根据某公交站管理用房平面图（图4-3、图4-4）进行设计。
2) 总层数为2层,层高均为3000mm。
3) 首层室内地坪相对标高±0.000,室内外高差150mm。
4) 框架结构,外围护墙为蒸压加气混凝土砌块,厚度240mm,轴线居中。

5) 屋面结构层采用钢筋混凝土现浇板,板厚度120mm。
6) 屋面不考虑上人,女儿墙材料及尺寸、檐沟尺寸自定。

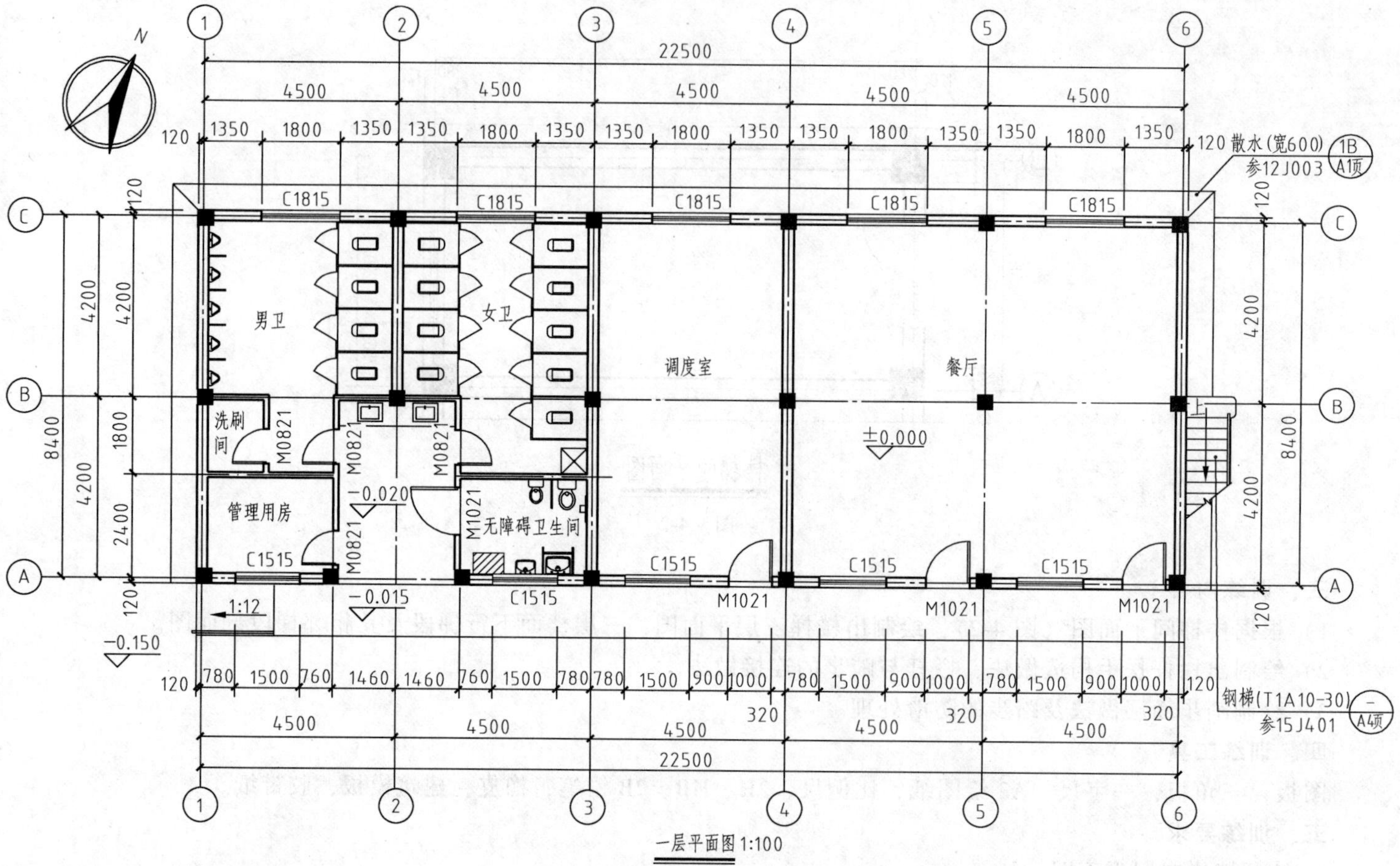

图4-3 某公交站管理用房一层平面图

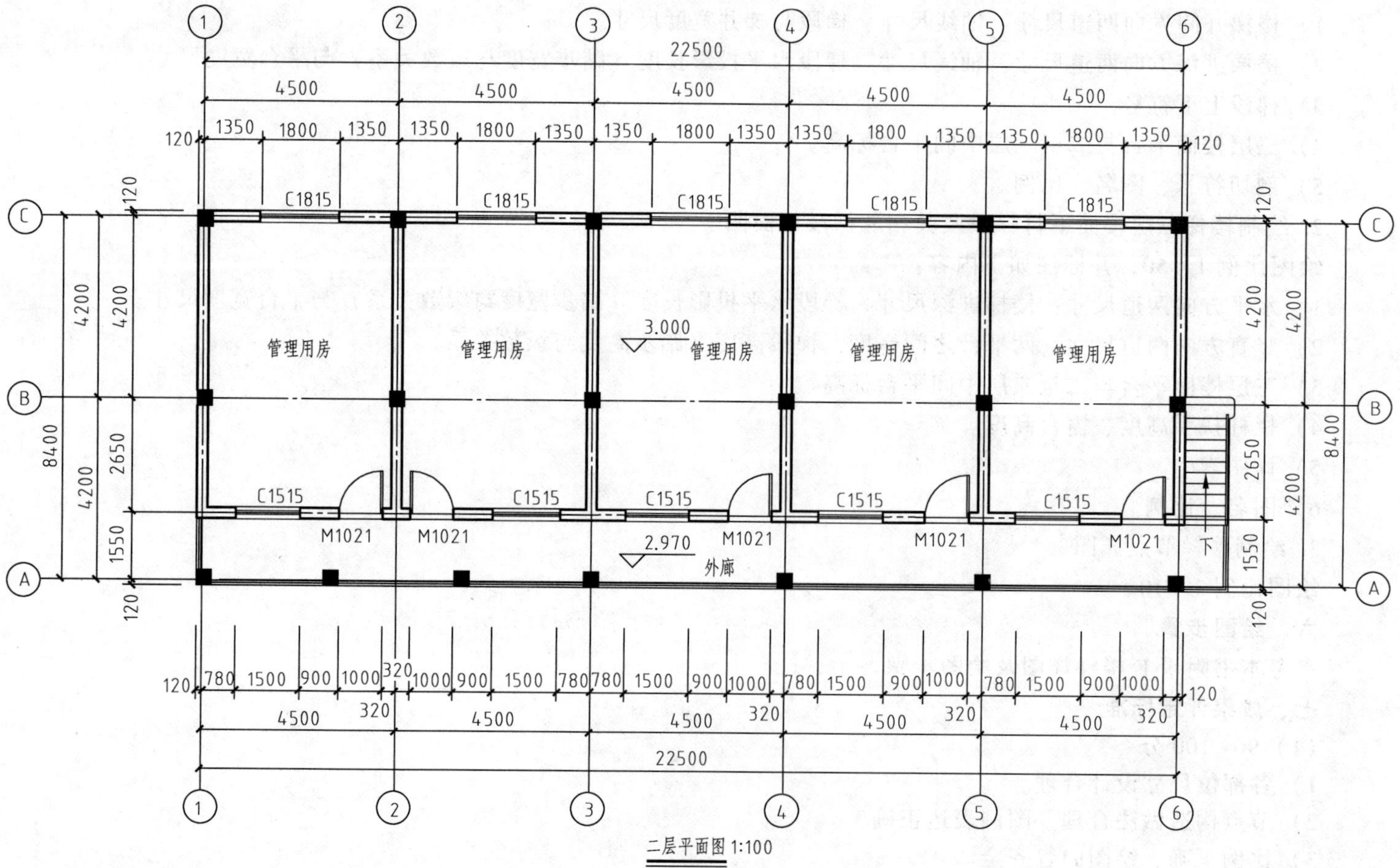

图4-4 某公交站管理用房二层平面图

三、训练内容

1）根据某公交站管理用房平面图（图4-3、图4-4），绘制出屋顶平面图。
2）对屋面排水进行组织设计。
3）绘制檐沟构造节点详图。
4）绘制女儿墙泛水构造节点详图。
5）绘制屋面分仓缝构造节点详图。
6）绘制雨水口构造节点详图。

四、训练工具

图板，三角板，一字尺，A3绘图纸，比例尺，2H、HB、2B铅笔，橡皮，建筑模板，胶带纸。

五、训练要求

1. 绘制屋顶平面图

绘图比例1:100，完成下列内容：
1）绘制屋顶层平面轴线及外墙轮廓线，明确找坡方式（建筑找坡、结构找坡）。
2）划分屋面排水分区并标注排水坡度，用引出线表示檐沟、女儿墙等位置。
3）注明雨水口位置、檐沟纵向坡度、檐沟分水线（雨水口间距≤20m）。
4）设置屋面分仓缝，标注屋顶结构标高。
5）标注尺寸（总尺寸、轴线尺寸及檐沟等细部尺寸）。
6）索引雨水口、檐沟、女儿墙、分仓缝详图。
7）注写图样名称、比例等。

2. 绘制檐沟构造节点详图

绘图比例1:10，完成下列内容：
1）绘制檐沟与屋顶的各个构造层次，运用多层构造引出线，使材料图例与构造做法一一对应。
2）注明檐沟阴阳角附加防水层做法及尺寸要求。
3）注明防水材料檐口收头构造、檐沟滴水构造。
4）标注檐沟各部位尺寸。
5）标注檐沟分水线位置。
6）标注屋顶结构标高。
7）注写详图名称、比例等。

3. 绘制女儿墙泛水构造节点详图

绘图比例1:10，完成下列内容：
1）绘制女儿墙各部位材料图例与墙面装修做法。
2）注明女儿墙顶排水与滴水构造。
3）绘制屋顶的各个构造层次，运用多层构造引出线，使材料图例与构造做法一一对应。
4）注明女儿墙与屋面阴角处泛水构造，附加防水层尺寸要求。
5）注明女儿墙侧防水材料收头构造。
6）标注各部位尺寸、女儿墙轴线号。
7）标注屋顶结构标高、女儿墙顶标高。
8）注写详图名称、比例等。

4. 绘制屋面分仓缝构造节点详图

绘图比例1:10，完成下列内容：
1）绘制屋顶的各个构造层次，运用多层构造引出线，使材料图例与构造做法一一对应。
2）注明分仓缝做法、尺寸要求及缝内嵌填材料要求。
3）注明分仓缝防水层做法及尺寸要求。
4）标注屋顶结构标高。
5）注写详图名称、比例等。

5. 绘制雨水口构造节点详图

绘图比例1:10，完成下列内容：
1）绘制雨水沟的各个构造层次，运用多层构造引出线，使材料图例与构造做法一一对应。
2）注明雨水管材质、规格及防堵塞措施。
3）注明雨水口周边防渗漏构造。
4）注写详图名称、比例等。

六、绘图步骤

参考本教材附录F屋面排水组织设计。

七、成果评定标准

（1）90~100分

1）屋面排水组织设计合理。
2）各节点防排水构造做法合理、图例表达正确。
3）比例正确、绘图内容齐全。
4）符合剖面图制图标准。
5）线型线宽符合制图标准，尺寸标注完整。
6）布图匀称，图面整洁、美观，书写工整。

（2）80~90分

1）屋面排水组织设计基本合理。
2）各节点防排水构造做法基本合理、图例表达正确。
3）比例正确、绘图内容齐全。
4）符合剖面图制图标准。
5）线型线宽符合制图标准，尺寸标注完整。
6）布图匀称，图面整洁、美观，书写工整。

（3）70~80分

1）屋面排水组织设计基本合理。
2）各节点防排水构造做法基本合理、图例表达正确。
3）比例基本正确、绘图内容基本齐全。
4）基本符合剖面图制图标准。
5）线型线宽符合制图标准，尺寸标注完整。
6）布图基本匀称，图面基本整洁，书写基本工整。

（4）60~70分

1）屋面排水组织设计基本合理。
2）各节点防排水构造做法基本合理、图例表达基本正确。
3）比例基本正确、绘图内容基本齐全。
4）基本符合剖面图制图标准。
5）线型线宽基本符合制图标准，尺寸标注基本完整。
6）布图不匀称，书写不工整。

（5）60分以下

1）屋面排水组织设计不合理。
2）各节点防排水构造做法不合理、图例表达不正确。
3）比例基本不正确、绘图内容不齐全。
4）不符合剖面图制图标准。
5）线型线宽基本不符合制图标准，尺寸标注不完整。
6）布图不匀称，书写不工整。

参 考 文 献

[1] 中华人民共和国住房和城乡建设部. 民用建筑设计统一标准：GB 50352—2019 [S]. 北京：中国建筑工业出版社，2019.

[2] 中华人民共和国住房和城乡建设部. 地下工程防水技术规范：GB 50108—2008 [S]. 北京：中国计划出版社，2009.

[3] 中华人民共和国住房和城乡建设部. 屋面工程技术规范：GB 50345—2012 [S]. 北京：中国建筑工业出版社，2012.

[4] 中华人民共和国住房和城乡建设部. 房屋建筑制图统一标准：GB/T 50001—2017 [S]. 北京：中国建筑工业出版社，2017.

[5] 中华人民共和国住房和城乡建设部. 建筑制图标准：GB/T 50104—2010 [S]. 北京：中国建筑工业出版社，2011.

[6] 中华人民共和国住房和城乡建设部. 建筑结构制图标准：GB/T 50105—2010 [S]. 北京：中国建筑工业出版社，2010.

[7] 中国建筑标准设计研究院. 国家建筑标准设计图集 10J310：地下建筑防水构造 [M]. 北京：中国计划出版社，2012.

[8] 中国建筑标准设计研究院. 国家建筑标准设计图集 06J123：墙体节能建筑构造 [M]. 北京：中国计划出版社，2006.

[9] 中国建筑标准设计研究院. 国家建筑标准设计图集 06J505-1：外装修（一）[M]. 北京：中国计划出版社，2006.

[10] 中国建筑标准设计研究院. 国家建筑标准设计图集 12J304：楼地面建筑构造 [M]. 北京：中国计划出版社，2012.

[11] 中国建筑标准设计研究院. 国家建筑标准设计图集 12J201：平屋面建筑构造 [M]. 北京：中国计划出版社，2012.

[12] 中华人民共和国住房和城乡建设部. 建筑设计防火规范（2018 年版）：GB 50016—2014 [S]. 北京：中国计划出版社，2014.

[13] 中华人民共和国住房和城乡建设部. 公共建筑节能设计标准：GB 50189—2015 [S]. 北京：中国建筑工业出版社，2015.

[14] 中华人民共和国住房和城乡建设部. 民用建筑热工设计规范：GB 50176—2016 [S]. 北京：中国建筑工业出版社，2016.

附　　录

附录 A　浙江××××小学扩建工程行政楼建筑施工图

		图纸目录	工程名称	浙江××××小学扩建工程	工程编号 202032
			项目名称	行政楼	项目编号 202032-2

序号	图号	图纸名称	修改版次	图幅	张数	折A1	备注
00	建施—00	总平面布置图	A	A1			1:500
01	建施—01	建筑施工图设计说明（一）	A	A2			
02	建施—02	建筑施工图设计说明（二）室内装修做法表	A	A2			
03	建施—03	建筑构造做法表	A	A2			
04	建施—04	地下室平面图	A	A2			1:150
05	建施—05	一层平面图	A	A2			1:150
06	建施—06	二层平面图	A	A2			1:150
07	建施—07	三层平面图	A	A2			1:150
08	建施—08	四层平面图	A	A2			1:150
09	建施—09	五层平面图	A	A2			1:150
10	建施—10	屋顶层平面图 1-1剖面图	A	A2			1:150
11	建施—11	①~⑫轴立面图 ⑫~①轴立面图	A	A2			1:150
12	建施—12	ⓔ~ⓐ轴立面图 ⓐ~ⓔ轴立面图	A	A2			1:150
13	建施—13	1号楼梯平面图	A	A2			1:50
14	建施—14	1号楼梯剖面图及卫生间大样图	A	A2			1:50
15	建施—15	2号楼梯大样图	A	A2			1:50
16	建施—16	墙身1大样图	A	A2			1:30
17	建施—17	墙身2大样图	A	A2+1/2			1:30
18	建施—18	墙身3大样图 墙身4大样图	A	A2+1/2			1:30
19	建施—19	墙身5大样图	A	A2+1/2			1:30
20	建施—20	门窗表 门窗大样图	A	A2+1/2			
21	建施—21	建筑节能设计专篇	A	A2			

设计总负责人＿＿＿＿　工程负责人＿＿＿＿　专业负责人＿＿＿＿

编制人＿＿＿＿　日期＿＿＿＿　盖章

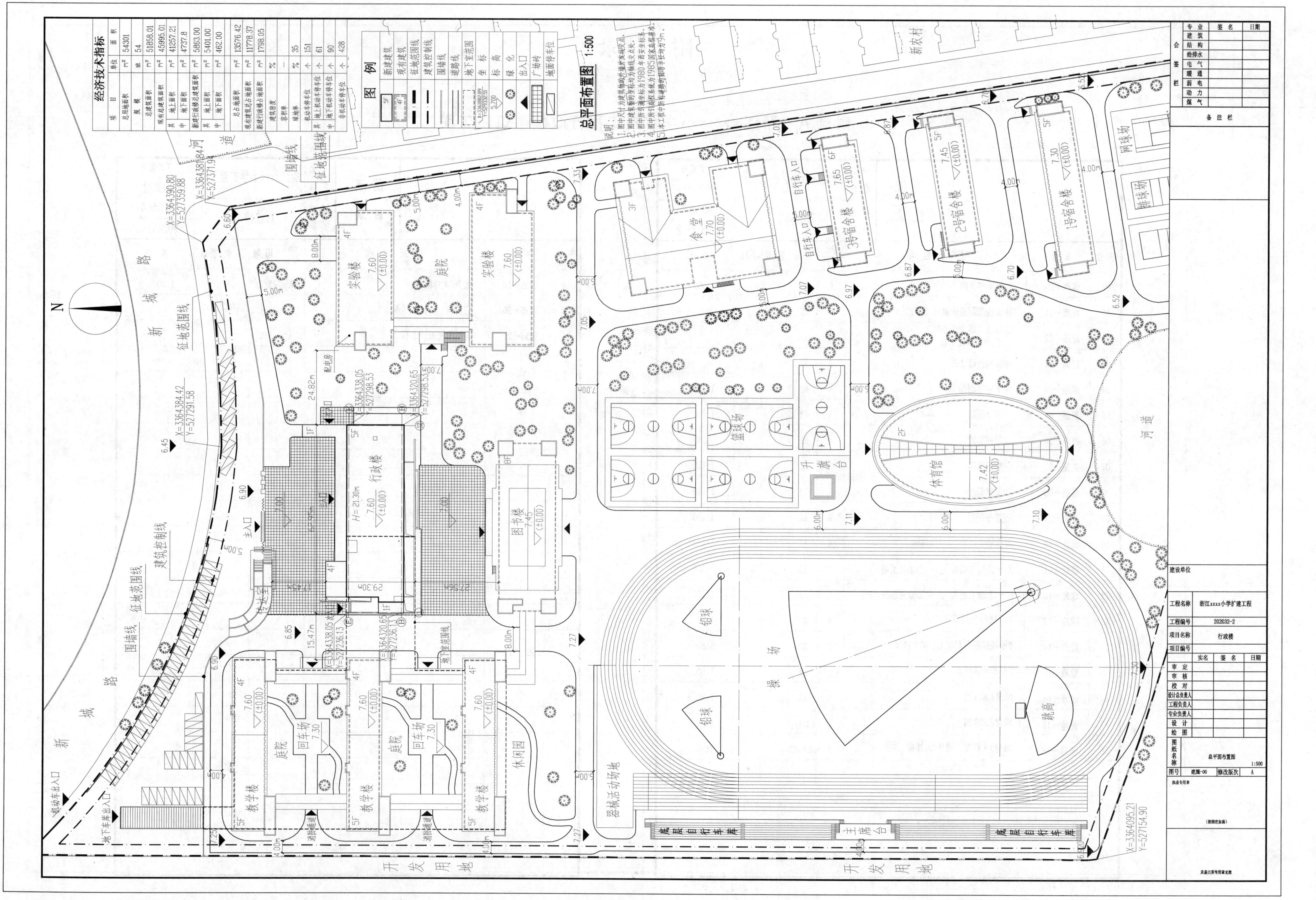

建筑施工图设计说明（一）

一、设计依据

1. 建设项目选址意见书。
2. 关于同意浙江xxxx小学行政楼工程初步设计的批复。
3. 建设单位提供的设计任务书。
4. 现行国家和地方的有关建筑设计规范、规程和规定。

二、设计内容

1. 本工程施工图内容包括建筑、结构、给排水、电气、暖通、弱电专业。
2. 本工程施工图设计内容不包括特殊装修和室外景观。

三、工程概况

1. 工程名称：浙江xxxx小学扩建工程。
2. 项目名称：行政楼。
3. 建设地点：浙江省xx市。
4. 建筑面积：地上部分5401m²，地下部分462m²。
5. 建筑层数：地上5层。
6. 建筑高度：21.30m（室外地坪至女儿墙顶点）。
7. 建筑结构安全等级：二级。
8. 耐火等级：地下室一级，地上二级。
9. 屋面防水等级：Ⅱ级。
10. 本地区抗震设防烈度：7度。
11. 地下室防水等级：一级。
12. 结构类型：钢筋混凝土框架结构。
13. 建筑物使用年限：50年。

四、建筑定位、设计标高及尺寸标注

1. 建筑单体及道路定位均详见建筑总平面布置图。
2. 室内地坪±0.000相当于绝对标高7.600m（1985国家高程）。
3. 所有尺寸以图纸标注为准，不应在图上度量。
4. 总平面尺寸、标高以米为单位，其余均以毫米为单位。
5. 除图中注明外，建筑的平、立、剖面所注标高为建筑完成面标高，屋面层为结构面标高。

五、墙体工程

1. 墙体材料

1.1 ±0.000以外墙、卫生间墙：200厚，MU10烧结页岩多孔砖，M7.5混合砂浆砌筑。
±0.000以内墙：200厚，蒸压加气混凝土砌块（A3.5、B05），Ma5.0专用砂浆砌筑。
±0.000以下墙体：200厚，MU10烧结页岩实心砖，M10水泥砂浆实砌。

1.2 采用轻质材料隔断时，材质详见施工图，材料面荷载应小于1.0 kN/m²。

2. 填充墙在不同材料连接处，均应按构造配制拉接钢筋，具体详见施工图。
3. 凡砖砌设备管道井均用1:3水泥砂浆砌筑，不能进入的坚向管井，内壁随砌随抹平（电梯内道内壁不做粉刷）。
4. 凡无地下室、地圈梁的建筑墙身均在底层地面标高下60mm处做20厚1:2水泥砂浆防潮层（内掺水泥重量5%的防水剂）。墙与两侧地面不同标高时，防潮层按低侧地面，并沿高侧墙面做防潮层至高侧地面。
5. 内墙遇设备（便器、水表、电表）悬挂时，在相应位置做C20素混凝土灌实加固处理。
6. 墙体留洞及封堵

6.1 钢筋混凝土墙上的留洞详见结施图。
6.2 砌筑墙预留洞见建施和结施图。
6.3 嵌装在墙体内的消火栓、电表箱、配电箱等，背后须用耐火极限≥3.0h的不燃材料封堵，再做钢丝网面粉刷，每侧网宽应大于孔洞200mm。
6.4 预留洞的封堵：混凝土墙洞的封堵见结施图，其余砌筑墙留洞待管道设备安装完成后，用C20细石混凝土填实。

7. 卫生间局部水管穿内墙时须预埋处理，不得凿槽。
8. 构造柱、圈梁、门窗洞过梁：除建筑图中有说明者外，做法均详见结构施工图。
9. 在底层窗台下墙体水平缝内设置2φ6钢筋，伸入两边窗间墙内不小于600mm。

六、屋面工程

1. 屋面工程应符合《屋面工程技术规范》(GB50345-2012)和《屋面工程质量验收规范》(GB50207-2012)的要求。
2. 平屋面排水坡度≥2%，檐沟纵向找坡材料除注明外，均采用C20细石混凝土找坡，坡度1%。
3. 屋面的细石混凝土保护层应分仓缝，分仓缝纵横间距不大于6000，缝宽20，用防水油膏嵌实。
4. 屋面排水组织见屋顶平面图，水落管规格详见水施。水落管与墙面的距离须与外墙的装饰要求相配合，水落管的颜色与外墙面装饰材料颜色相协调。
5. 屋面做法及屋面节点未注明处均参见图集《平屋面建筑构造》(12J201)。
6. 卷材防水层的基层与突出屋面结构的交接处，以及基层的转角处，均在平基层均应按施工规范要求做成圆弧且应整齐平顺。圆弧半径：高聚物改性沥青防水卷材50mm，合成高分子防水卷材20mm。
7. 凡墙与露台、室外平台相邻处，除图中注明外，墙脚250高C20素混凝土翻边，宽同墙厚。
8. 伸出屋面的管道、设备或预埋件等应在防水层施工前安装完毕，屋面防水层完工后应避免在其上凿孔打洞。
9. 屋面上有落水管时需加水箅算400×400，具体做法：50厚C25混凝土内配φ6@150双向。

七、门窗工程

1. 门窗类型、规格、立面尺寸及分格在门窗表及门窗立面中示明，门窗由有资质的专业厂家依据国家有关规范、标准并根据工程项目使用要求负责设计生产、施工安装，门窗立面分格修改须经建筑师确认。门窗五金件要求应满足相应行业标准。
2. 建筑物外门窗的性能指标：气密性分级 6级，水密性分级 4级，抗风压分级 3级，隔声分级 3级，保温性能详见节能设计专篇。建筑外门窗由生产厂家对其安全性负责，并复核其各项性能。
3. 门窗玻璃的选用应遵照《建筑玻璃应用技术规程》(JGJ113-2015)，《铝合金门窗工程技术规范》(JGJ214-2010)及地方主管部门的有关规定。门窗玻璃下列部位必须使用安全玻璃。

3.1 七层及七层以上的外开窗。
3.2 面积大于1.5m²的窗玻璃或玻璃底边离最终装修面小于500mm的落地窗。
3.3 面积大于0.5m²的有框门玻璃和固定门玻璃。
3.4 幕墙（全玻幕除外）。
3.5 倾斜安装的铝合金窗。
3.6 顶棚、吊顶。
3.7 室内玻璃隔断、浴室围护和屏风。
3.8 楼梯、阳台、平台、走廊的栏板。
3.9 建筑的出入口、门厅等部位。
3.10 易遭受撞击、冲击而造成人体伤害的其他部位。

4. 门窗立樘位置，除图中注明外，一般木质防火门、木门樘均与开启方向的墙体粉刷面平，金属门窗、弹簧门、推拉门窗均立墙中。
5. 门窗平面、立面、详图所注尺寸均表示洞口尺寸，门窗加工尺寸要按照装修面层厚度由承包商予以调整，门梁宽度除图中注明外详见各层平面图说明。
6. 隔声门、全玻门、各专用门等的安装应满足现行规范及功能要求。
7. 所有设备管井周边与楼地面交接处，沿墙做C20素混凝土翻边，宽同墙厚、高度150，门洞处翻边兼作门槛。门安装与墙体粉刷面平。
8. 凡窗台高度不足900的低窗，均应采用防护措施，防护措施应符合《建筑防护栏杆技术标准》(JGJ/T470-2019)中相关要求。栏杆设计应防止少年儿童攀爬，垂直杆件净空不大于0.11m，且不应小于30mm。室内栏板玻璃应符合《建筑玻璃应用技术规程》(JGJ113-2015)第7.2.5条要求。
9. 窗台均做C25细石混凝土窗台，同墙宽，高90，内配钢筋。当洞口宽度≤2.1m时，配2φ8，φ6@250；当洞口宽度>2.1m时，配3φ8，φ6@250。

八、幕墙工程

1. 本工程外墙装饰幕墙工程的设计与安装必须是具有专业资质的单位承担。设计配合选材等协调工作，具体分隔、材料选用等详见立面图、门窗大样、本说明及有关施工图。
2. 设计要求及工程范围

2.1 本工程所有幕墙的技术设计、制作加工、安装施工及维修除应体现建筑设计要求外，必须符合《玻璃幕墙工程技术规范》(JGJ102-2003)和《金属与石材幕墙工程技术规范》(JGJ133-2001)及国家现行的有关标准、法规的规定。

2.2 建施图中所有关于外围幕墙部分设计仅表达设计总体意图，立面分格、材料品种等有关加工制作、预埋件设置、节点构造、避雷、防火及材料规格计算等均以专业单位设计为准，但必须保证建筑整体形象及质量。

2.3 幕墙设计单位应及时向土建设计单位提供幕墙结构支座反力及预埋件对土建的要求，以便土建设计对主体结构进行安全复核，设计院会提供相关的技术参数。

2.4 幕墙工程应满足防火墙两侧、窗间墙、窗槛墙的防火要求，同时应满足外围护结构的各项物理、力学性能要求。

2.5 幕墙工程应配合土建、机电、擦窗设备、景观照明工程的各项要求。

3. 幕墙饰面材料分述如下

3.1 本工程幕墙玻璃颜色须选样商定，均要求采用钢化玻璃，各部位选用厚度应满足抗风压计算要求，外观质量要求均应符合优等品质。

3.2 幕墙玻璃的节能要求具体见建筑节能设计专篇。

3.3 幕墙的铝合金杆件、板材、装饰条等凡露明部分表面均要求做氟碳喷涂处理，暗色框料。

建筑施工图设计说明（二）

九、外装修工程

1. 外立面装饰采用高级仿石外墙面砖、涂料及断热铝合金中空玻璃，具体部位详见建施立面图。
2. 外墙上的百叶窗全部采用铝合金型材，断面应经抗风压设计，表面处理同其他铝型材。
3. 表面装饰线材料及形式详见立面及墙身剖面。
4. 外墙轻钢结构、铝合金百叶、装饰物等由承包商二次设计，经确认后由建筑设计单位提供预埋件的设置要求。
5. 外装修选用的各项材料其材质、规格、颜色等，均由施工单位提供样板，经建设和设计单位确认后进行封样，并据此验收。

十、室内装修工程

1. 本工程室内装修除按室内装修做法表规定的项目外，其余由二次室内装修设计确定，不列入土建施工范围，二次装修必须符合消防安全要求，同时不能影响结构安全和损害水电设施。
2. 本工程按《民用建筑工程室内环境污染控制标准》(GB50325-2020)要求，竣工验收时必须进行室内环境污染物浓度检测，其限量应满足下列要求：
   氡 $\leq 150Bq/m^3$，苯 $\leq 0.06mg/m^3$，甲苯 $\leq 0.15mg/m^3$，二甲苯 $\leq 0.20mg/m^3$，
   氨 $\leq 0.15mg/m^3$，甲醛 $\leq 0.07mg/m^3$，总挥发有机化合物(TVOC) $\leq 0.45mg/m^3$。
3. 内装修工程执行《建筑内部装修设计防火规范》(GB50222-2017)，楼地面部分执行《建筑地面设计规范》(GB50037-2013)。
4. 楼地面
   4.1 楼地面构造交接处、不同饰面分界处、地坪高度变化处，除图中另有注明者均位于齐平门扇开启面处。
   4.2 凡有排水要求的卫生间、阳台等，其建筑地面面层标高均低于相邻楼面 50mm(除注明外)，且沿墙脚设 C20 素混凝土翻边(除门洞外)，高 200，宽同墙体；
   4.3 设有地漏的卫生间、空调搁板均刷防水涂料层，有地漏处找坡，排水坡度 2%。
   4.4 供无障碍使用的卫生间门门扇在一只手操纵下易于开启，室内外地面高度不应大于15mm，并应以斜坡过渡。
5. 粉刷
   5.1 混凝土梁柱在抹灰前，基层洒 1:0.5 水泥砂浆(内掺粘结剂)。
   5.2 混凝土顶棚抹灰前，应将基层清理干净，上刷界面剂。
   5.3 室内墙面、门洞、柱子等阳角均做宽 60、高 2000 的 1:2 水泥砂浆隐性护角。
   5.4 凡不做窗台板的内窗台，均做 20厚1:2水泥砂浆粉刷，并突出外墙面刷 5、高 30。
   5.5 檐口、女儿墙压顶、雨篷、挑板、阳台、无遮阳板的外窗洞上口与外墙装饰线脚端均应做滴水线。
   5.6 女儿墙、挑檐翻口、雨篷翻口、防护栏板等顶面粉刷均向内侧做 5% 的排水坡度。
   5.7 在填充墙与钢筋混凝土墙、柱等两种材料的交接处钉 0.9厚、宽度 250 的钢板网。

十一、油漆涂料工程

1. 室内装修所采用的涂料见室内装修做法表。
2. 除门表注明外，外门窗选用与外立面同色的氟碳漆喷涂，内门窗颜色另定。
3. 所有木制件刷环保型防腐涂料二度。
4. 室内外露明金属件的油漆刷防锈漆二度后，再做同室内外部位相同颜色面漆二度。
5. 各种油漆涂料均由施工单位制作样板，经确认后进行封样，并据此进行验收。

十二、室外工程

1. 建筑物四周做 800宽种植散水，做法详见《室外工程》(12J003)中种植散水⑥A⑥B，散水与地面交接处详见景观设计。
2. 残疾人用坡道详见《无障碍设计》(12J926)。
3. 其余室外工程做法详见景观设计。

十三、建筑设备与设施工程

1. 采用无机房电梯，载重量 1000kg，速度 1.0m/s。现有电梯参数按照常用尺寸预留，待电梯厂家确定后由厂家深化设计，并经设计院审核确定。
2. 灯具、送回风口等影响美观的器具须经建设单位与设计单位确认样品后，方可批量加工、安装。
3. 卫生洁具、成品隔断由建设单位与设计单位共同商定选用。
4. 生活水池、戏水池的防水层，应选用无毒无害的材料，避免水质污染。

十四、防火

1. 建筑物构件的燃烧性能和耐火极限应按《建筑设计防火规范》(GB50016-2014)(2018年版)要求执行。
2. 管道井防火：设备竖向管道井在每层楼面标高处用厚度同楼板的 C25 细石混凝土封堵，构造做法除结构已注明外，一般当洞口宽度≤1.0m时，内配 ⌀8@200双向钢筋；当洞口宽度>1.0m时，内配 ⌀10@200双向钢筋。电井封堵做法详见电施。
3. 玻璃幕墙与构件防火：建筑幕墙的窗间墙、窗槛墙的填充材料应采用不燃烧材料，当外墙采用耐火极限不低于 1.00h 的不燃烧体时，其间填充材料每层楼板处沿缝设置耐火极限不低于 1.00h、高度不低于 0.8m 的不燃烧实体墙；建筑幕墙与每层楼板、隔墙处的缝隙应采用防火封堵材料封堵。
4. 防火墙必须砌至梁底或板底，不得留缝隙。当管道必须穿越防火墙时，安装完毕后须用非燃烧材料将周围封填密实。电缆线、管道井与房间、走道等相连通的孔洞，其空隙应采用不燃烧材料填塞密实。管道穿过隔墙、楼板时，应采用不燃烧材料将其周围的缝隙塞填密实。
5. 所有内隔墙均应砌至梁底或板底，特别注明的除外。
6. 防火门应向疏散方向开启的平开门，防火门内外两侧均应能手动开启，防火门具有自闭功能。双扇防火门应具有按顺序关闭的功能。常开防火门应能在火灾时自行关闭，并应有信号反馈的功能。
7. 本工程选用的各类防火门、防火器材应向消防部门发给许可证的厂家订购。
8. 建筑外保温系统防火必须满足《建筑设计防火规范》(GB50016-2014)(2018年版)中第6.7建筑保温和外墙装饰的相关规定。

十五、地下室防水

1. 地下室防水应符合《地下工程防水技术规范》(GB50108-2008)和《地下防水工程质量验收规范》(GB50208-2011)。
2. 地下室外墙外侧采用 1.5厚聚氨酯防水涂料加 30厚聚苯板保护层；
   地下室底板下采用 4厚SBS改性沥青防水卷材防水层；
   地下室顶板(仅室外部分)采用 2.0厚聚氨酯防水涂料加 4厚SBS改性沥青耐根穿刺防水卷材防水层。

   各部位防水构造符合建筑标准设计图集《地下建筑防水构造》(10J301) 要求。其中：外墙防水构造做法参本图集 外墙 2a/18，
   底板防水构造做法参本图集 底板 1/16，
   顶板防水参本图集顶板防水构造 种顶 2/24。
3. 地下室的预留孔洞必须满布，不允许后留，且预留孔洞边线上下方 500mm 范围内不得施工缝。
4. 地下室防水混凝土抗渗等级及施工缝金属止水带金属做法详见结构施工图。

十六、工程配合

1. 施工时，水、电、暖等相关专业设备安装和土建的施工程序必须密切配合，仔细核对预留孔与预埋件的位置和标高，填充墙砌筑至门顶需做 180高混凝土圈梁，C25混凝土配筋 4⌀12，箍筋 ⌀6@200，以上墙体待设备管线安装后再行封砌以减少差错。
2. 凡 ⌀100 以上的设备管道穿越外墙、承重墙及楼板时，均需预留孔洞或预埋套管不得现凿。
3. 施工中应严格执行国家各项施工质量验收规范。

十七、其他

1. 本工程均采用预拌砂浆并应符合《预拌砂浆》(GB/T25181-2019)、《预拌砂浆应用技术规程》(JGJ/T223-2010)的相关规定。
2. 施工时除满足设计规范的要求外，尚应遵守现行的工程施工和质量验收规范，施工中做好隐蔽工程验收记录。
3. 变形缝做法详见《变形缝建筑构造》(14J936)中：

部位	分类	材料做法
楼地面	A系列	详见 14J936 (1/AD1)
内墙、顶棚	A系列	详见 14J936 (3/AN1)
外墙	A系列	详见 14J936 (3/AQ1)
平屋面	A系列	详见 14J936 (1B/AW2)

室内装修做法表

房间名称	楼地面	墙面	顶棚	踢脚	房间名称	楼地面	墙面	顶棚	踢脚
底层门厅、走廊、连廊、庭院、台阶	详见二次装修设计				二层及以上接待室、办公室、会议室、学生社团活动、总务室、档案室、科技活动室、内走廊等	楼面(4)	内墙(1)	顶棚(2)	踢脚(1)
传达室、广播室、演播室	楼面(2)	内墙(1)	顶棚(2)	踢脚(1)					
消防监控室、中心机房	楼面(6)	内墙(1)	顶棚(2)	踢脚(2)					
校史专题陈列室	楼面(4)	内墙(1)	顶棚(2)	踢脚(1)	地上楼梯间(地坪/楼板层)	楼面(2)/楼面(5)	内墙(1)	顶棚(1)	踢脚(3)
总务仓库、卫生保健室	地面(1)	面砖墙裙	顶棚(2)		地下室楼梯间	楼面(2)	内墙(4)		踢脚(1)
卫生间(地坪/楼板层)	地面(1)/楼面(1)	内墙(2)	顶棚(3)		水泵房、送排风机房、变配电	楼面(3)	内墙(7)	顶棚(3)	踢脚(2)
强弱电井、水管井、送排风井	详见建筑设计说明 五、墙体工程第3条				备注：(1)踢脚高度均为150mm，地砖材质与楼地面同；(2)变配电设备架空部分做法按工艺定				

图纸信息

- 工程名称：浙江xxxx小学扩建工程
- 工程编号：202032-2
- 项目名称：行政楼
- 图纸名称：建筑施工图设计说明(二)
- 图号：建施-02
- 修改版次：A

建筑构造做法表

类别	编号	构造
地面	地面1 防滑地砖地面 (有防水层)	(1) 10×600×600防滑地砖, 干水泥擦缝 (2) 20厚1:3干硬性水泥砂浆结合层, 表面撒水泥粉 (3) 1.5厚聚氨酯防水层 (4) 1:3水泥砂浆找坡层抹平(最薄处30厚) (5) 水泥浆一道(内掺建筑胶) (6) 100厚C20混凝土垫层 (7) 150厚碎石垫层 (8) 素土夯实
地面	地面2 花岗岩地面	(1) 25×600×600花岗岩板 (2) 30厚1:3干硬性水泥砂浆结合层, 表面撒水泥粉 (3) 水泥浆一道(内掺建筑胶) (4) 100厚C20混凝土垫层 (5) 150厚碎石垫层 (6) 素土夯实
楼面	楼面1 防滑地砖地面 (有防水层)	(1) 10×600×600防滑地砖, 干水泥擦缝 (2) 20厚1:3干硬性水泥砂浆结合层, 表面撒水泥粉 (3) 1.5厚聚氨酯防水层 (4) 1:3水泥砂浆找坡层抹平(最薄处30厚) (5) 素水泥浆结合层一道(内掺建筑胶) (6) 现浇钢筋混凝土楼板
楼面	楼面2 防滑地砖地面	(1) 10×600×600防滑地砖, 干水泥擦缝 (2) 20厚1:3干硬性水泥砂浆结合层, 表面撒水泥粉 (3) 素水泥浆结合层一道(内掺建筑胶) (4) 现浇钢筋混凝土楼板
楼面	楼面3 细石混凝土楼面	(1) 35厚C20细石混凝土, 随捣随抹平 (2) 素水泥浆结合层一道(内掺建筑胶) (3) 现浇钢筋混凝土楼板
楼面	楼面4 抛光砖楼面	(1) 10×600×600抛光地砖, 干水泥擦缝 (2) 20厚1:3干硬性水泥砂浆结合层, 表面撒水泥粉 (3) 素水泥浆结合层一道(内掺建筑胶) (4) 现浇钢筋混凝土楼板
楼面	楼面5 花岗岩楼面	(1) 25×600×600花岗岩板 (2) 30厚1:3干硬性水泥砂浆结合层, 表面撒水泥粉 (3) 素水泥浆结合层一道(内掺建筑胶) (4) 现浇钢筋混凝土楼板
楼面	楼面6 架空防静电地板	(1) PVC防静电活动地板, 架空高度200 (2) 35厚C20细石混凝土, 随捣抹平 (3) 素水泥浆结合层一道(内掺建筑胶) (4) 现浇钢筋混凝土楼板
楼面	楼面7 防静电地板	(1) 3厚防静电环氧砂浆 (2) 环氧打底料一道 (3) 40厚C20细石混凝土随捣抹平, 强度达标后表面喷砂处理 (4) 素水泥浆结合层一道(内掺建筑胶) (5) 现浇钢筋混凝土楼板
顶棚	顶棚1 乳胶漆顶棚	(1) 表面高级乳胶漆刷面 (2) 2厚面层耐水腻子刮平 (3) 3厚底层防裂腻子分遍刮平 (4) 素水泥浆一道甩毛(内掺建筑胶) (5) 现浇钢筋混凝土楼板
顶棚	顶棚2 纸面石膏板吊顶 (耐水耐火)	(1) 12厚纸面石膏板, 颜色样式看样定 (2) T型轻钢次龙骨TB24×28, 间距1000, 与主龙骨插接 (3) T型轻钢主龙骨TB24×38, 间距1000, 用挂件与承载龙骨固定 (4) U型轻钢承载龙骨CB38×12, 间距1500, 用配件与钢筋吊杆联结后找平 (5) Φ8钢筋吊杆, 双向中距1500, 吊杆上部与板底预留固定 (6) 现浇钢筋混凝土板底预留Φ10钢筋吊环, 双向中距1500
顶棚	顶棚3 涂料顶棚	(1) 白色防霉涂料二度 (2) 2厚面层耐水腻子刮平 (3) 3厚底层防裂腻子分遍刮平 (4) 素水泥浆一道甩毛(内掺建筑胶) (5) 现浇钢筋混凝土楼板
屋面	屋面1 不上人平屋面 (有保温)	(1) 20厚1:3水泥砂浆面层, 涂刷浅绿色外墙涂料 (2) 40厚C25细石混凝土随捣抹平, 内配Φ6@200双向, 分仓缝纵横向间距不大于6m, 缝宽20, 用防水油膏嵌实, 上覆300宽防水卷材二道 (3) 90厚泡沫玻璃 (4) 1.2+1.2厚双层三元乙丙橡胶卷材组合防水层 (5) 轻骨料混凝土(抗压强度≥3MPa) 找坡2%(最薄处30厚) (6) 现浇钢筋混凝土屋面板(原浆表面抹光压光)
屋面	屋面2 上人平屋面 (有保温)	(1) 20厚100×100广场砖, 干水泥擦缝 (2) 30厚1:3干硬性水泥砂浆结合层, 表面撒水泥粉 (3) 40厚C25细石混凝土随捣抹平, 内配Φ6@200双向, 设分仓缝, 纵横向间距不大于6m, 缝宽20, 防水油膏嵌缝 (4) 90厚泡沫玻璃 (5) 1.2+1.2厚双层三元乙丙橡胶卷材组合防水层 (6) 轻骨料混凝土(抗压强度≥3MPa) 找坡2%(最薄处30厚) (7) 现浇钢筋混凝土屋面板(原浆表面抹光压光)
屋面	屋面3 不上人平屋面 (用于雨篷、空调搁板等)	(1) 涂刷外墙涂料(一底两面) (2) 10厚(最薄处)1:3水泥砂浆压光找坡2%, 坡向排水口 (3) 1.5厚JS防水涂料三道(沿外墙面翻起300) (4) 素水泥浆结合层一道 (5) 现浇钢筋混凝土现浇板, 表面清理干净
踢脚	踢脚1 地砖踢脚	(1) 6×150×150地面砖刮纯水泥砂浆粘贴 (2) 14厚1:3水泥砂浆打底扫毛 (3) 砖墙, 混凝土墙
踢脚	踢脚2 水泥砂浆踢脚	(1) 8厚1:2水泥砂浆罩面, 压实压光 (2) 12厚1:3水泥砂浆打底扫毛 (3) 砖墙, 混凝土墙
踢脚	踢脚3 花岗岩踢脚	(1) 18厚花岗岩板刮纯水泥砂浆粘贴 (2) 20厚1:3水泥砂浆打底扫毛 (3) 砖墙, 混凝土墙

类别	编号	构造	备注
内墙	内墙1 乳胶漆墙面	(1) 乳胶漆二道封底漆一道 (2) 2厚耐水腻子分层刮平 (3) 5厚1:0.5:2.5水泥石灰膏砂浆抹平 (4) 8厚1:1:6水泥石灰膏砂浆打底扫毛 (5) 专用界面剂一道甩毛(甩前喷湿墙面) (6) 基层墙体	
内墙	内墙2 瓷砖墙面 (有防水)	(1) 白水泥擦缝 (2) 5厚瓷砖面层至吊顶底 (3) 4厚强力瓷砖粉胶粘剂, 揉挤压实 (4) 1.5厚聚氨酯水泥基复合防水涂料防水层 (5) 9厚1:3水泥砂浆分层压实抹平 (6) 基层墙体	吊顶离地 3000
内墙	内墙3 水泥砂浆墙面	(1) 5厚1:2.5水泥砂浆罩面压实赶光 (2) 5厚1:3水泥砂浆打毛 (3) 8厚1:1:6水泥石灰膏砂浆打底扫毛 (4) 专用界面剂一道甩毛(甩前喷湿墙面) (5) 基层墙体	
内墙	内墙4 涂料墙面	(1) 刷白色防霉内墙涂料, 一底两面 (2) 8厚1:3水泥砂浆粉平 (3) 12厚1:3水泥砂浆打底 (4) 专用界面剂一道甩毛(甩前喷湿墙面) (5) 基层墙体	
墙裙	面砖墙裙	(1) 面砖贴面, 高1200(品种颜色做样板定) (2) 6厚1:2水泥砂浆贴层 (3) 6厚1:3水泥砂浆分层打底 (4) 基层墙体	墙裙以上 按内墙1
外墙	外墙1 外墙涂料	(1) 外墙面涂料(品种、颜色做样板确定) (2) 弹性底涂, 柔性腻子 (3) 5厚防裂抗渗砂浆(压入复合耐碱玻纤网格布) (4) 25厚无机保温砂浆Ⅱ型(阻燃A级) (5) 基层墙体刷界面砂浆(混凝土表面刷SN-2型界面剂) (6) 20厚无机保温砂浆Ⅰ型(阻燃A级) (7) 5厚抗裂砂浆(压入复合耐碱玻纤网格布) (8) 柔性腻子, 内墙涂料	墙身内外 保温
外墙	外墙2 外墙面砖	(1) 专用面砖勾缝剂 (2) 通体外墙面砖, 按立面分格, 面层工序详见产品说明书 (3) 8厚面砖专用粘结砂浆 (4) 5厚防裂抗渗砂浆(压入复合耐碱玻纤网格布) (5) 25厚无机保温砂浆Ⅱ型(阻燃A级) (6) 基层墙体刷界面砂浆(混凝土表面刷SN-2型界面剂) (7) 20厚无机保温砂浆Ⅰ型(阻燃A级) (8) 5厚抗裂砂浆(压入复合耐碱玻纤网格布) (9) 柔性腻子, 内墙涂料	墙身内外 保温

工程名称: 浙江xxxx小学扩建工程
工程编号: 202032-2
项目名称: 行政楼
图纸名称: 建筑构造做法表
图号: 建施-03 修改版次: A

地下室平面图 1:150

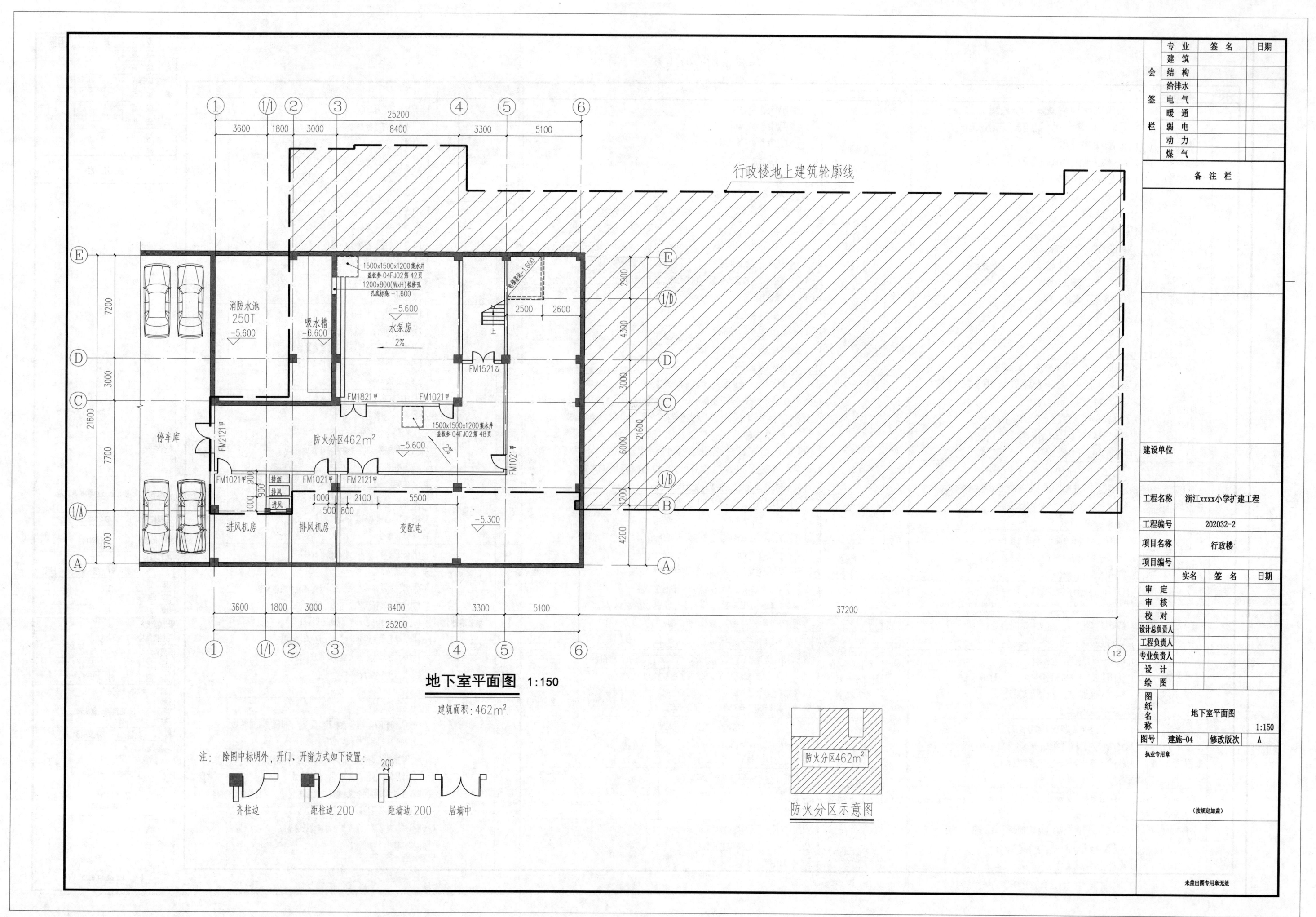

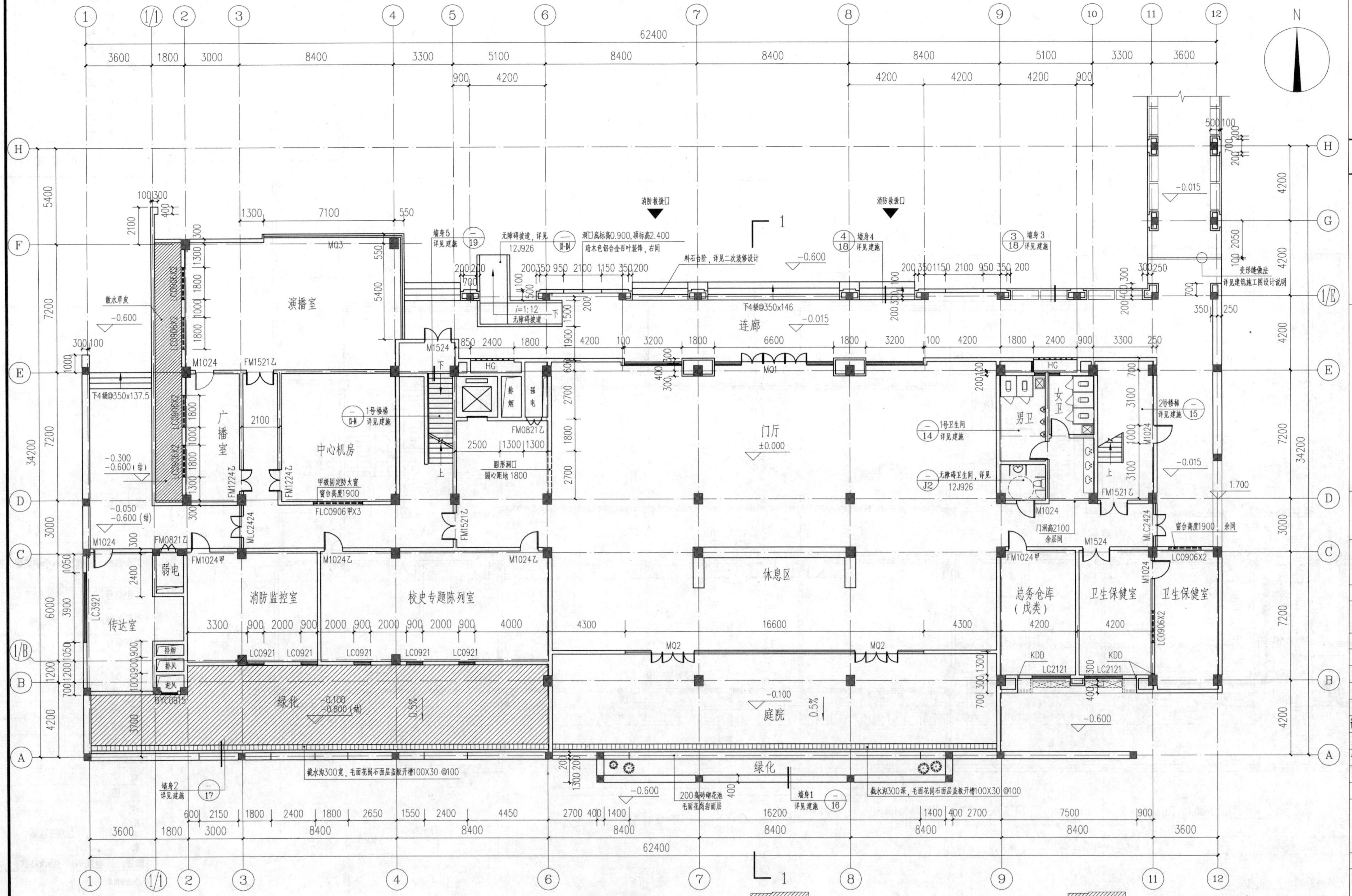

一层平面图 1:150

建筑面积：1254m²

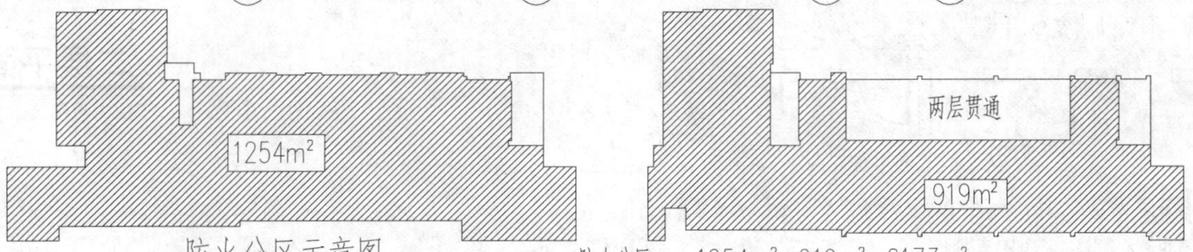

防火分区示意图
防火分区一：1254m²+919m² =2173m²
（一层和二层为一个防火分区）

注：1）除图中标明外，开门、开窗方式如下设置：
齐柱边　距柱边200　距墙边200　居中

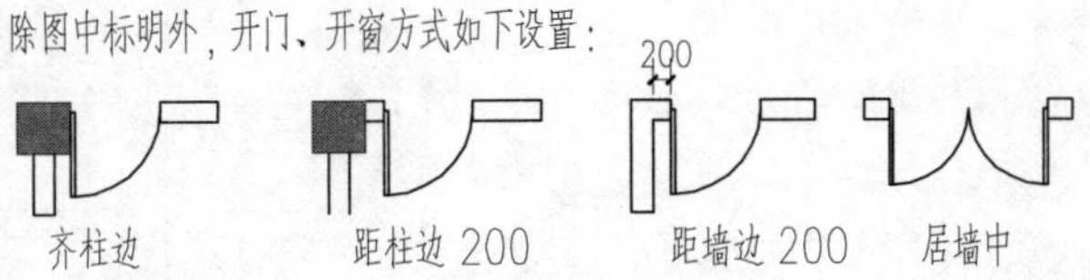

2) KDD：空调管留洞 φ100，洞中心距地 200，平面距离除注明外均紧邻最近墙体。
　 KGD：空调管中心紧靠楼板底 500留洞 φ100，平面距离除注明外均紧邻最近墙体。

3) HG：预制花格，位置、尺寸详见平立面，具体做法见详图。

工程名称：浙江xxxx小学扩建工程
工程编号：202032-2
项目名称：行政楼
图纸名称：一层平面图
图号：建施-05　修改版次：A

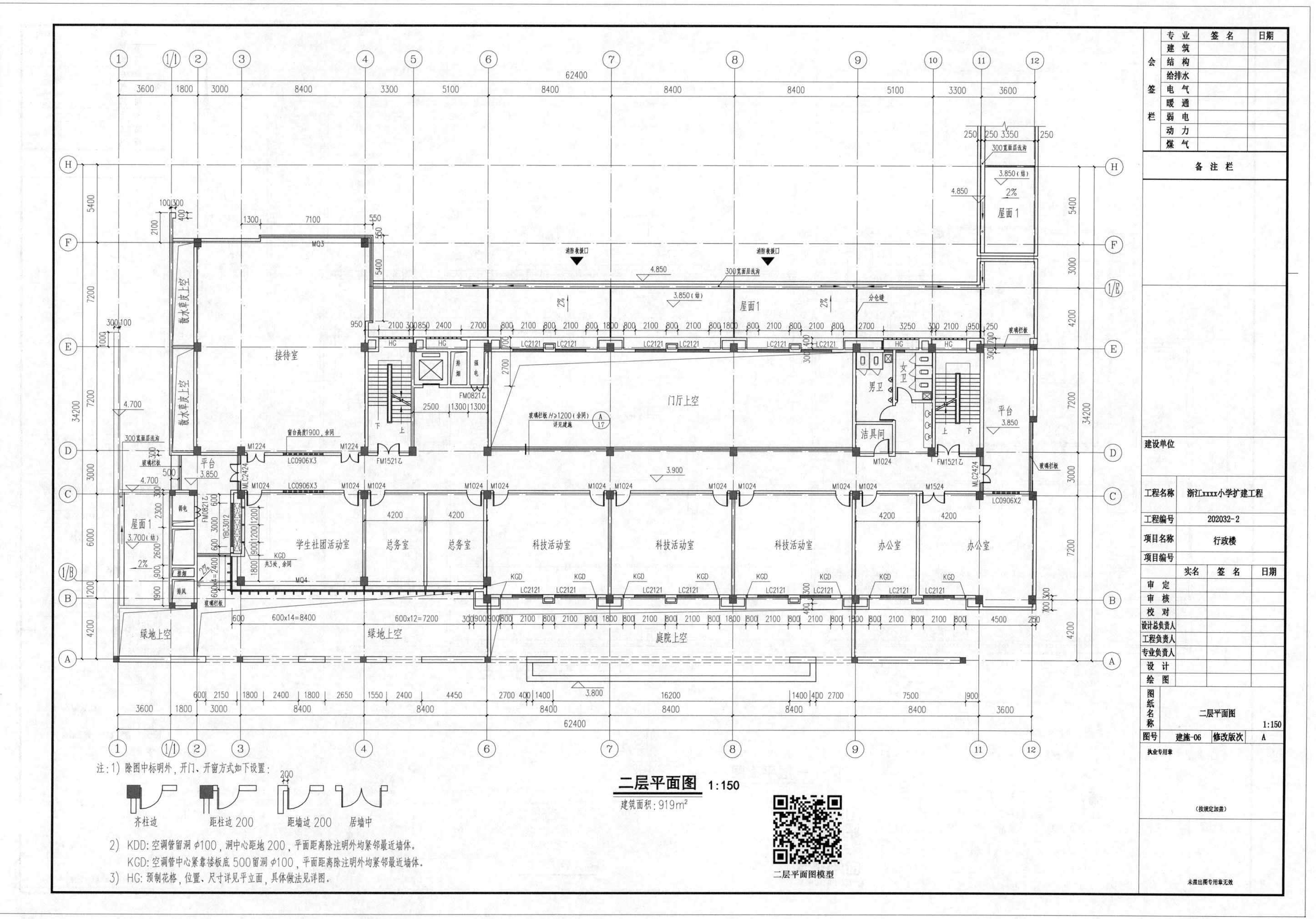

二层平面图 1:150
建筑面积：919m²

三层平面图 1:150

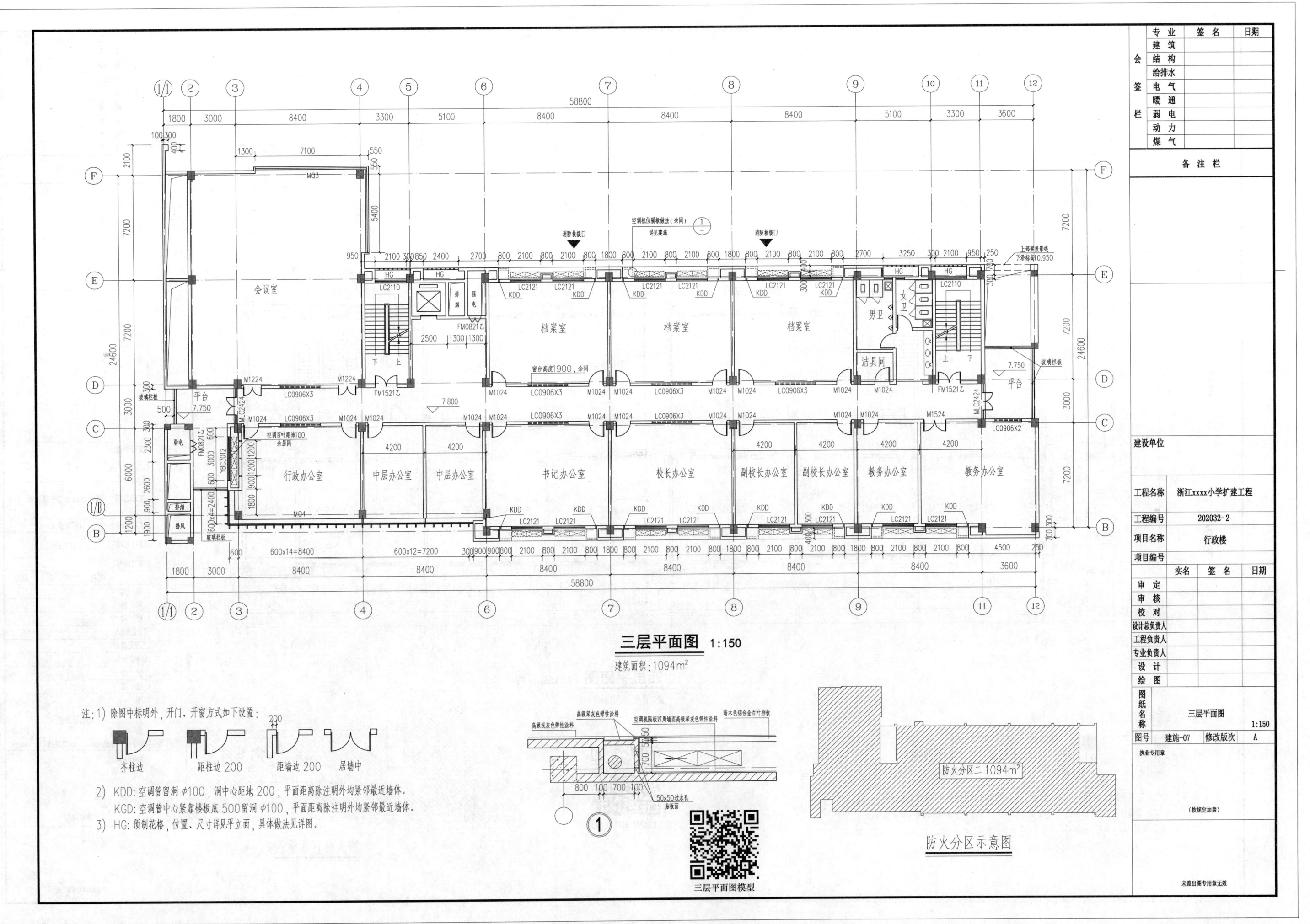

建筑面积：1094m²

注：1) 除图中标明外，开门、开窗方式如下设置：

齐柱边　距柱边200　距墙边200　居墙中

2) KDD：空调管留洞 φ100，洞中心距地200，平面距除注明外均紧邻最近墙体。
KGD：空调管中心紧靠楼板底500留洞 φ100，平面距除注明外均紧邻最近墙体。
3) HG：预制花格，位置、尺寸详见平立面，具体做法见详图。

三层平面图模型

防火分区示意图

防火分区二 1094m²

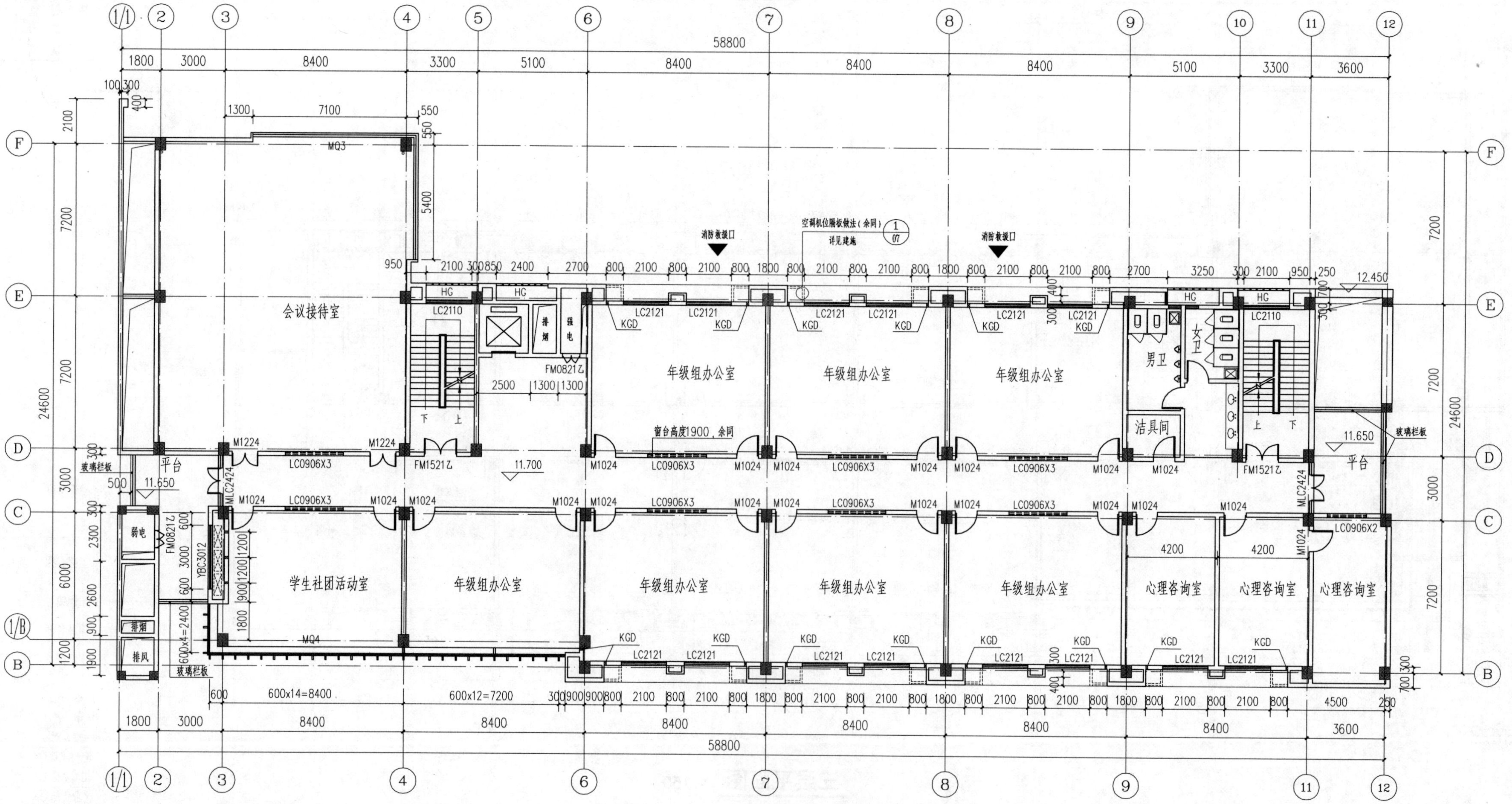

四层平面图 1:150

建筑面积：1094m²

注：
1) 除图中标明外，开门、开窗方式如下设置： 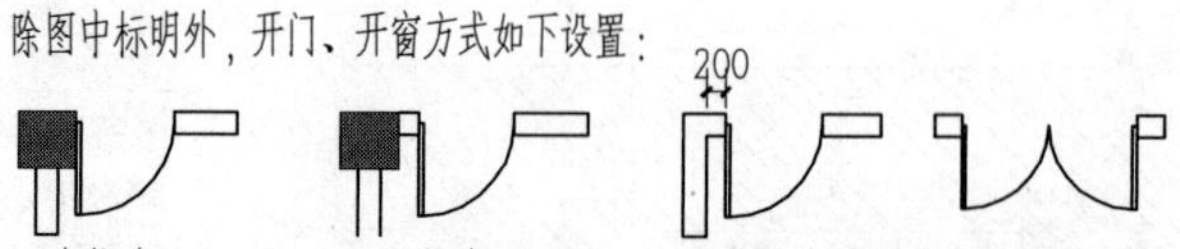
   - 齐柱边
   - 距柱边200
   - 距墙边200
   - 居墙中
2) KDD：空调管留洞 φ100，洞中心距地200，平面距离除注明外均紧邻最近墙体。
   KGD：空调管中心紧靠楼板底500留洞 φ100，平面距离除注明外均紧邻最近墙体。
3) HG：预制花格，位置、尺寸详见平立面，具体做法见详图。

四层平面图模型

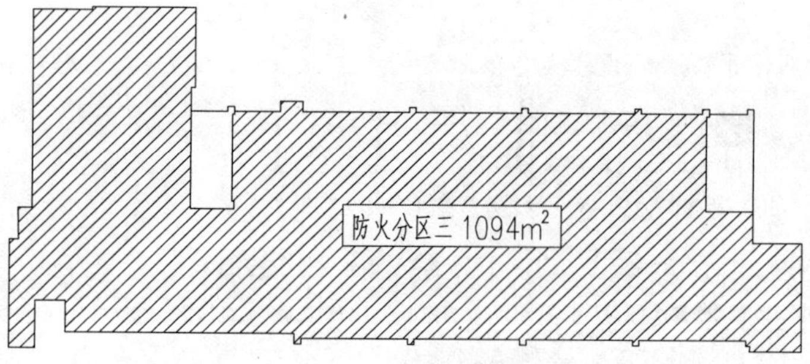

防火分区示意图

防火分区三 1094m²

专业	签名	日期
建筑		
结构		
给排水		
电气		
暖通		
弱电		
动力		
煤气		

备注栏

建设单位

工程名称：浙江xxxx小学扩建工程
工程编号：202032-2
项目名称：行政楼
项目编号：

	实名	签名	日期
审定			
审核			
校对			
设计总负责人			
工程负责人			
专业负责人			
设计			
绘图			

图纸名称：四层平面图
比例：1:150
图号：建施-08
修改版次：A

五层平面图 1:150

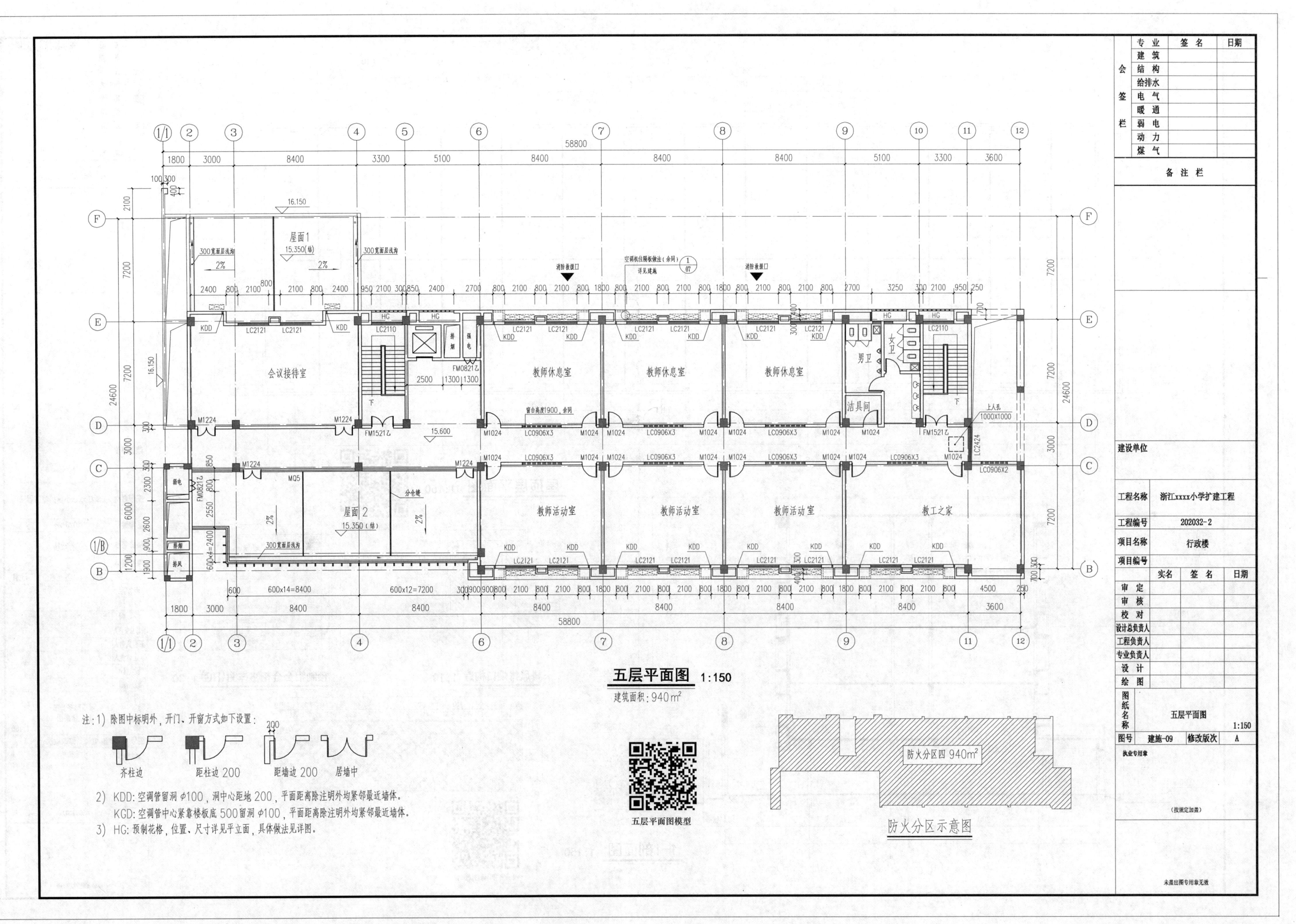

建筑面积：940m²

防火分区示意图: 防火分区四 940m²

注:
1) 除图中标明外，开门、开窗方式如下设置：
   - 齐柱边
   - 距柱边200
   - 距墙边200
   - 居墙中
2) KDD: 空调管留洞φ100，洞中心距地200，平面距离除注明外均紧邻最近墙体。
   KGD: 空调管中心紧靠楼板底500留洞φ100，平面距离除注明外均紧邻最近墙体。
3) HG: 预制花格，位置、尺寸详见平立面，具体做法见详图。

工程名称：浙江xxxx小学扩建工程
工程编号：202032-2
项目名称：行政楼
图纸名称：五层平面图
图号：建施-09
修改版次：A

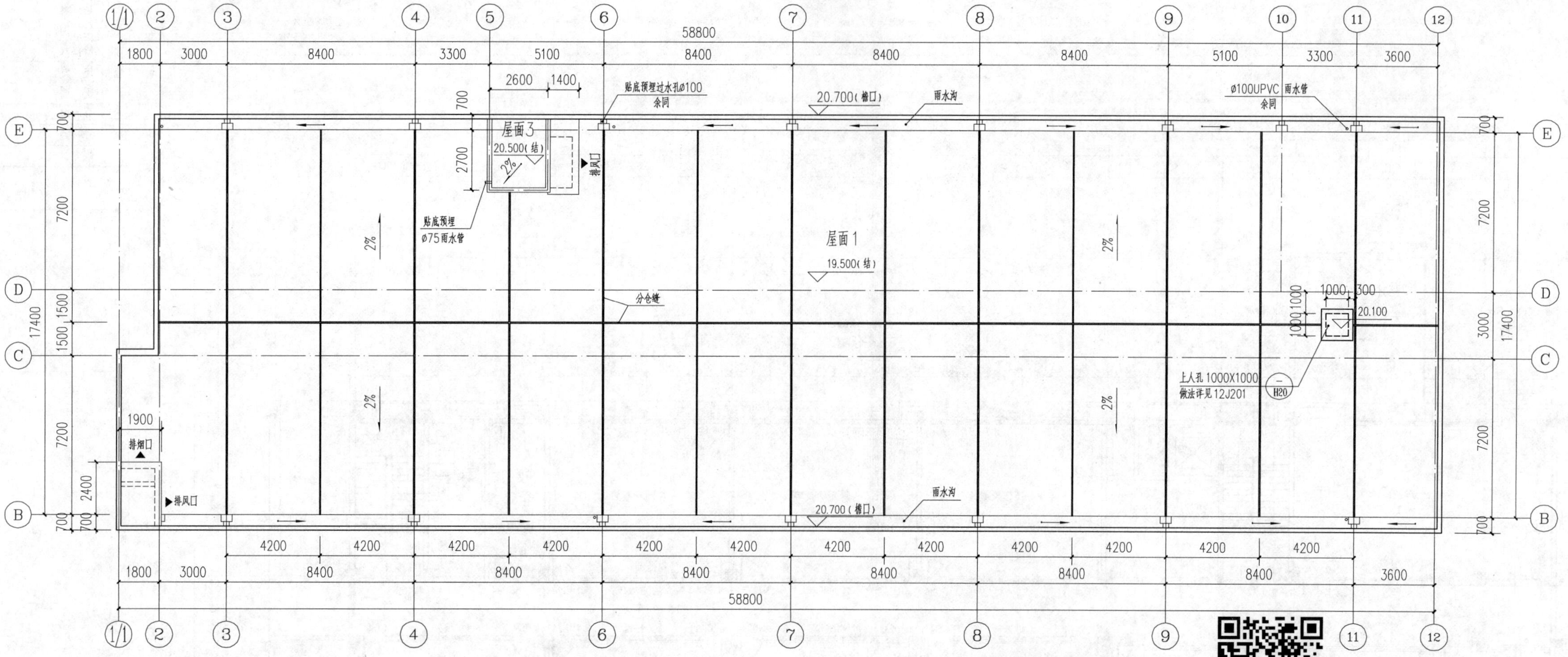

屋顶层平面图 1:150

屋顶层平面图模型

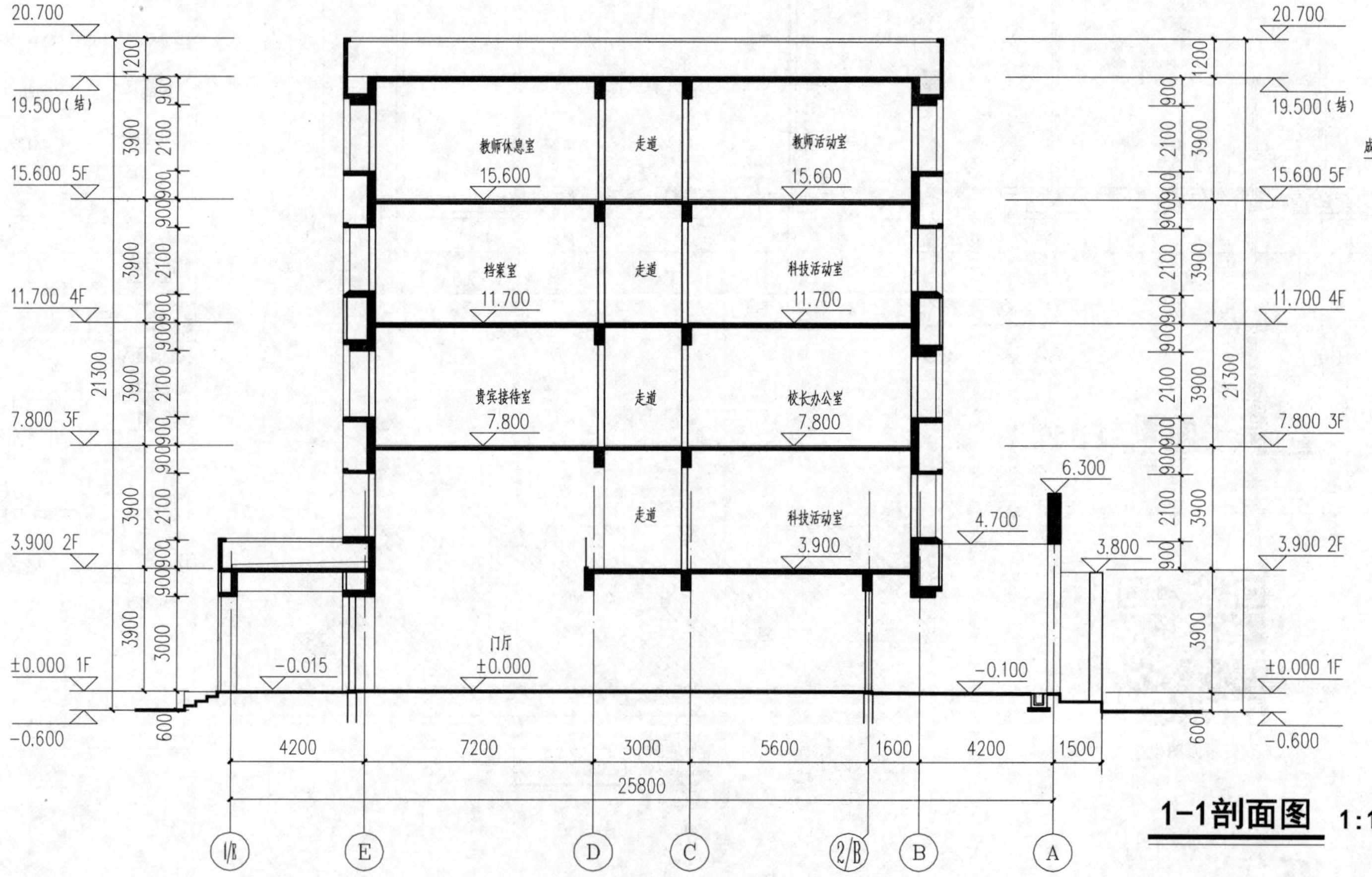

1-1剖面图 1:150

1—1剖面图模型

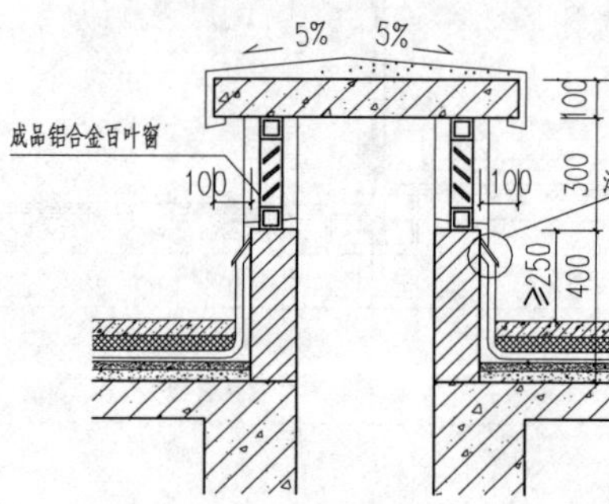

排风排烟口构造 1:10

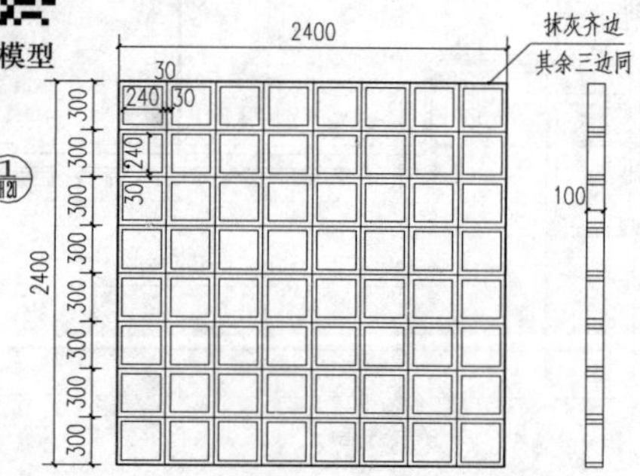

预制铝合金花格详图(HG) 1:30

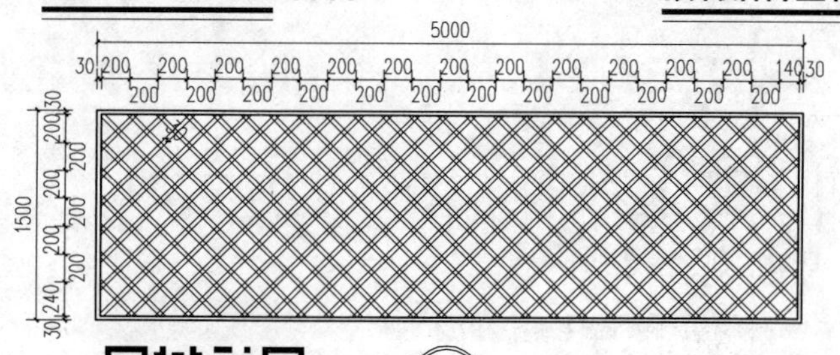

② 1:30

会签栏	专业	签名	日期
	建筑		
	结构		
	给排水		
	电气		
	暖通		
	弱电		
	动力		
	煤气		

备注栏

建设单位

工程名称	浙江xxxx小学扩建工程		
工程编号	202032-2		
项目名称	行政楼		
项目编号			
	实名	签名	日期
审定			
审核			
校对			
设计总负责人			
工程负责人			
专业负责人			
设计			
绘图			
图纸名称	屋顶层平面图 1-1 剖面图		1:150
图号	建施-10	修改版次	A

执业专用章

(按规定加盖)

未盖出图专用章无效

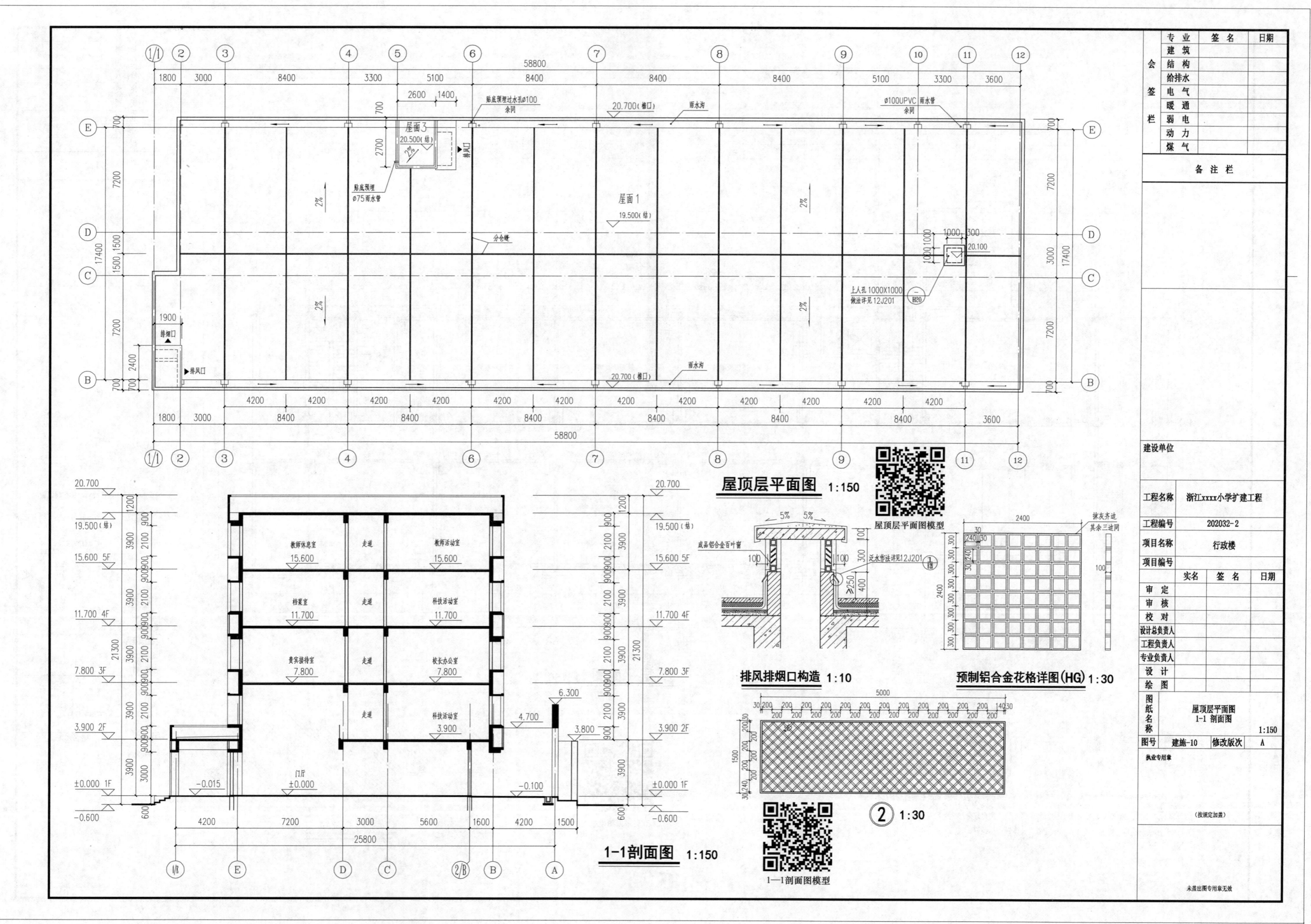

①～⑫轴立面图 1:150

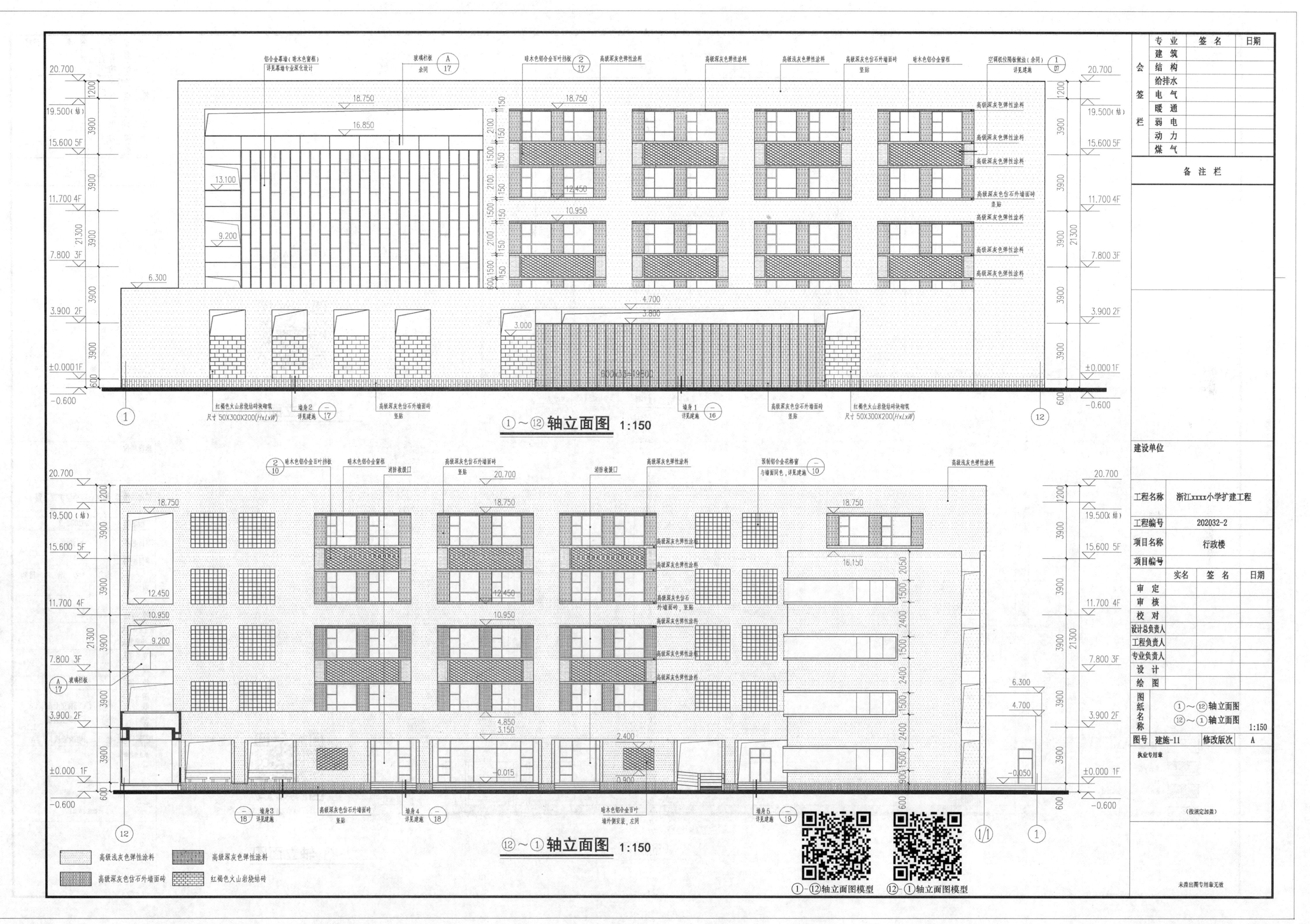

⑫～①轴立面图 1:150

专业	签名	日期
建筑		
结构		
给排水		
电气		
暖通		
弱电		
动力		
煤气		

会签栏

备注栏

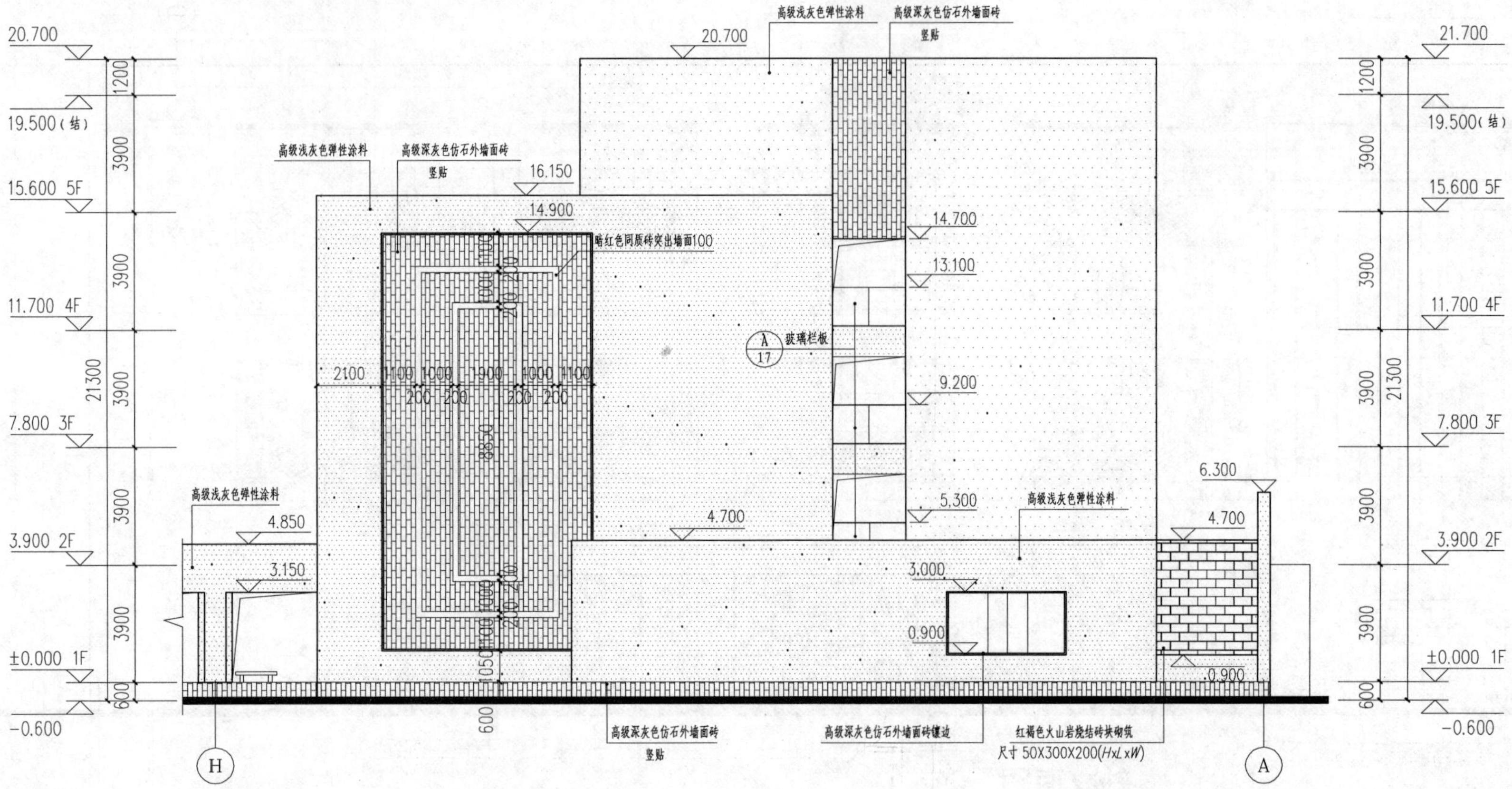

Ⓗ-Ⓐ轴立面图模型

Ⓗ～Ⓐ 轴立面图 1:150

建设单位

工程名称	浙江xxxx小学扩建工程	
工程编号	202032-2	
项目名称	行政楼	
项目编号		
	实名	签名	日期
审定			
审核			
校对			
设计总负责人			
工程负责人			
专业负责人			
设计			
绘图			
图纸名称	Ⓗ～Ⓐ 轴立面图 Ⓐ～Ⓗ 轴立面图	1:150
图号	建施-12	修改版次	A

执业专用章

(按规定加盖)

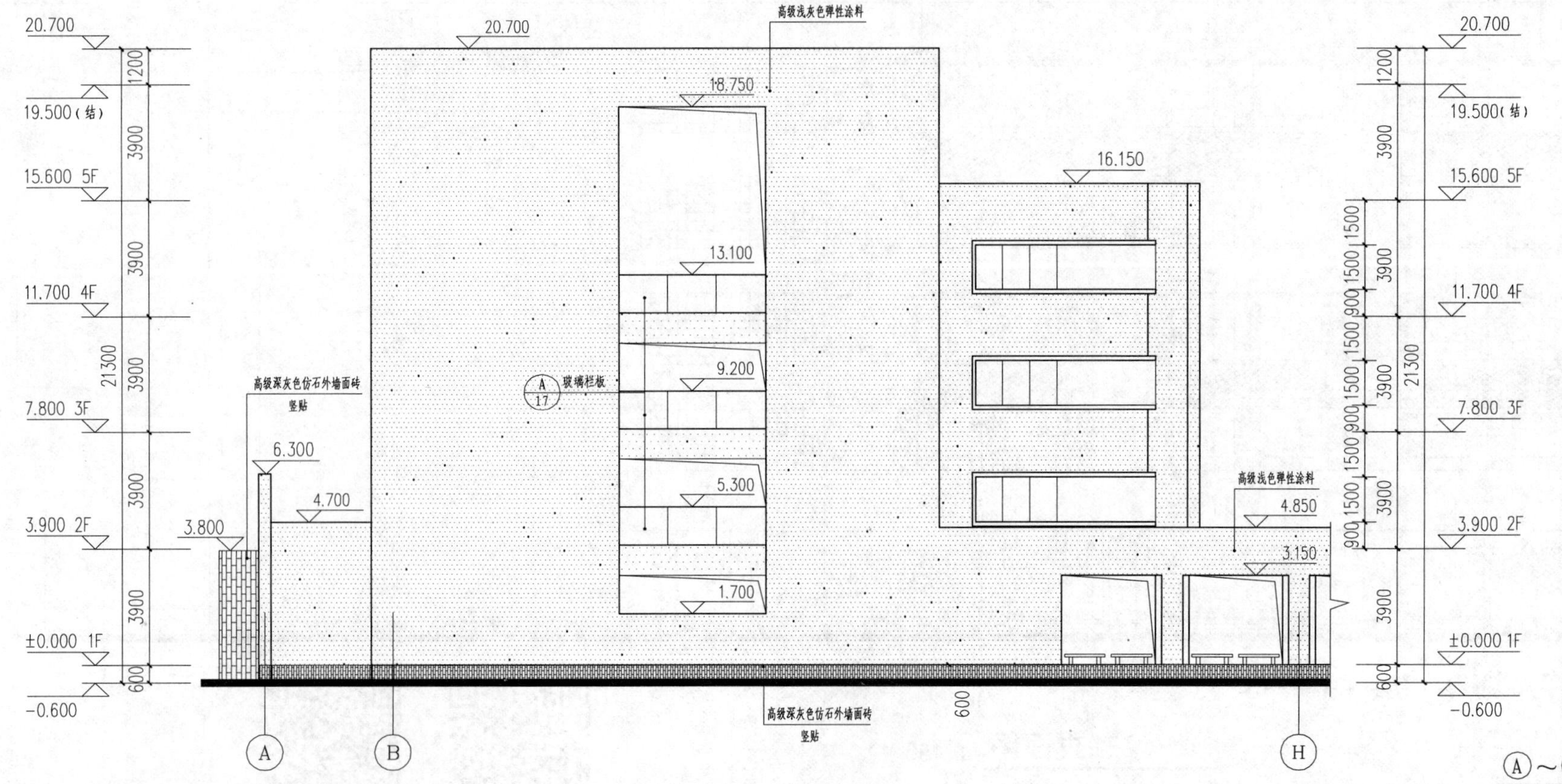

高级浅灰色弹性涂料

高级深灰色弹性涂料

高级深灰色仿石外墙面砖

红褐色火山岩烧结砖

Ⓐ-Ⓗ轴立面图模型

Ⓐ～Ⓗ 轴立面图 1:150

未盖出图专用章无效

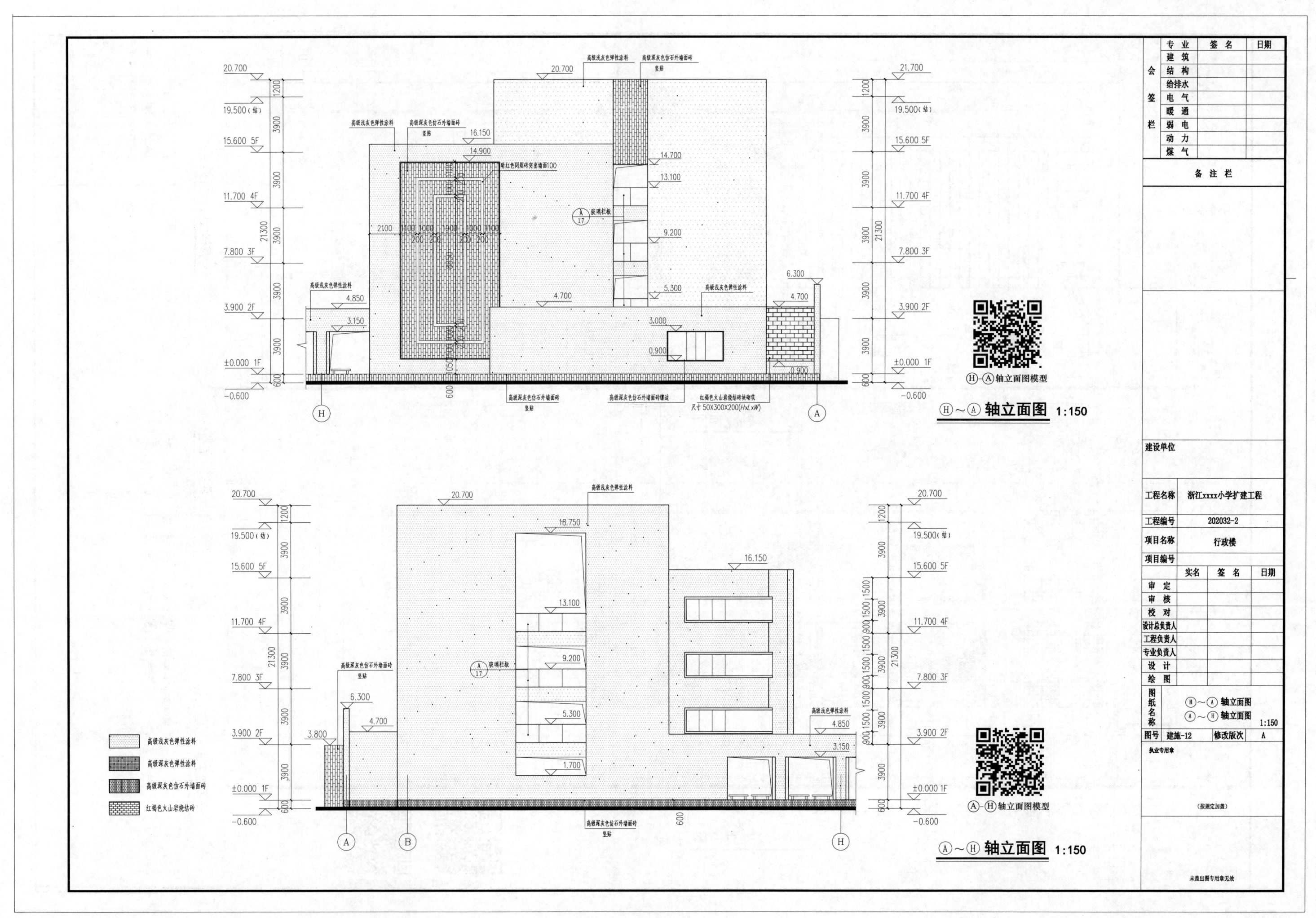

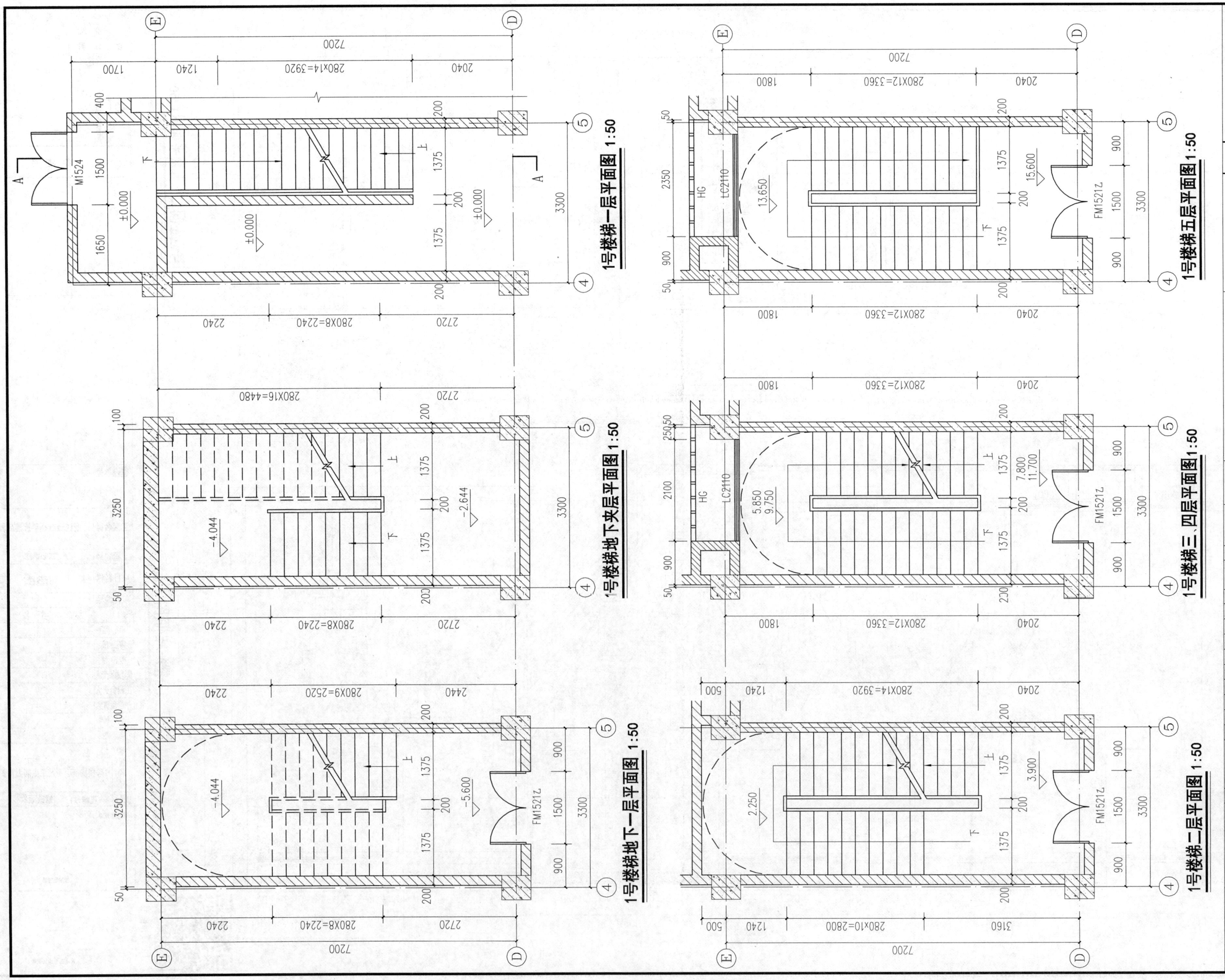

会签栏	专业	签名	日期
	建筑		
	结构		
	给排水		
	电气		
	暖通		
	弱电		
	动力		
	煤气		

备注栏

建设单位	
工程名称	浙江xxxx小学扩建工程
工程编号	202032-2
项目名称	行政楼
项目编号	

	实名	签名	日期
审定			
审核			
校对			
设计总负责人			
工程负责人			
专业负责人			
设计			
绘图			

图纸名称	1号楼梯平面图		1:50
图号	建施-13	修改版次	A

执业专用章

(按规定加盖)

未盖出图专用章无效

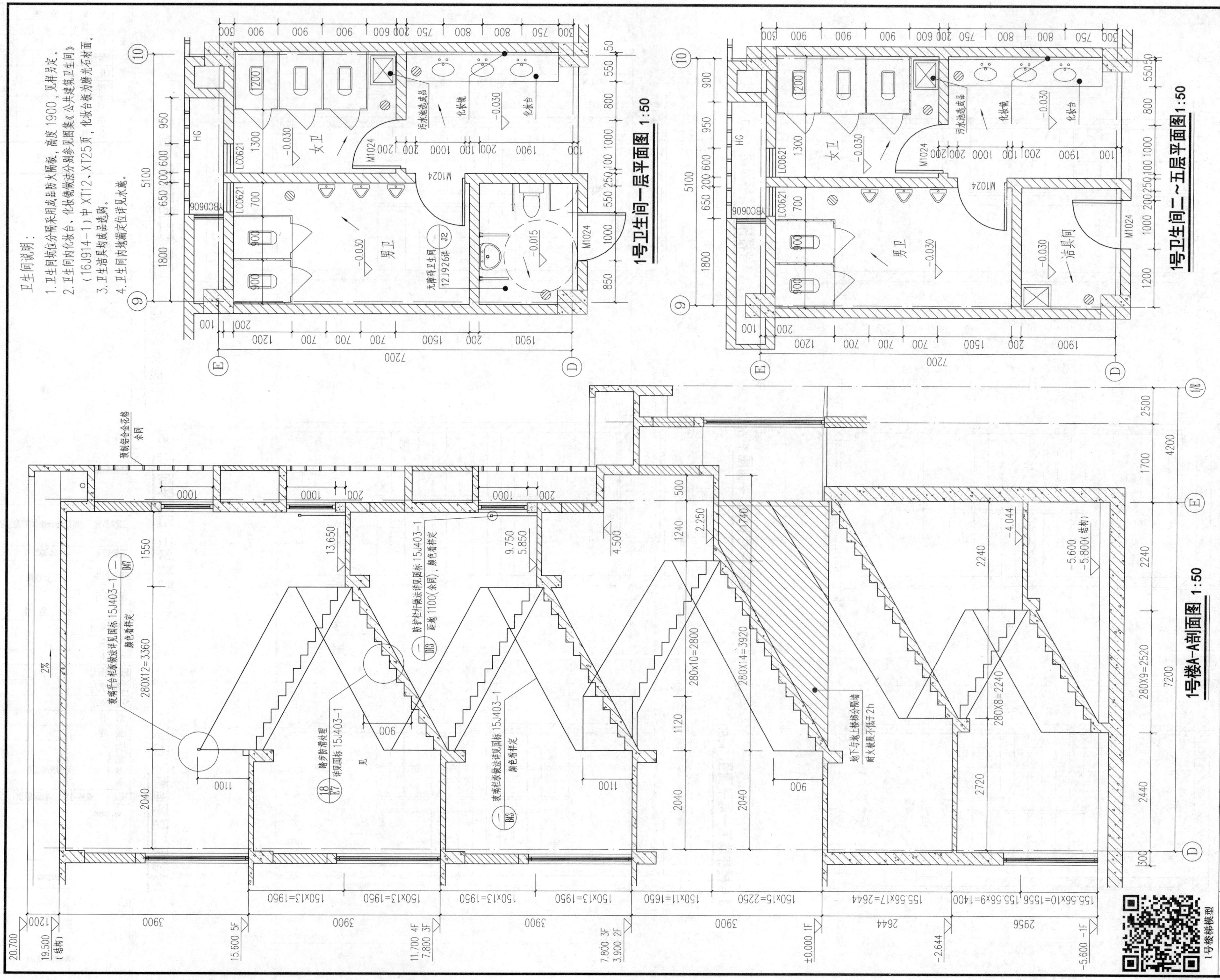

会签栏	专业	签名	日期
	建筑		
	结构		
	给排水		
	电气		
	暖通		
	弱电		
	动力		
	煤气		

备注栏

建设单位			
工程名称	浙江xxxx小学扩建工程		
工程编号	202032-2		
项目名称	行政楼		
项目编号			
	实名	签名	日期
审定			
审核			
校对			
设计总负责人			
工程负责人			
专业负责人			
设计			
绘图			
图纸名称	1号楼梯剖面图及卫生间大样图 1:50		
图号	建施-14	修改版次	A

执业专用章

（按规定加盖）

未盖出图专用章无效

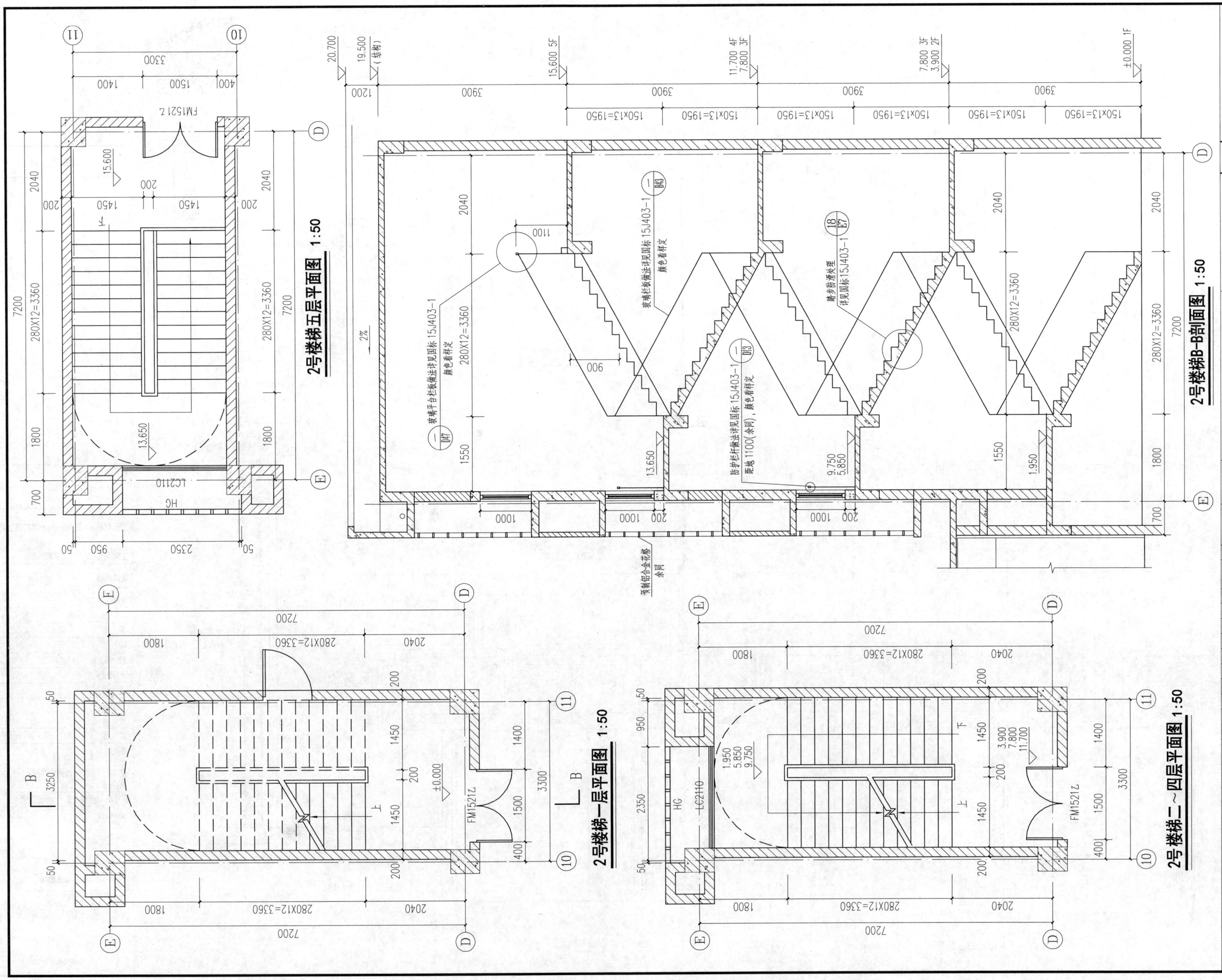

会签栏	专业	签名	日期
	建筑		
	结构		
	给排水		
	电气		
	暖通		
	弱电		
	动力		
	煤气		

备注栏

建设单位	
工程名称	浙江xxxx小学扩建工程
工程编号	202032-2
项目名称	行政楼
项目编号	

	实名	签名	日期
审定			
审核			
校对			
设计总负责人			
工程负责人			
专业负责人			
设计			
绘图			

图纸名称	2号楼梯大样图 1:50		
图号	建施-15	修改版次	A

执业专用章

(按规定加盖)

未盖出图专用章无效

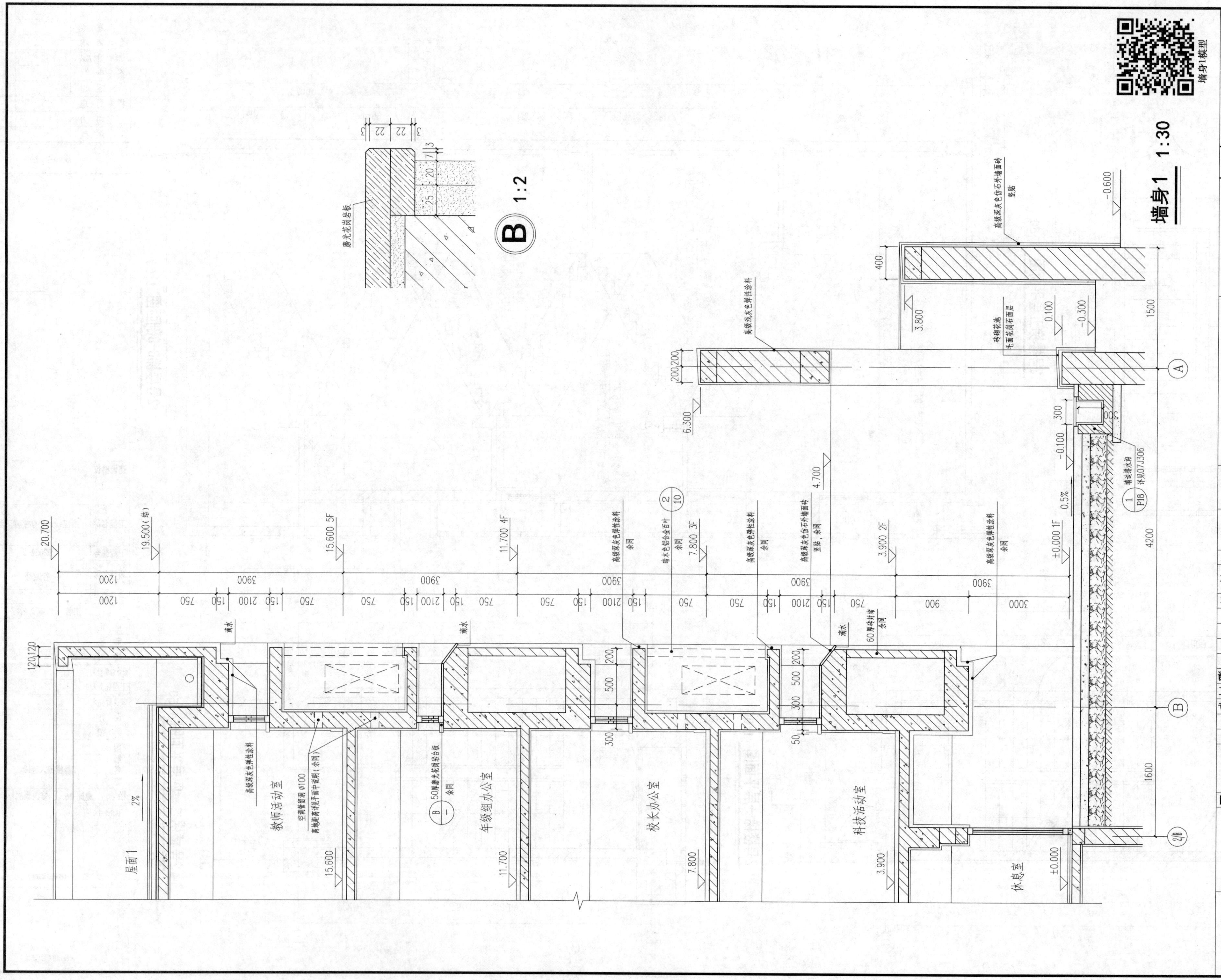

墙身1 1:30

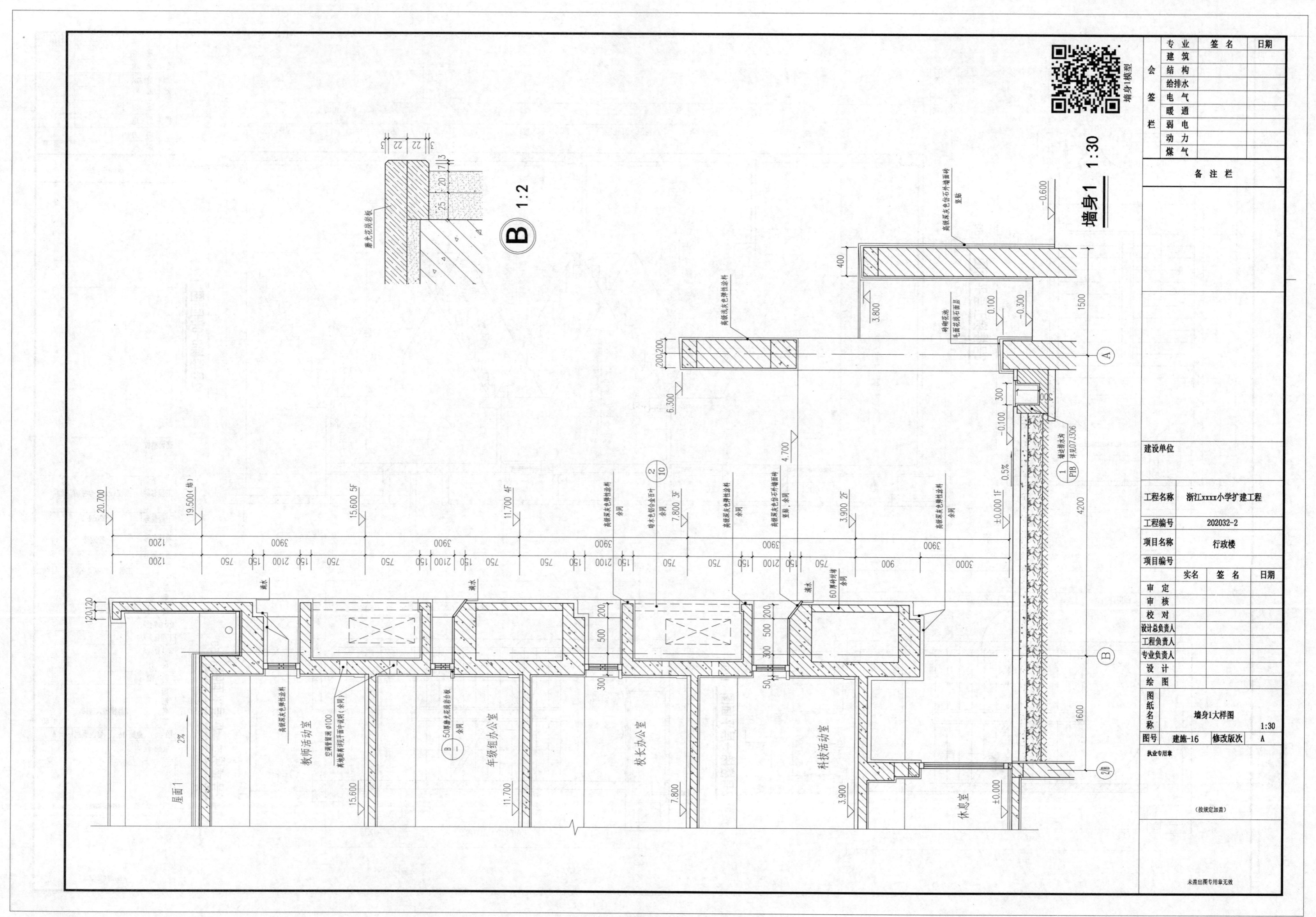

建筑节能设计专篇

一、设计依据
1.《民用建筑热工设计规范》(GB 50176-2016)。
2.《公共建筑节能设计标准》(GB 50189-2015)。
3.《绿色建筑评价标准》(GB/T 50378-2019)。
4.《无机轻集料砂浆保温系统技术标准》(JGJ/T 253-2019)。
5.《外墙外保温工程技术标准》(JGJ 144-2019)。
6.《外墙内保温工程技术规程》(JGJ/T 261-2011)。
7.《外墙饰面砖工程施工及验收规程》(JGJ 126-2015)。
8.《建筑节能施工验收规范》(GB 50411-2019)。
9. 浙江省《绿色建筑设计标准》(DB 33/1092-2016)。

二、项目概况
1. 项目名称：浙江xxxx小学扩建工程--行政楼。
2. 建设单位：浙江xxxx小学。
3. 建设地点：xx市行政区内。
4. 气候分区：夏热冬冷地区。
5. 建筑朝向：南。
6. 建筑类型：甲类建筑。
7. 体形系数：0.26。
8. 建筑结构类型：框架结构。
9. 节能计算建筑层数：地下：局部1层，地上：5层。
10. 节能计算建筑面积（地上）：4510.66m^2。
11. 节能计算建筑体积（地上）：23885.49m^3。
12. 建筑表面积：6210.23m^2。

三、节能设计内容
1. 屋面采用"泡沫玻璃"保温/隔热措施，屋面传热系数 K=0.49 (W/(m^2·K))。
2. 外墙采用"25厚无机保温砂浆II型+20厚无机保温砂浆I型"保温/隔热措施，外墙传热系数 K=0.86 (W/(m^2·K))。
3. 外窗（含阳台门透明部分）：

　　外窗（东）采用"隔热金属型材多腔密封窗框(6mm中透光Low-E+12空气+6mm透明)"窗，
平均窗墙面积比 C_m=0.07，传热系数 K=2.40 (W/(m^2·K))，太阳得热系数 SHGC=0.44。

　　外窗（南）采用"隔热金属型材多腔密封窗框(6mm中透光Low-E+12空气+6mm透明)"窗，
平均窗墙面积比 C_m=0.31，传热系数 K=2.40 (W/(m^2·K))，太阳得热系数 SHGC=0.44。

　　外窗（西）采用"隔热金属型材多腔密封窗框(6mm中透光Low-E+12空气+6mm透明)"窗，
平均窗墙面积比 C_m=0.10，传热系数 K=2.40 (W/(m^2·K))，太阳得热系数 SHGC=0.44。

　　外窗（北）采用"隔热金属型材多腔密封窗框(6mm中透光Low-E+12空气+6mm透明)"窗，
平均窗墙面积比 C_m=0.15，传热系数 K=2.40 (W/(m^2·K))，太阳得热系数 SHGC=0.44。

　　外窗可开启面积（含阳台门面积）≥外窗窗面积的30%。

四、建筑节能设计消防有关指标参数
1. 屋面采用"泡沫玻璃"保温/隔热措施，燃烧性能：A级。
2. 外墙采用"无机轻集料保温砂浆"保温/隔热措施，燃烧性能：A级。

五、浙江省公共建筑节能设计表

工程名称	浙江xx小学扩建工程--行政楼	工程号	201932-02	建筑外表面积：6210.23m^2
采用软件	PKPM建筑节能设计分析软件	软件版本	20190906	建筑体积：23885.49m^3
建筑类型	配套公建	建筑朝向	南	体形系数 0.26
建筑面积	4510.66m^2	层数 地上：5	屋面透明部分与屋顶总面积之比M：--	
节能类别	甲：■ 乙：□	空调系统设置情况	□集中 ■分体	

围护结构项目		限值		设计建筑		节能构造措施（节能材料名称、厚度、防火隔离高等做法）	保温形式	燃烧性能等级
		传热系数K /(W/(m^2·K))	太阳得热系数 SHGC	平均传热系数K /(W/(m^2·K))				
屋顶	非透明部分	≤0.50	--	0.49		90厚泡沫玻璃	倒置式	A级
	透明部分	≤2.60	0.30	--		遮阳形式		
	绿化设置情况	设置部位：--		设置面积：--				
外墙（含非透光幕墙）		D>2.5, K≤0.80		0.86		25厚无机保温砂浆II型加20厚无机保温砂浆I型	内外夹心保温	A级
底面接触室外空气或外挑楼板		≤0.70		3.87			顶面保温	A级
其他围护结构		--		--				

外窗（包括透光幕墙）	参照建筑		设计建筑				
	最不利 窗墙面积比	传热系数K /(W/(m^2·K))	太阳得热系数 SHGC	平均传热系数K /(W/(m^2·K))	太阳得热系数 SHGC	型材及玻璃选型（型材断面、保温层、空气层厚度、玻璃品种）	可见光透射比	是否符合标准规定属性
外窗（含透明幕墙）	东立面 0.07	≤3.50	--	2.40	0.44	隔热金属型材多腔密封窗框6mm中透光Low-E+12空气+6mm透明	0.62	是
	南立面 0.31	≤2.60	0.40	2.40	0.44		0.62	是
	西立面 0.10	≤3.50	--	2.40	0.44		0.62	是
	北立面 0.15	≤3.50	--	2.40	0.44		0.62	是

气密性指标	外窗(限值)：6；设计值：6 幕墙(限值)：4；设计值：4	可开启面积	外窗（限值）：30%；设计值：30% 幕墙（限值）：--；设计值：5%
外窗遮阳设置	朝向：□南 □北 □东 □西 设置形式：□外 □内 □中间 □其他 □固定 □活动 ■未设置		
其他需说明情况			

围护结构热工性能的权衡判断

	年能耗 /(kWh)	单位能耗 /(kWh/m^2)
参照建筑在规定条件下的全年采暖和空气调节能耗	510934.67	60.61
设计建筑在相同条件下的全年采暖和空气调节能耗	475125.43	58.02

结论：满足《公共建筑节能设计标准》(GB 50189-2015)和《民用建筑绿色设计标准》(DB 33/1092)对节能建筑的规定及要求。

六、结论
1. 全年冷、热负荷单位面积耗电量(kWh/m^2)：参照建筑物：60.61，设计建筑物：58.02。
2. 结论：部分规定性指标未满足规范限值要求，经建筑围护结构热工性能的综合判断，该建筑节能设计已经达到了《公共建筑节能设计标准》(GB 50189-2015)的节能要求。

七、其他
1. 建设及施工单位应严格按图纸及相应规范要求施工，以实现规范所规定的节能要求。
2. 所有门窗必须由具备相应制造、安装资质的专业单位承接，中空玻璃必须由专业厂家生产，各项参数符合上述节能指标要求。
3. 门窗节能做法参见《建筑节能门窗》(16J607)。
4. 所有产品必须经省级以上相关部门鉴定，并有鉴定书、质保单、使用说明、物理指标、合格证及当地建筑管理机构登记的意见书。

八、各部分节点做法
1. 本工程设计节点做法对节能构造表达不全或未表达时均可按以下节点做法施工。
2. 本图节能构造均为通用节点做法，本施工图未表达节能构造及技术要求参照《无机轻集料保温砂浆及系统技术规程》(DB 33/T1054-2016)。

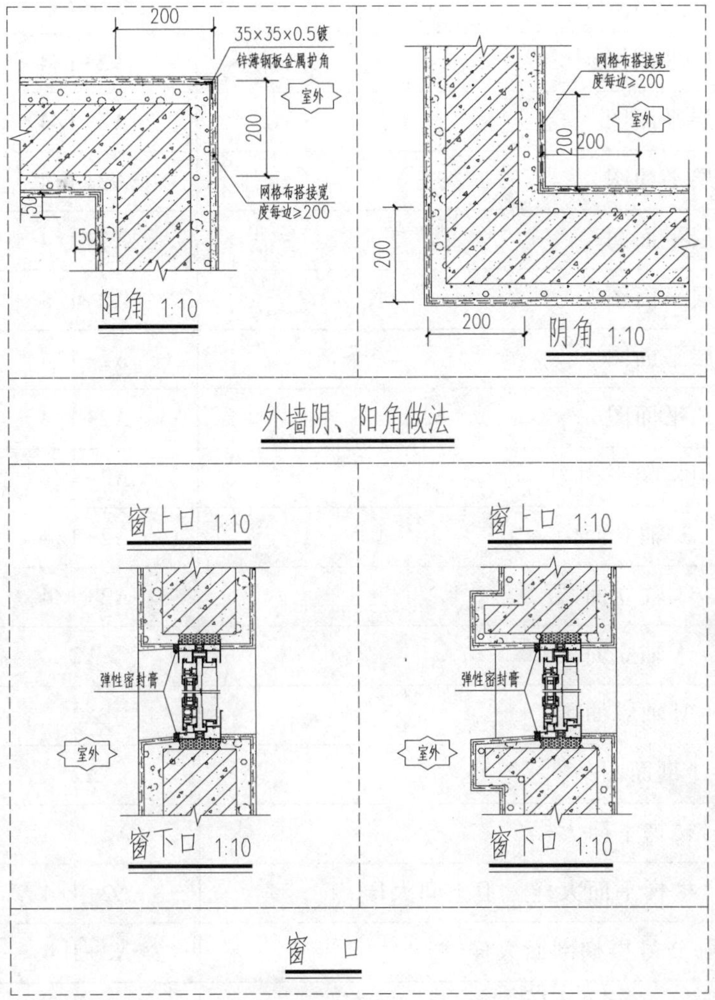

外墙阴、阳角做法

阳角 1:10　　阴角 1:10

窗上口 1:10　　窗上口 1:10

窗下口 1:10　　窗下口 1:10

窗口 1:10

图纸名称：建筑节能设计专篇
图号：建施-21　修改版次 A

附录 B 浙江××××学院学生公寓建筑施工图

浙江××××设计院

图 纸 目 录

第 1 页 共 2 页

设计号	I-19-087	工程名称	浙江××××学院学生公寓		
顺序号	图号	图 名		规格	备注
1	建施-00	建筑总平面图		A1	
2	建施-01	建筑设计说明		A2	
3	建施-02	工程做法说明		A2	
4	建施-03	一层平面图		A2+1/4	
5	建施-04	二层平面图		A2+1/4	
6	建施-05	三层平面图		A2+1/4	
7	建施-06	四层平面图		A2+1/4	
8	建施-07	五层平面图		A2+1/4	
9	建施-08	六层平面图		A2+1/4	
10	建施-09	屋顶平面图		A2+1/4	
11	建施-10	屋顶构架平面图		A2+1/4	
12	建施-11	①~⑬轴立面图		A2+1/4	
13	建施-12	⑬~①轴立面图		A2+1/4	
14	建施-13	⑪~Ⓐ轴立面图		A2	
15	建施-14	Ⓐ~⑪轴立面图		A2	
16	建施-15	1—1 剖面图		A2	
17	建施-16	1号楼梯平面大样		A2+1/4	
18	建施-17	2号楼梯平面大样 卫生间大样		A2+1/4	
19	建施-18	1号、2号楼梯剖面大样		A2+1/4	
20	建施-19	门窗表及门窗大样		A2+1/4	
说明	1. 本目录(大工程)由各工种或(小工程)以单位工程在工程设计结束时填写,以图号为次序,每格填一张。 2. 如利用标准图,可在备注栏内注明。 3. 末端之"工种负责人"等姓名不必本人签字,可由填写目录者填写。				

工程负责人_____　　　　　工种负责人_____

浙江××××设计院

图 纸 目 录

第 2 页 共 2 页

设计号	I-19-087	工程名称	浙江××××学院学生公寓		
顺序号	图号	图 名		规格	备注
21	建施-20	墙身大样(一)		A2	
22	建施-21	墙身大样(二) 节点大样(一)		A2	
23	建施-22	节点大样(二)		A2	
24	建施-23	节点大样(三)		A2	
25	建施-24	电梯大样		A2	
26	建施-25	建筑节能设计专篇		A2	
说明	1. 本目录(大工程)由各工种或(小工程)以单位工程在工程设计结束时填写,以图号为次序,每格填一张。 2. 如利用标准图,可在备注栏内注明。 3. 末端之"工种负责人"等姓名不必本人签字,可由填写目录者填写。				

工程负责人_____　　　　　工种负责人_____

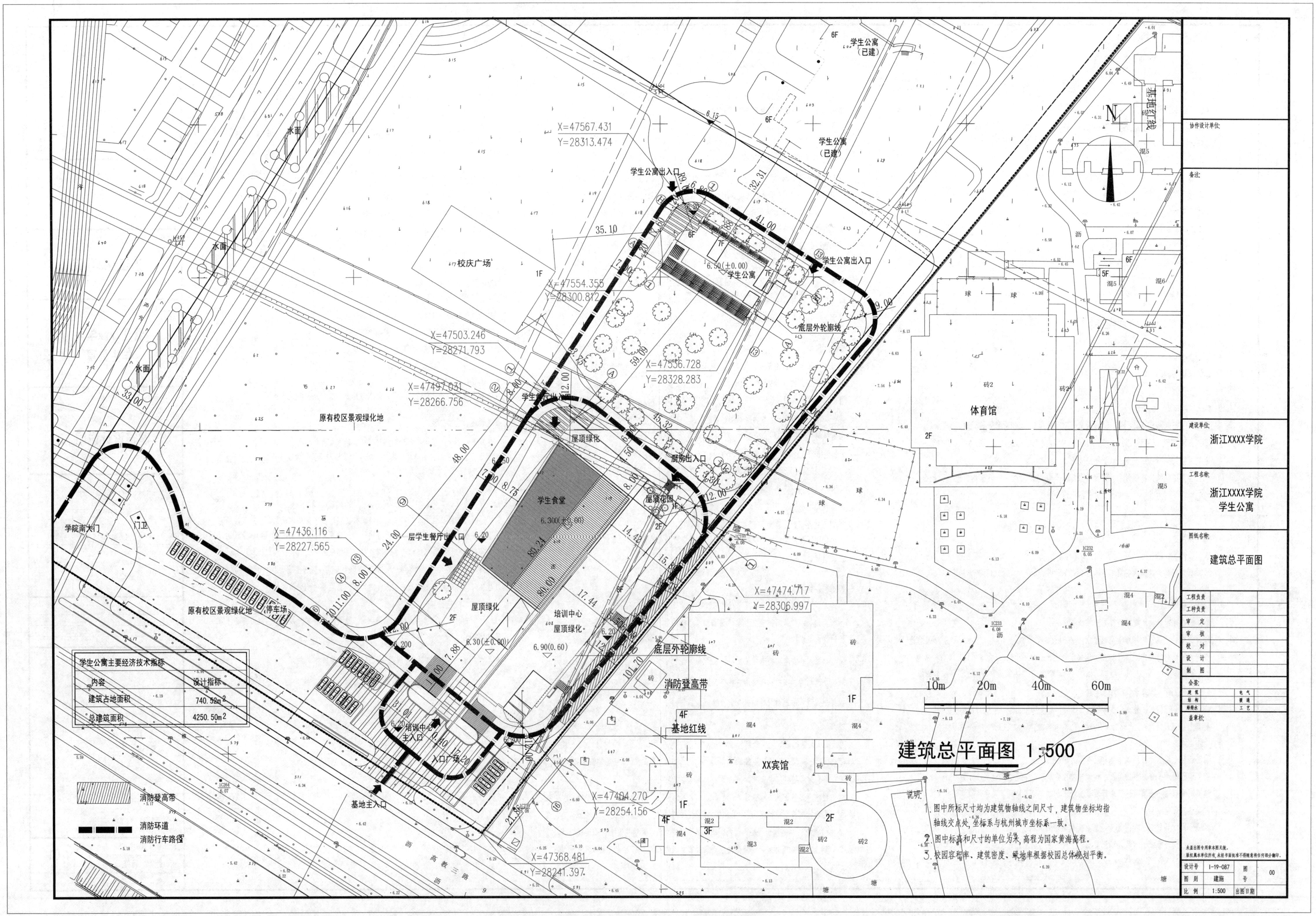
建筑总平面图 1:500
学生公寓主要经济技术指标
内容 设计指标
建筑占地面积 740.52m2
总建筑面积 4250.50m2
说明:
1. 图中所标尺寸均为建筑物轴线之间尺寸，建筑物坐标均指轴线交点处，坐标系与杭州城市坐标系一致。
2. 图中标高和尺寸的单位为米，高程为国家黄海高程。
3. 校园容积率、建筑密度、绿地率根据校园总体规划平衡。
消防登高带
消防环道
消防行车路径
学生公寓
学生食堂
培训中心
体育馆
XX宾馆
校庆广场
原有校区景观绿化地
学院南大门
门卫
停车场
基地主入口
基地红线
底层外轮廓线
学生公寓出入口
厨房出入口
屋顶绿化
入口广场
建设单位:
浙江XXXX学院
工程名称:
浙江XXXX学院
学生公寓
图纸名称:
建筑总平面图
设计号 1-19-087
图别 建施
比例 1:500

建筑设计说明

1. 设计依据
1.1 经批准的本工程初步设计文件，建设方的意见。
1.2 规划部门提供的规划设计条件及红线图；建设方提供的地质勘察报告。
1.3 现行的国家有关建筑设计规范、规程和规定：
《民用建筑设计统一标准》（GB 50352-2019）.
《建筑设计防火规范》（GB 50016-2014）（2018年版）.
《宿舍建筑设计规范》（JGJ 36-2016）.
《民用建筑热工设计规范》（GB 50176-2016）.
《浙江省居住建筑节能设计标准》（DB 33/1015-2015）.
《无障碍设计规范》（GB 50/763-2012）.
《预拌砂浆应用技术规程》（JGJ/T 233-2010）.
《绿色建筑设计标准》（DB 33/1092-2016）.

2. 项目概况
2.1 工程名称：浙江XXXX学院学生公寓
2.2 建筑地点：浙江杭州市
2.3 建设单位：浙江XXXX学院
2.4 建筑性质：居住建筑
2.5 设计合理使用年限：50年
2.6 抗震设防烈度：七度
2.7 本工程为框架结构，耐火等级二级，屋面防水等级二级，工程安全等级二级。
2.8 单体占地面积：740.52m²；总建筑面积为：4250.50m²。
建筑层数：地上6层，建筑高度22.200m。
2.9 本工程图纸除特别标明外，总图尺寸及标高单位为米（m），其余均为毫米（mm）。
2.10 尺寸均以标注为准，不得按比例丈量图纸作为施工依据。

3. 设计标高
3.1 本工程设计标高±0.000相当于黄海标高6.500m；室内外高差为0.300m。
3.2 各层标注标高为完成面标高（建筑标高），屋面标高为结构面标高。

4. 墙体工程
4.1 墙体的基础部分及承重钢筋混凝土墙体见结施。
4.2 墙身防潮层：在室外地坪上高出散水约200mm处做20厚1:2水泥砂浆内加5%防水剂的墙身防潮层（在此标高为钢筋混凝土构造时可不做），在室内地坪变化处防潮层应重叠设置，并在高低差土一侧墙身做20厚1:2水泥砂浆防潮层，如墙土侧为室外，还应刷1.5厚聚氨酯防水涂料。
4.3 标高±0.000以上外墙、楼梯间均采用MU10页岩多孔砖，M7.5混合砂浆砌筑。标高±0.000以上内隔墙采用A5.0加气砌块，Ma5.0专用砂浆砌筑。
4.4 墙体留洞及封堵
4.4.1 钢筋混凝土墙上的留洞以结施和设备图为准。
4.4.2 砌筑墙预留洞见建施和设备图；砌筑墙体预留洞顶过梁见结施说明。
4.4.3 预留洞的封堵：除有特殊要求外混凝土墙洞的封堵见结施，其余砌体墙留洞待管道设备安装完毕后，用C20细石混凝土填实；变形缝处双墙留洞的封堵，应在双墙内增设套管，套管与穿墙管之间嵌堵密封材料。
4.4.4 配电箱、消火栓箱、水表箱墙面留洞，一般洞深与墙厚相等，背面均做钢板网粉刷，钢板网四周应大于孔洞200mm。
4.5 砌体与混凝土墙体交接处，在做饰面前加钉钢丝网，宽度500mm，防止裂缝。
4.6 楼梯间及人流通道的砌体粉刷应满铺0.3mm镀锌钢丝网。

5. 屋面工程
5.1 本工程的屋面防水等级为二级。
5.2 屋面四周防水卷材均贴至泛水高度（250mm高），出屋面竖井及遇阴阳角转弯处应附加一层，出屋面管道或泛水以下外墙穿管处，安装后用细石混凝土封严，管道四周加嵌聚氨酯密封膏，与防水层闭合，防水应包裹立管高300mm。
5.3 刚性保护层需设分仓缝：分仓缝间距不大于6000mm，缝宽20mm，聚氨脂密封油膏嵌缝；刚性保护层与高出屋面墙体间作留缝嵌密封膏处理，做法参见图集12J201-2中G12页的A节点。
5.4 屋面排水组织见屋面平面图，雨水口位置按水施图，须保持坡向落水口。
5.5 雨水管排至低屋面时雨水管下应加钢筋混凝土接水簸箕。
5.6 屋面上的各设备基础的防水构造见设备专业施工图。

6. 门窗工程
6.1 建筑外门抗风压性能分级为4级，气密性能分级为6级，水密性能分级为3级，空气隔声性能分级为3级。
6.2 门窗立面图表示洞口尺寸，门窗加工尺寸要按照装修面厚度由承包商予以调整。
门立樘：外门外窗立樘除详图注明外居中，内门立樘位置与开启方向墙面平。
6.3 门窗型材：采用断热铝合金型材，型材系列由厂家进行抗风压计算后确定。
6.4 外门窗框材：6mm中透光Low-E+12A+6mm透明。
门窗玻璃的选用应遵照《建筑玻璃应用技术规程》（JGJ 113-2015）、《建筑门窗应用技术规程》（DB 33/1064-2009）及地方主管部门的有关规定。
本工程的全玻门及落地玻门窗均采用双钢化安全玻璃。
门窗玻璃强度由厂家进行抗风压验算，不满足强度要求的大尺寸门窗玻璃厚度由门窗厂家根据计算确定。

7. 外装修工程
7.1 外装修设计和做法索引见立面图及外墙详图。
7.2 承包商进行二次设计的轻钢结构、装饰物等经确认后，向建筑设计单位提供预埋件的设置要求。
7.3 设有外墙保温的建筑构造见索引标准图及外墙详图。
7.4 外装修选用的各项材料其材质、规格、颜色等均由施工单位提供样板，经建设和设计单位确认后进行封样，并据此验收。

8. 内装修工程
8.1 内装修工程执行《建筑内部装修设计防火规范》（GB 50222-2017），楼地面部分执行《建筑地面设计规范》（GB 50037-2013），一般装修见工程做法表；所选面层材料仅供参考。
8.2 本工程室内装修详见工程做法表，凡需二次装修的房间，施工时一次装修只做到抹灰毛面，内墙抹灰按中级要求，室内墙、柱、门洞口的阳角处，均做1:2水泥砂浆暗护角，宽50mm；到墙、柱、门洞口项；二次装修不应损及结构安全，不得随意移动墙体、墙上开洞或增加装饰面层厚度，不应损害水电暖系统，尤其应满足防火安全要求。
8.3 楼地面构造交接处和地坪高度变化处，除图中另有注明者外均位于齐平门扇开启处。
8.4 卫生间、开敞阳台、空调搁板在其周边墙体位置向上翻起200mm高、宽同墙厚；卫生间通风管道及管道井周边上翻300mm宽度同墙厚，且卫生间、开敞阳台的防水层应从地面延伸到墙面，高出地面250mm。
8.5 卫生间、开敞阳台、空调搁板处地漏及立管见水施图，图中未注明坡度者，均在地漏周围1m范围内做1%坡度坡向地漏。
8.6 楼梯滴水线：50mm宽20mm高1:2水泥砂浆。
8.7 内装修选用的各项材料，均由施工单位制作样板，经建设单位、设计单位进行选样后封样，并据此进行验收。

9. 油漆涂料工程
9.1 室内、外墙面油漆、涂料详见各工程做法。
9.2 室外金属栏杆油漆具体见各立面详图及相关详图。
9.3 室内外各项露明金属件的油漆均需刷防锈底漆2道。
9.4 各项油漆均由施工单位制作样板，经设计及业主确认后方可正式施工。

10. 室外工程（室外设施）
外挑檐、雨篷、室外台阶、坡道、散水做法见做法及相关详图。

11. 建筑设备、设施工程
11.1 卫生洁具、成品隔断由建设单位与设计单位商定，并应与工程配合。
11.2 灯具、送回风口等影响美观的器具须经建设单位与设计单位确认样品后，方可批量加工安装。

12. 其他施工中注意事项
12.1 图中所标注的各种留洞、预埋件应与各工种密切配合，确认无误后方可施工。各有关工种如水、电、设备安装和土建等项目的施工程序必须密切配合，合理分配设计预留空间，核对标高。主体结构施工应查对有关图纸的预留孔及预埋铁件，另外对防水要求较高的天沟、落水斗子、厕所等用水房间，应根据需要将有关铁件预先埋入。
12.2 预埋木砖及贴邻墙体的木质面均做防腐处理，露明铁件均做防锈处理。
12.3 门窗过梁见结施。
12.4 楼板孔的封堵：待设备管线安装完毕后，除有特殊要求外用C20细石混凝土每层封堵密实。
12.5 本工程均采用预拌砂浆，并应符合有关预拌砂浆的相关规定。
12.6 施工中应严格执行国家各项施工质量验收规范。

协作设计单位：	
建设单位：	浙江xxxx学院
工程名称：	浙江xxxx学院学生公寓
图纸名称：	建筑设计说明

工程负责	
工种负责	
审 定	
审 核	
校 对	
设 计	
制 图	

会签：	
建筑	电气
结构	暖通
给排水	工艺

设计号	1-19-087	图号	01
图别	建施		
比例		出图日期	

工程做法说明

部位	名称	编号	材料做法	备注
楼地面	入口门厅、走道	地1	(1) 10厚600×600防滑抛光砖，纯水泥擦缝 (2) 30厚1:3干硬性水泥砂浆结合层 (3) 2厚聚氨酯防水涂膜，沿四周墙面涂起300高（外粘粗砂） (4) 10厚1:3水泥砂浆找平 (5) 100厚C15混凝土垫层 (6) 150厚压实碎石 (7) 素土分层夯实	
	卫生间、开敞阳台	地2	(1) 10厚300×300防滑彩色釉面砖，纯水泥擦缝 (2) 30厚1:3干硬性水泥砂浆结合层 (3) 2厚聚氨酯防水涂膜，沿四周墙面涂起300高（外粘粗砂） (4) 10厚（最薄处）1:3水泥砂浆找坡1% (5) 100厚C15混凝土垫层 (6) 150厚压实碎石 (7) 素土分层夯实	
	楼梯间	地3	(1) 25厚花岗岩面层，稀水泥浆擦缝（踏步防滑处理） (2) 20厚1:3干硬性水泥砂浆找平层，表面撒水泥粉 (3) 纯水泥浆一道（内掺建筑胶） (4) 100厚C15混凝土垫层 (5) 150厚压实碎石 (6) 素土分层夯实	
	房间、计量间、候梯厅	地4	(1) 10厚800×800防滑彩色釉面砖，纯水泥擦缝 (2) 30厚1:3干硬性水泥砂浆结合层 (3) 2厚聚氨酯防水涂膜，沿四周墙面涂起300高（外粘粗砂） (4) 10厚1:3水泥砂浆找平 (5) 100厚C15混凝土垫层 (6) 150厚压实碎石 (7) 素土分层夯实	
	卫生间、开敞阳台	楼1	(1) 10厚300×300防滑彩色釉面砖，纯水泥擦缝 (2) 30厚1:3干硬性水泥砂浆结合层 (3) 2厚聚氨酯防水涂膜，沿四周墙面涂起300高（外粘粗砂） (4) 10厚（最薄处）1:3水泥砂浆找坡1% (5) 现浇钢筋混凝土楼板	
	楼梯间	楼2	(1) 25厚花岗岩面层，稀水泥浆擦缝（踏步防滑处理） (2) 20厚1:3干硬性水泥砂浆找平层，表面撒水泥粉 (3) 纯水泥浆一道（内掺建筑胶） (4) 现浇钢筋混凝土楼板	
	交流空间、走道	楼3	(1) 10厚600×600防滑抛光砖，纯水泥擦缝 (2) 30厚1:3干硬性水泥砂浆结合层 (3) 刷素水泥浆一道 (4) 现浇钢筋混凝土楼板	
	房间、计量间、候梯厅	楼4	(1) 10厚800×800防滑彩色釉面砖，纯水泥擦缝 (2) 30厚1:3干硬性水泥砂浆结合层 (3) 刷素水泥浆一道 (4) 现浇钢筋混凝土楼板	
外墙面	涂料墙面	外墙1	(1) 外墙涂料 (2) 弹性底涂，柔性腻子 (3) 10厚聚合物抗裂砂浆（压入耐碱玻纤网格布） (4) 25厚无机轻集料保温砂浆Ⅱ型（A级） (5) 界面剂 (6) 基层墙体	
	真石漆墙面	外墙2	(1) 真石漆 (2) 弹性底涂，柔性腻子 (3) 10抗裂砂浆（压入耐碱玻纤网格布） (4) 25厚无机轻集料保温砂浆Ⅱ型（A级） (5) 界面剂 (6) 基层墙体	
内墙面	卫生间	内墙1	(1) 5厚300×450釉面砖，白水泥擦缝，高度贴到吊顶底 (2) 3厚水泥胶合层，重量比水泥:界面胶:水=1:0.5:0.2 (3) 12厚1:2.5水泥砂浆底层 (4) 10厚1:1:6混合砂浆打底 (5) 素水泥浆一道（掺6%水重界面胶） (6) 基层墙体	
	房间、阳台、楼梯间、门厅、走道等公共部位	内墙2	(1) 批刮耐水腻子分遍找平，内墙乳胶漆刷白二度 (2) 5厚1:0.3:2.5水泥石灰膏砂浆压实抹光 (3) 7厚1:0.3:3水泥石灰膏砂浆找平扫毛 (4) 8厚1:1:6水泥石灰膏砂浆打底扫毛 (5) 基层墙体	除卫生间外
顶棚	房间、阳台、楼梯间、门厅、走道等公共部位	棚1	(1) 现浇钢筋混凝土楼板 (2) 界面剂 (3) 20厚无机保温砂浆Ⅱ型（A级） (4) 8厚聚合物抗裂砂浆压入耐碱玻纤网格布一层 (5) 刷乳胶漆二道	除卫生间外
	卫生间	棚2	(1) 现浇钢筋混凝土楼板 (2) 250宽PVC铝扣板吊顶（吊顶底离地3000）	
屋面	上人屋面	屋1	(1) 40厚C25细石混凝土保护层，内配φ6@150双向钢筋网（掺5%防水剂） (2) 60厚泡沫玻璃保温层 (3) 3厚高聚物改性沥青防水卷材两道 (4) 20厚1:3水泥砂浆找平层 (5) LC7.5轻集料混凝土找坡2%，最薄处50 (6) 现浇钢筋混凝土屋面板	
	外檐沟	屋2	(1) 3厚高聚物改性沥青防水卷材两道（面层表面带铝箔） (2) 20厚1:3水泥砂浆找坡1% (3) 现浇钢筋混凝土自防水屋面板	
	不上人屋面	屋3	(1) 40厚C25细石混凝土保护层，内配φ6@150双向钢筋网（掺5%防水剂） (2) 60厚泡沫玻璃保温层 (3) 1.2厚氯化聚乙烯防水卷材 (4) 1.5厚合成高分子防水涂膜 (5) 20厚1:3水泥砂浆找平层 (6) LC7.5轻集料混凝土找坡2%，最薄处50 (7) 现浇钢筋混凝土屋面板	
踢脚	楼梯间 高度120	踢1	(1) 25厚花岗岩面层 (2) 8厚1:2水泥砂浆罩面，压实赶光 (3) 12厚1:3水泥砂浆，分层打底找平 (4) 刷素水泥浆一道 (5) 砖墙（或混凝土）	
	其他 高度120	踢2	(1) 地砖（与楼地面同）纯水泥擦缝 (2) 8厚1:2水泥砂浆压实抹光 (3) 12厚1:3水泥砂浆打底扫毛	除机房外
散水			(1) 50厚C20细石混凝土面层，撒1:1水泥砂子压实赶光 (2) 150厚压实碎石 (3) 素土夯实，向外坡3%	见详图
台阶			(1) 25厚毛面（局部磨光）花岗石台级，稀水泥浆填缝 (2) 30厚1:2.5干硬性水泥砂浆结合层 (3) 素水泥浆结合层一道 (4) 100厚C15混凝土垫层 (5) 150厚压实碎石 (6) 素土夯实	

建设单位：浙江XXXX学院

工程名称：浙江XXXX学院学生公寓

图纸名称：工程做法说明

设计号 1-19-087
图别 建施
图号 02

一层平面图 1:100

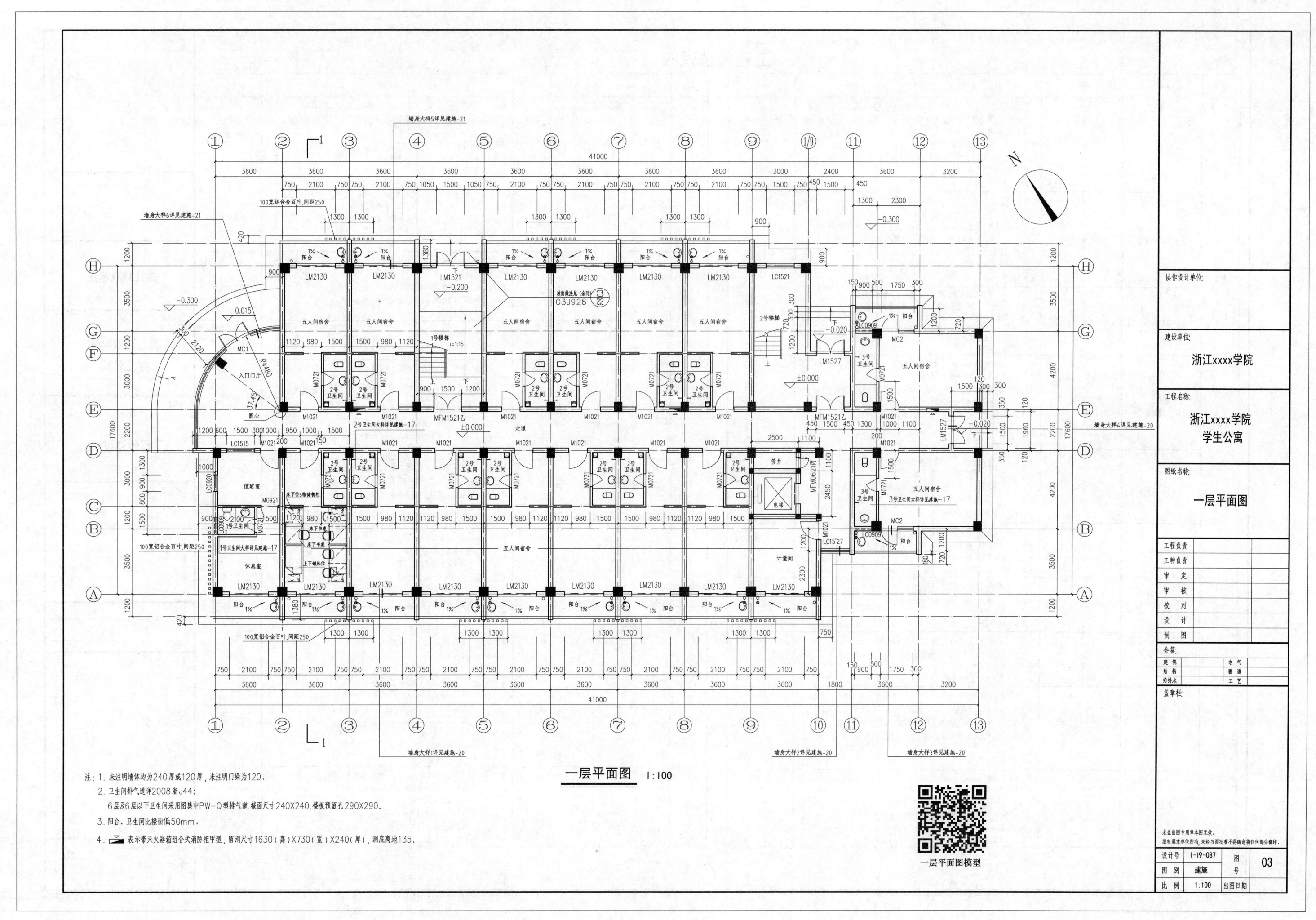

注：
1. 未注明墙体均为240厚或120厚，未注明门垛为120。
2. 卫生间排气道详2008浙J44；
   6层及6层以下卫生间采用图集中PW-Q型排气道，截面尺寸240X240,楼板预留孔290X290。
3. 阳台、卫生间比楼面低50mm。
4. ▨表示带灭火器箱组合式消防柜甲型，留洞尺寸1630（高）X730（宽）X240（厚），洞底离地135。

一层平面图模型

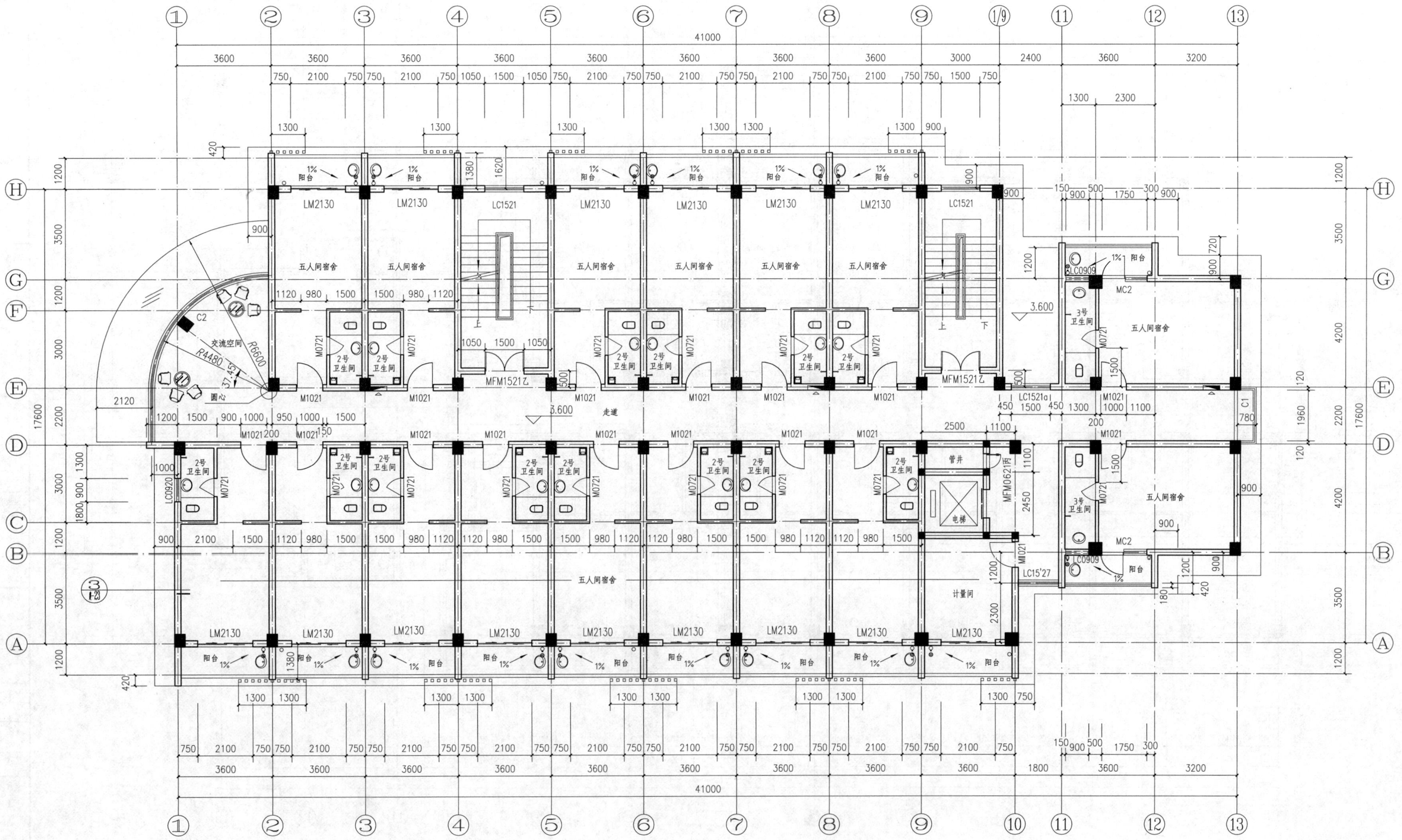

二层平面图 1:100

注：1. 未注明墙体均为240厚或120厚，未注明门垛为120。
2. 卫生间排气道详见2008浙J44；
   6层及6层以下卫生间采用图集中PW-Q型排气道，截面尺寸240X240，楼板预留孔290X290。
3. 阳台、卫生间比楼面低50mm。
4. ▨表示带灭火器箱组合式消防柜甲型，留洞尺寸1630（高）X730（宽）X240（厚），洞底离地135。

二层平面图模型

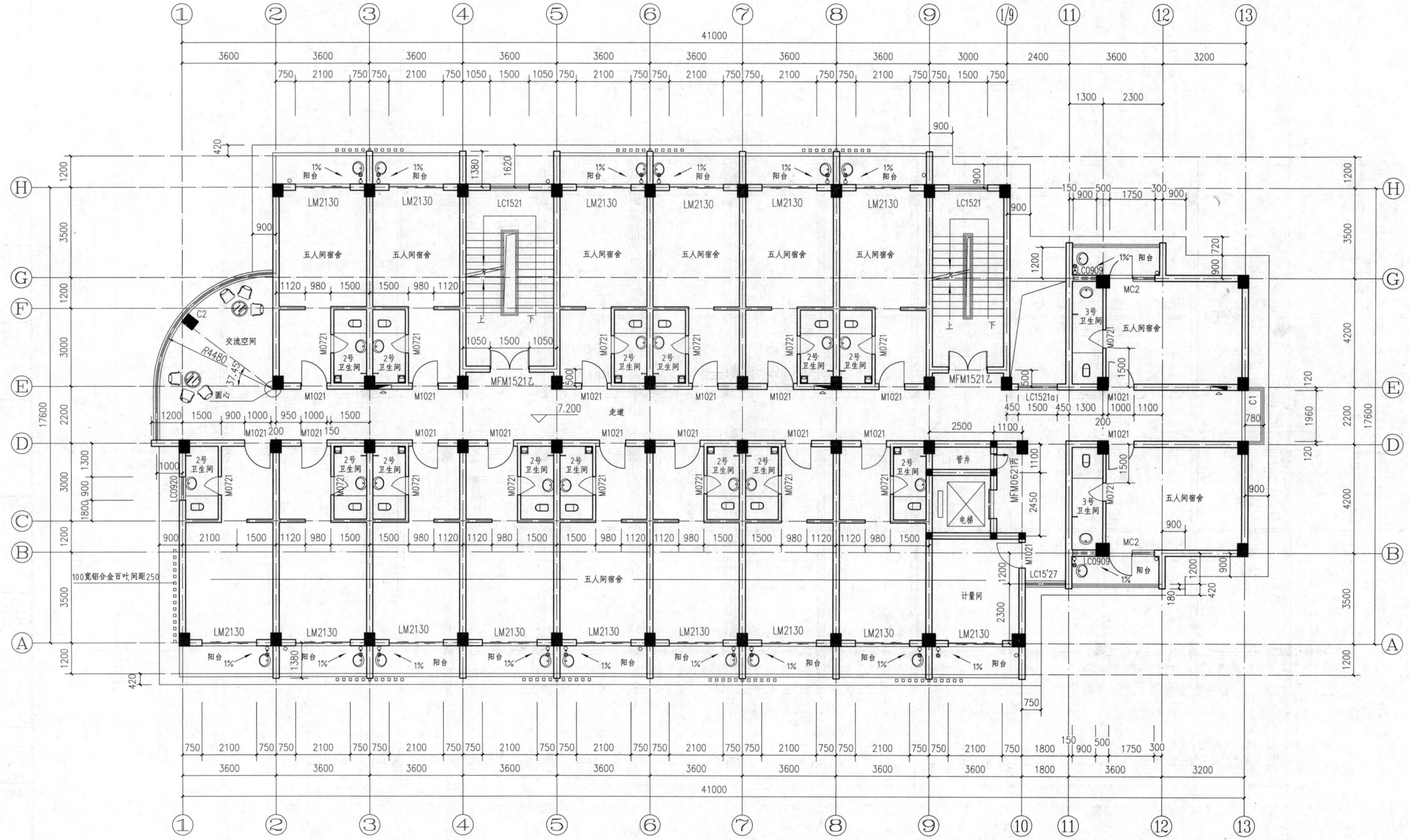

三层平面图 1:100

注：1. 未注明墙体均为240厚或120厚，未注明门梁为120。
2. 卫生间排气道详见2008浙J44；
6层及6层以下卫生间采用图集中PW-Q型排气道，截面尺寸240X240，楼板预留孔290X290。
3. 阳台、卫生间比楼面低50mm。
4. 表示磷灭火器箱组合式消防柜甲型，留洞尺寸1630(高)X730(宽)X240(厚)，洞底离地135。

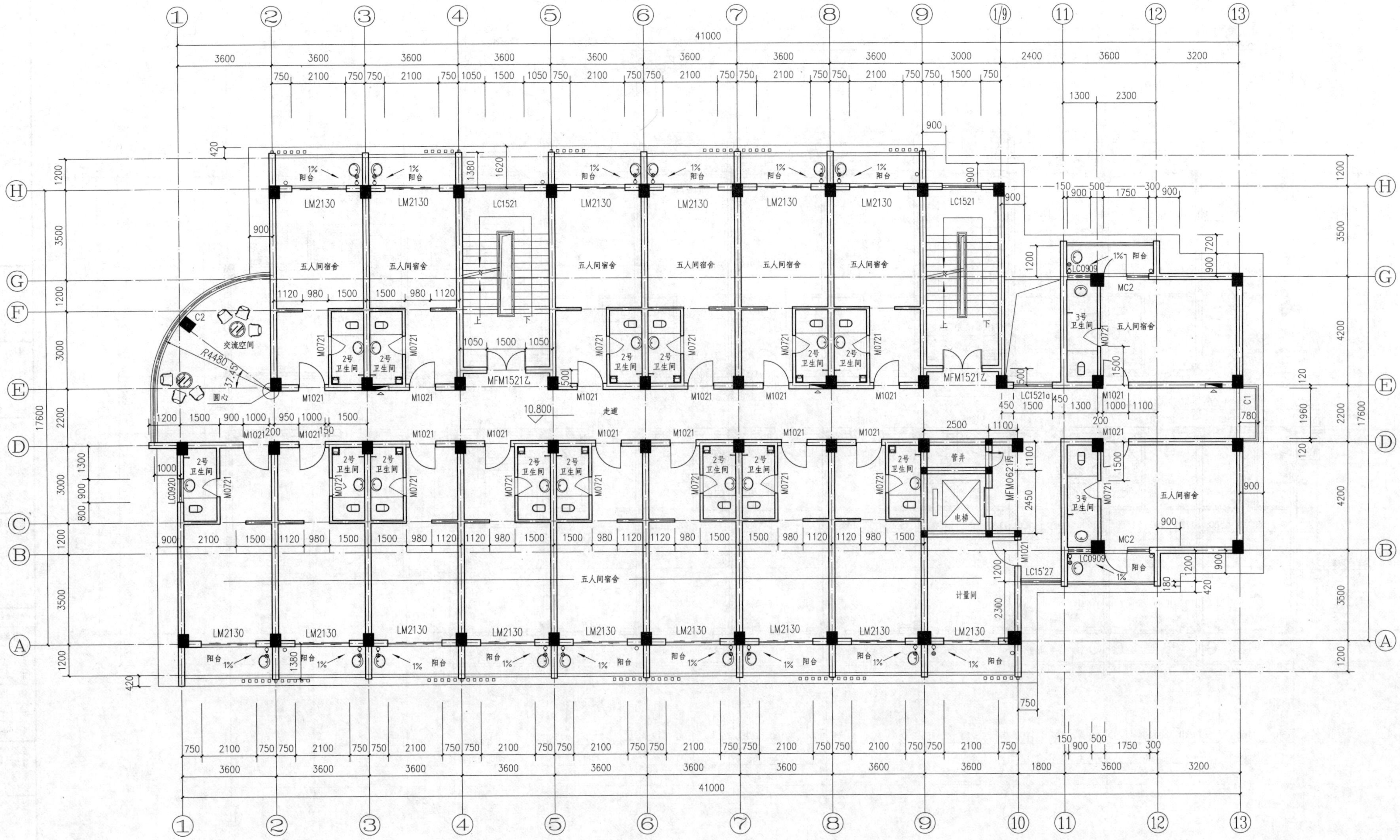

四层平面图 1:100

注：1. 未注明墙体均为240厚或120厚，未注明门梁为120。
2. 卫生间排气道详见2008浙J44；
   6层及6层以下卫生间采用图集中PW-Q型排气道，截面尺寸240X240，楼板预留孔290X290。
3. 阳台、卫生间比楼面低50mm。
4. ▨ 表示带灭火器组合式消防柜甲型，留洞尺寸1630(高)X730(宽)X240(厚)，洞底离地135。

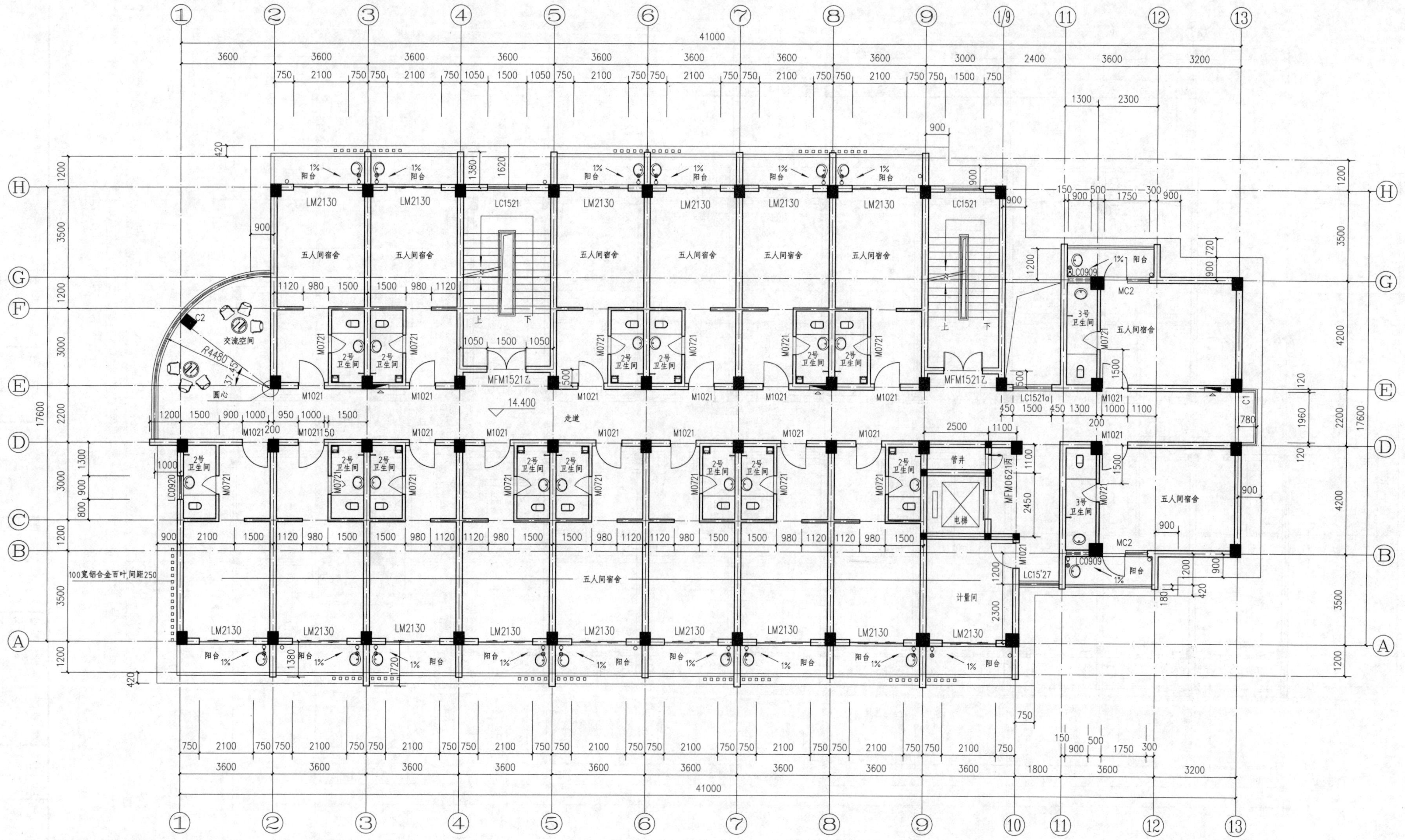

五层平面图 1:100

注：1. 未注明墙体均为240厚或120厚，未注明门垛为120。
2. 卫生间排气道详见2008浙J44；
   6层及6层以下卫生间采用图集中PW-Q型排气道，截面尺寸240×240，楼板预留孔290×290。
3. 阳台、卫生间比楼面低 50mm。
4. ▢ 表示带灭火器箱组合式消防柜甲型，留洞尺寸1630（高）×730（宽）×240（厚），洞底离地135。

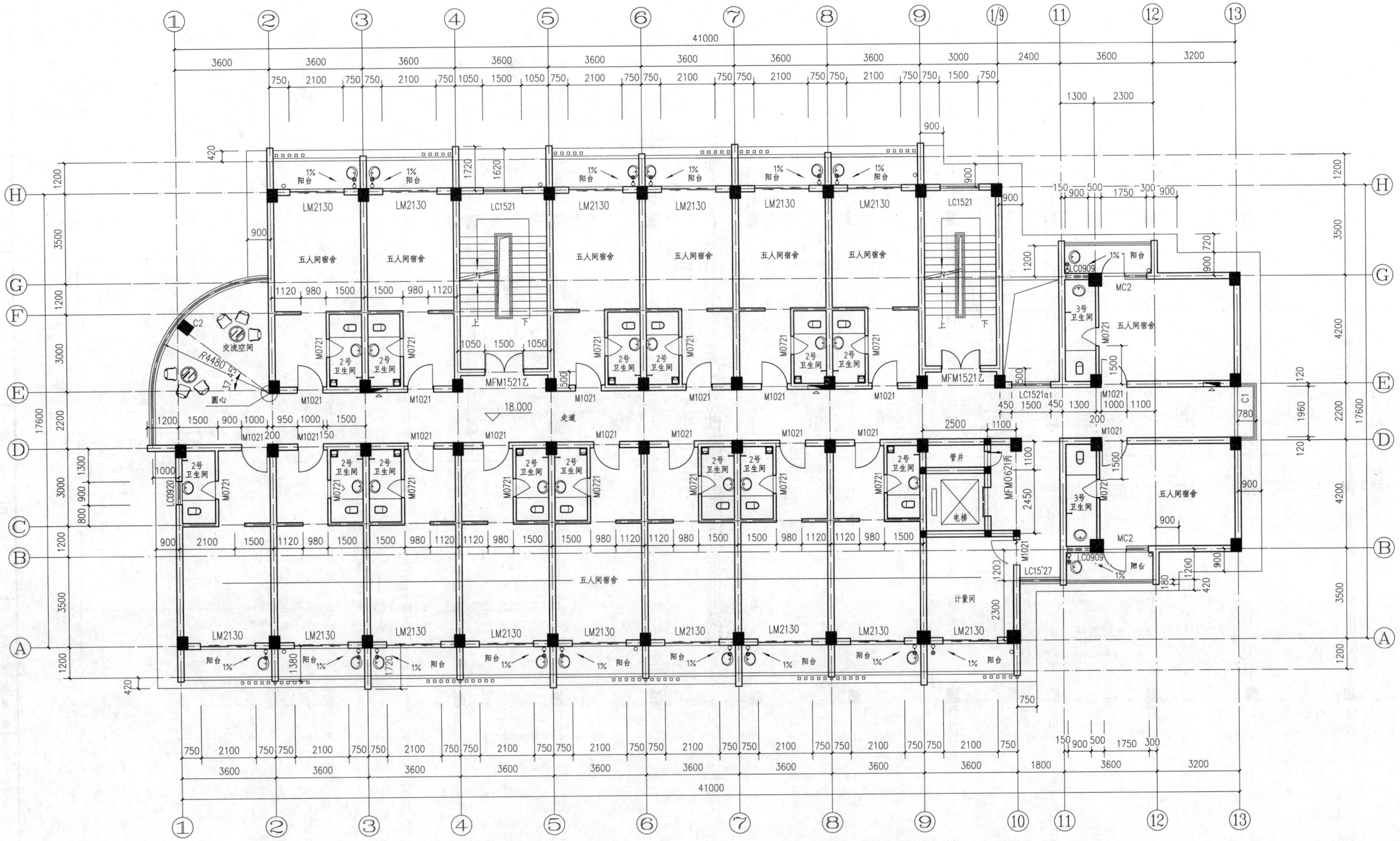

六层平面图 1:100

注：1. 未注明墙体均为240厚或120厚，未注明门垛为120。

2. 卫生间排气道详见2008浙J44；

6层及6层以下卫生间采用图集中PW-Q型排气道，截面尺寸240X240，楼板预留孔290X290。

3. 阳台、卫生间比楼面低 50mm。

4. 表示带灭火器箱组合式消防柜甲型，留洞尺寸1630（高）X730（宽）X240（厚），洞底离地135。

协作设计单位：

建设单位：

浙江xxxx学院

工程名称：

浙江xxxx学院
学生公寓

图纸名称：

六层平面图

工程负责		
工种负责		
审　定		
审　核		
校　对		
设　计		
制　图		

会签：

建　筑		电　气	
结　构		暖　通	
给排水		工　艺	

盖章栏：

设计号	I-19-087	图号	08
图　别	建施		
比　例	1:100	出图日期	

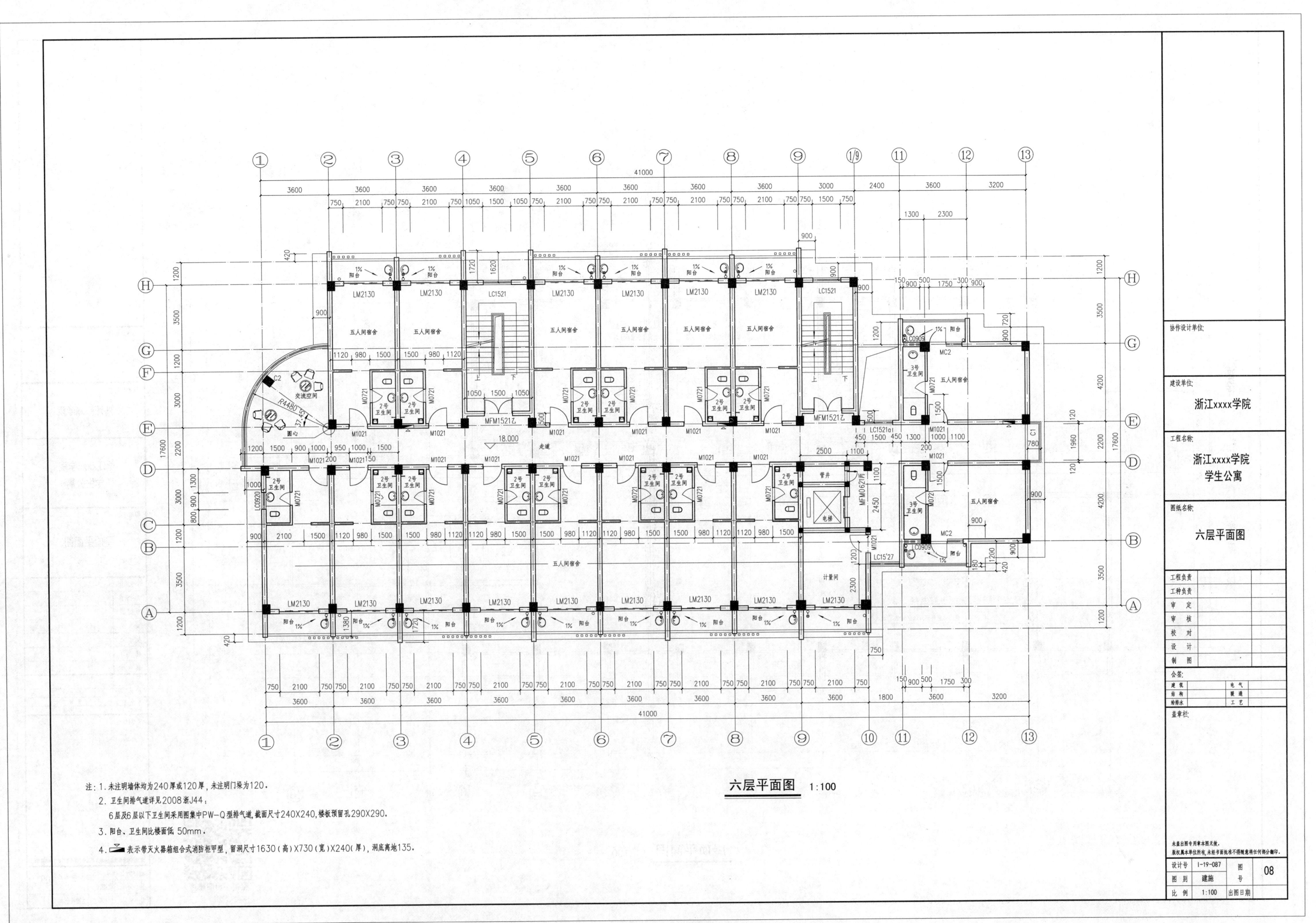

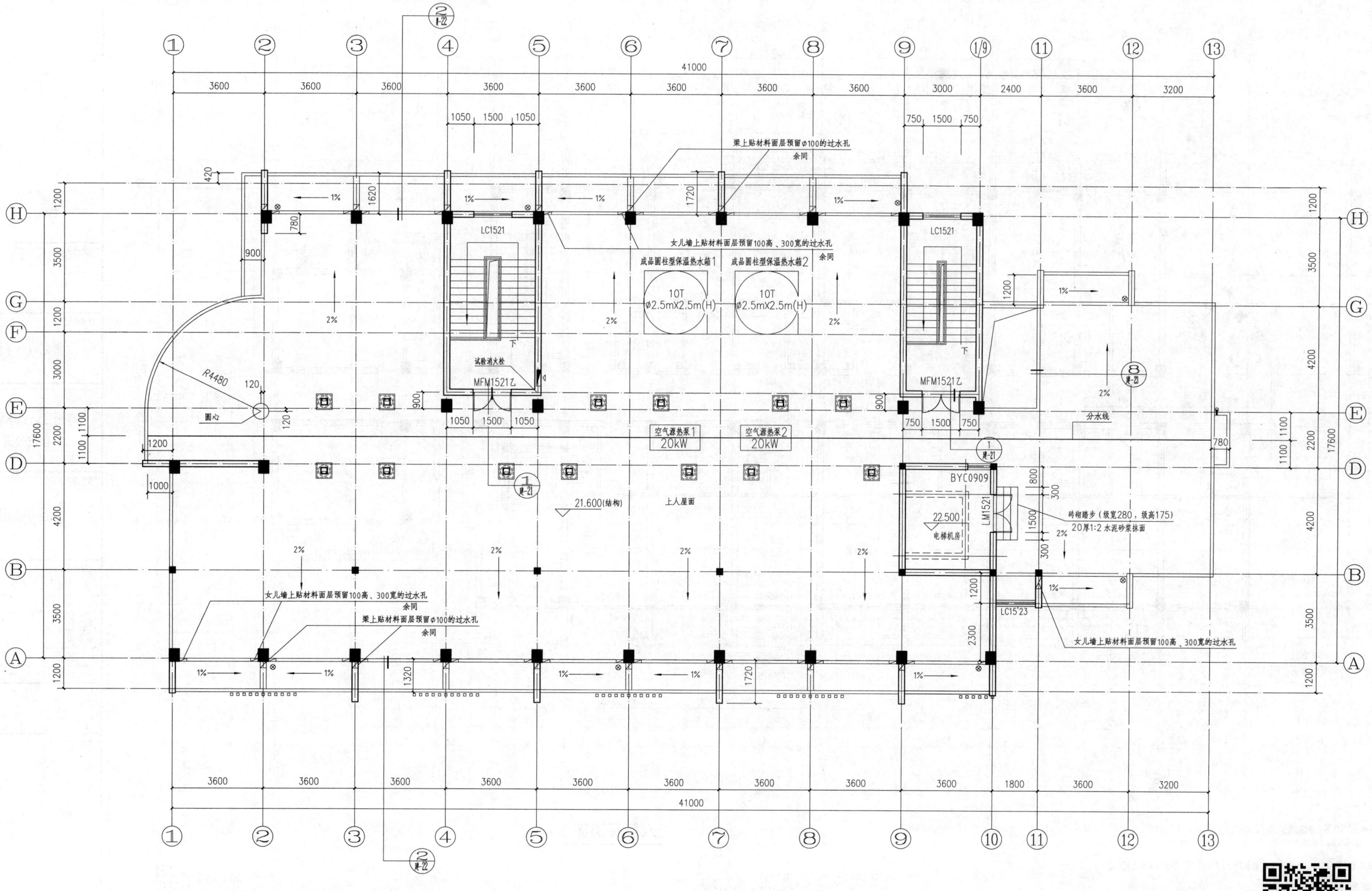

屋顶平面图 1:100

屋顶构架平面图 1:100

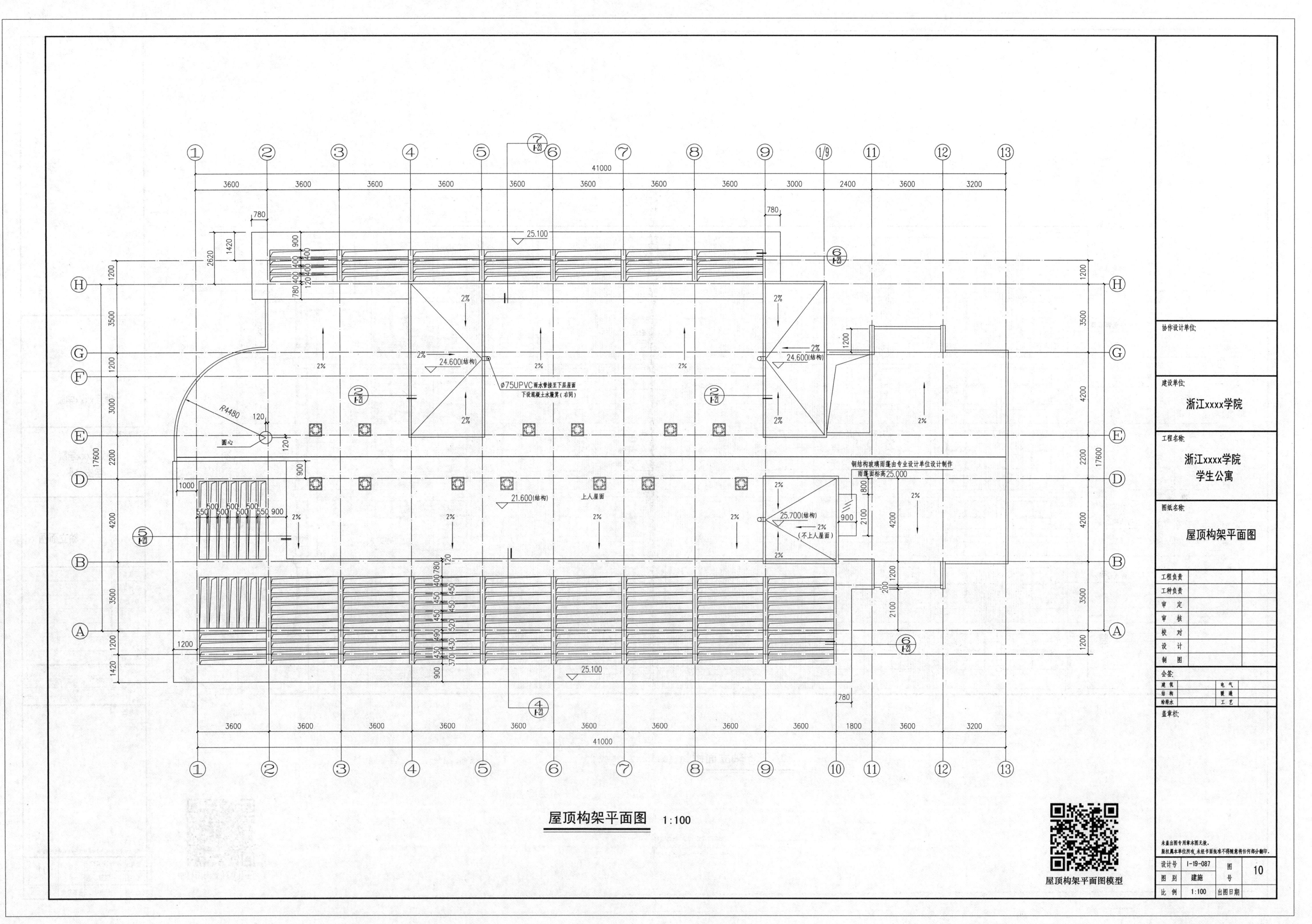

①～⑬轴立面图 1:100

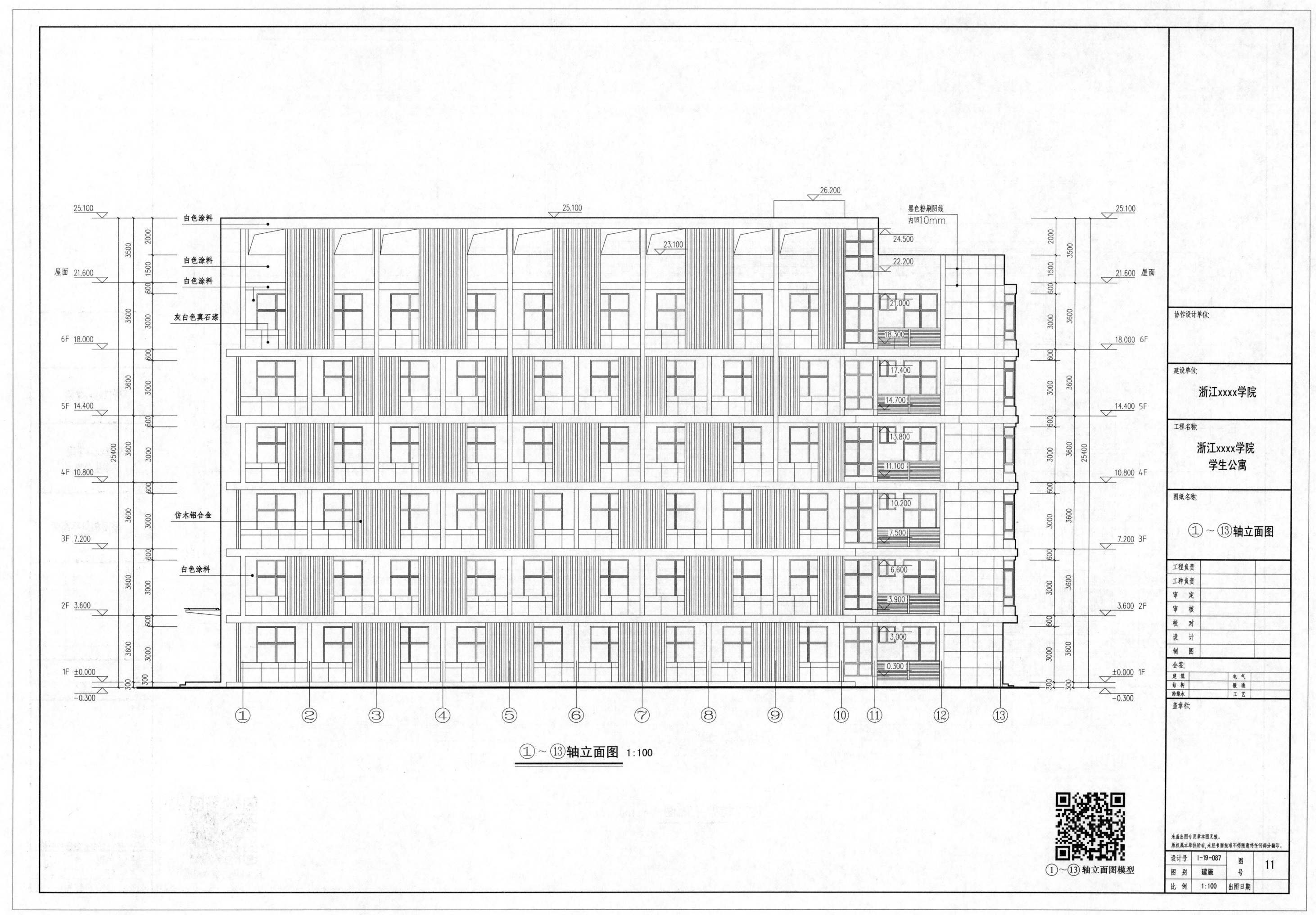

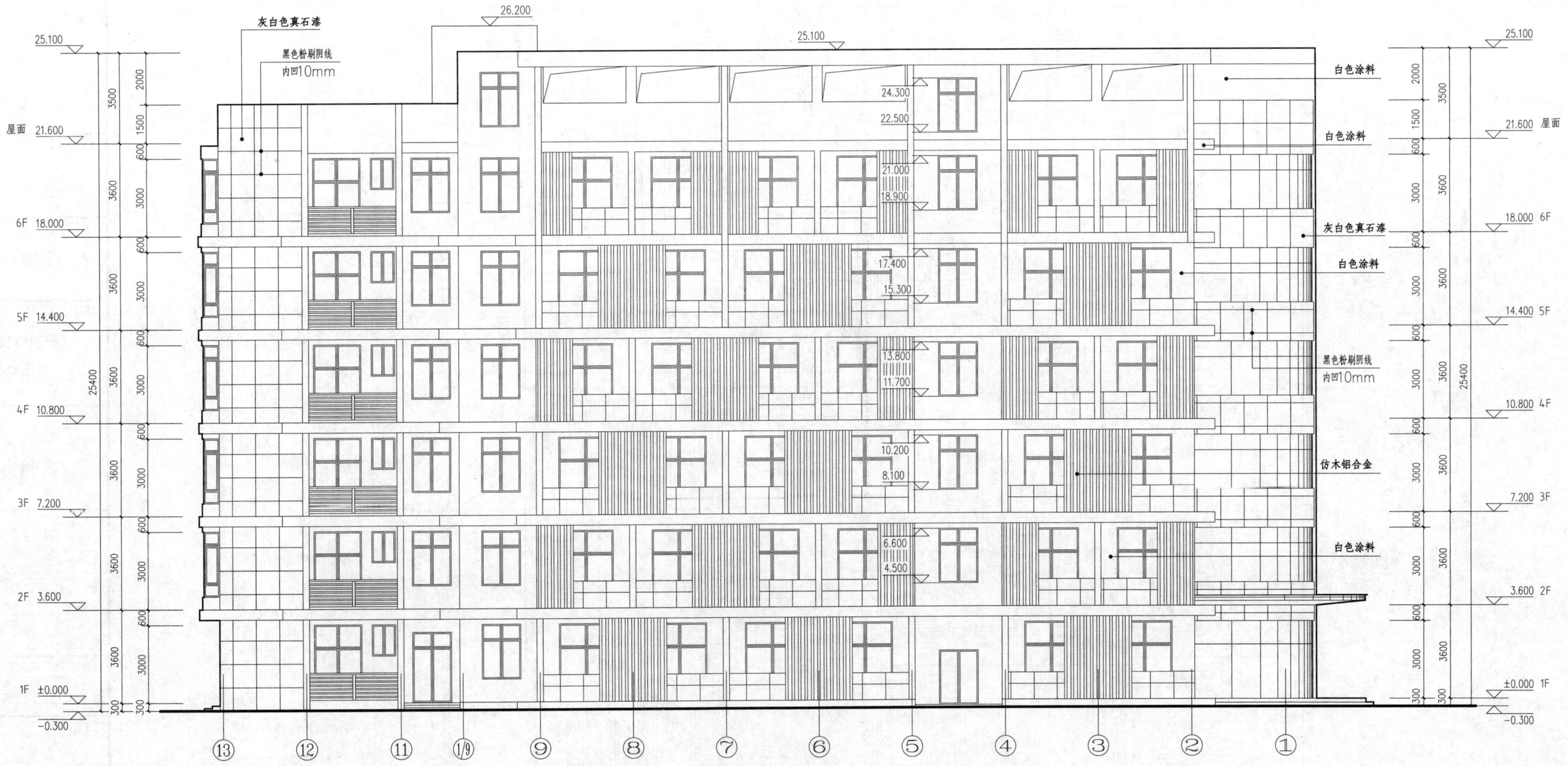

⑬~①轴立面图 1:100

Ⓗ~Ⓐ 轴立面图 1:100

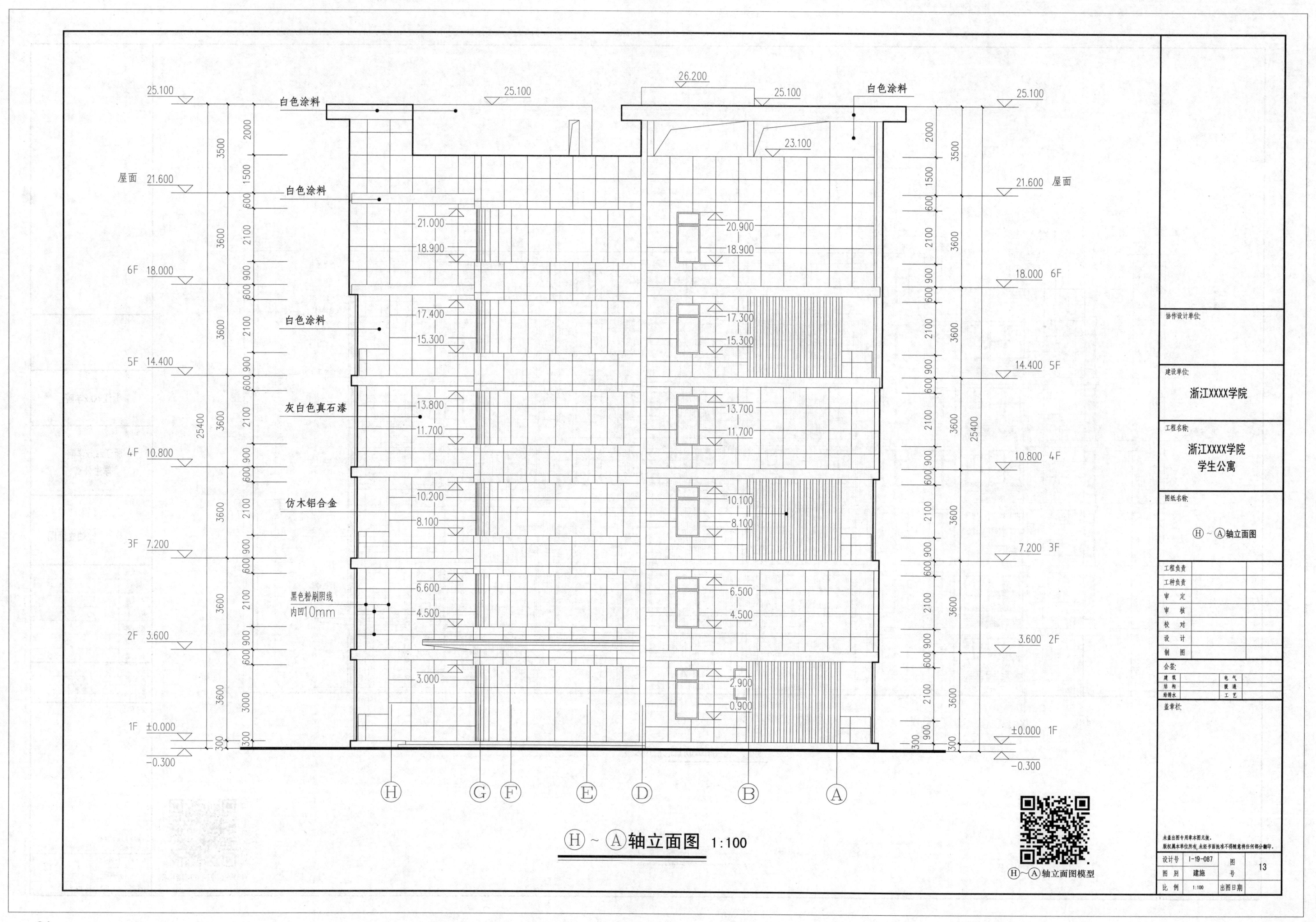

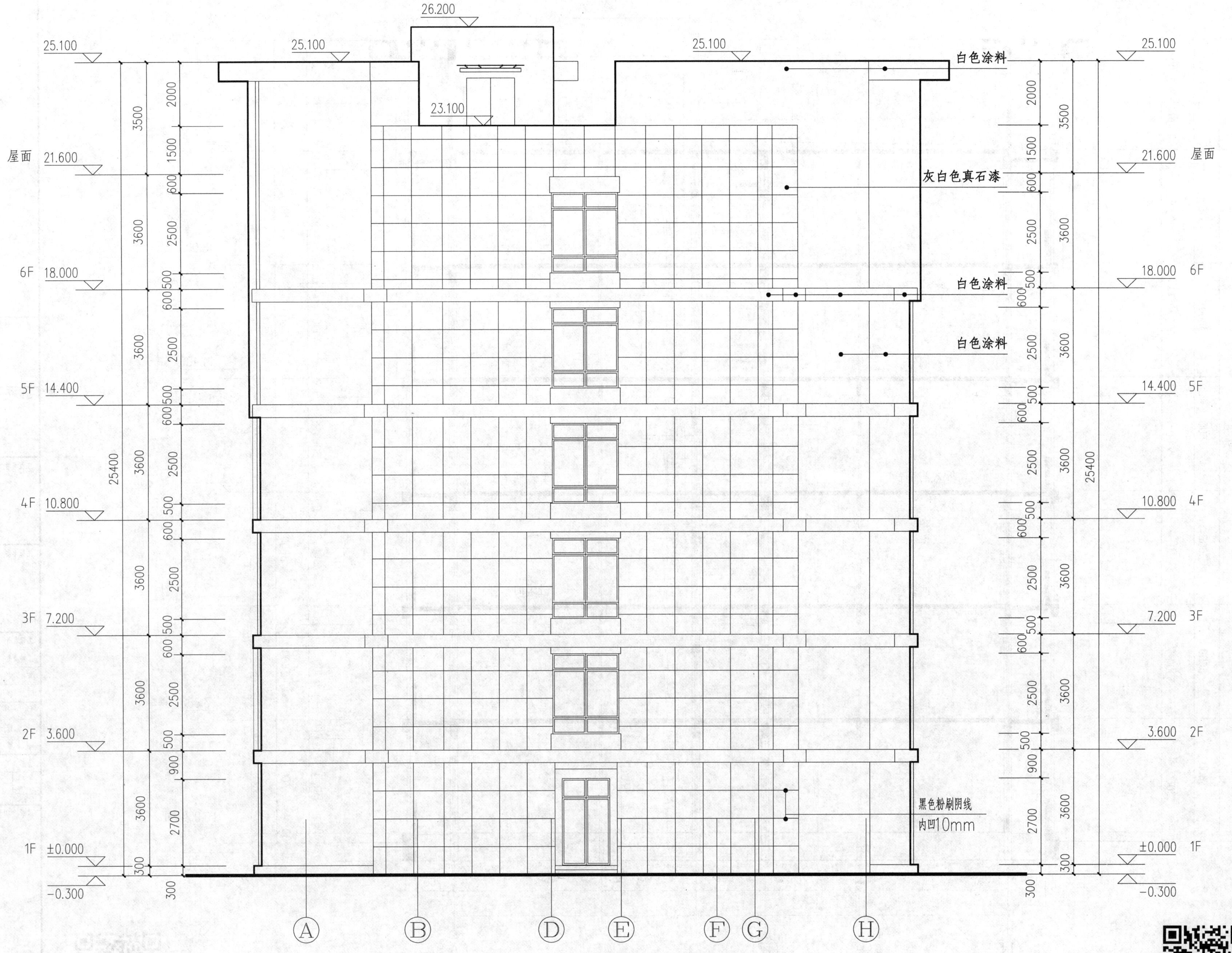

Ⓐ~Ⓗ轴立面图 1:100

1—1剖面图 1:100

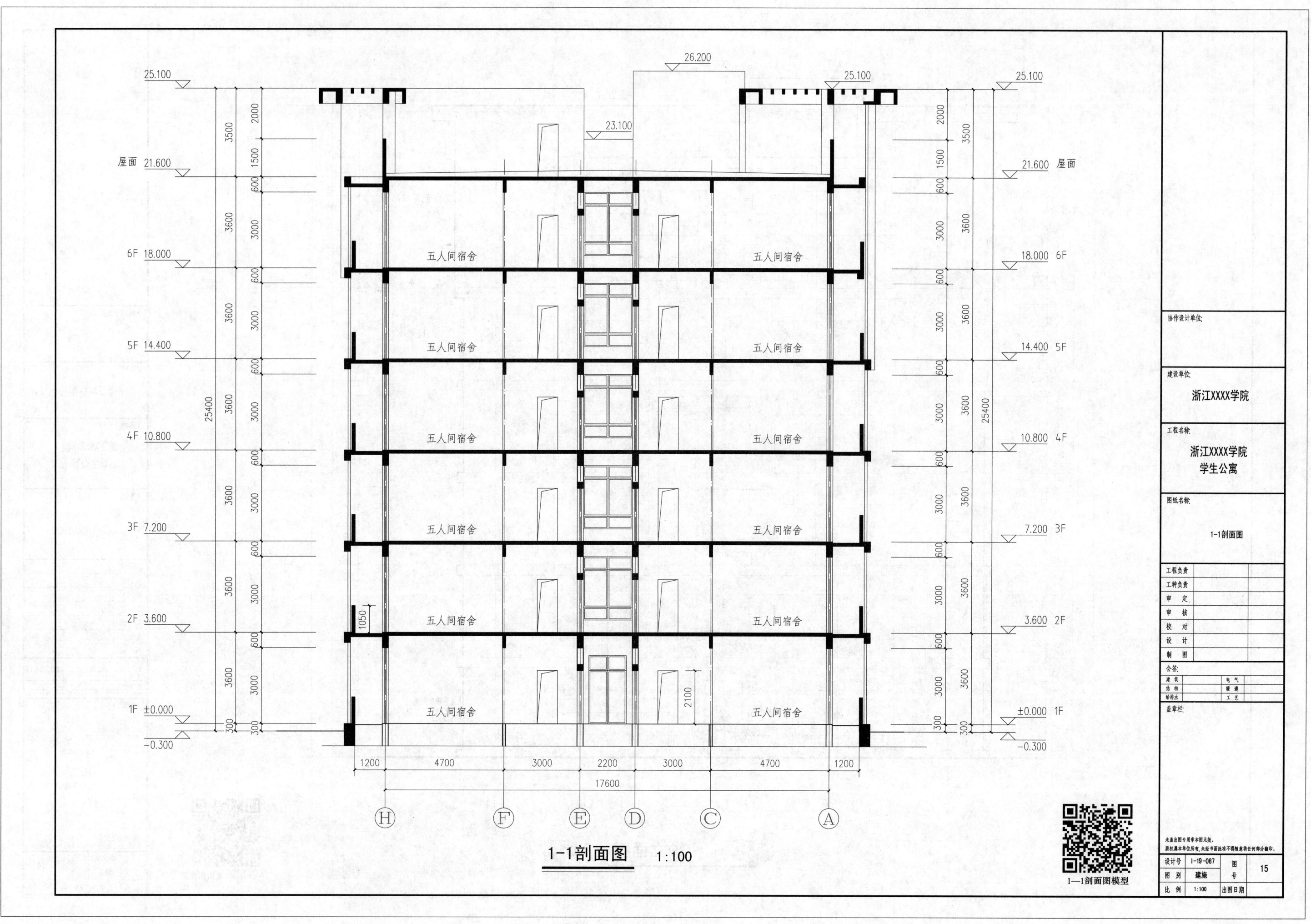

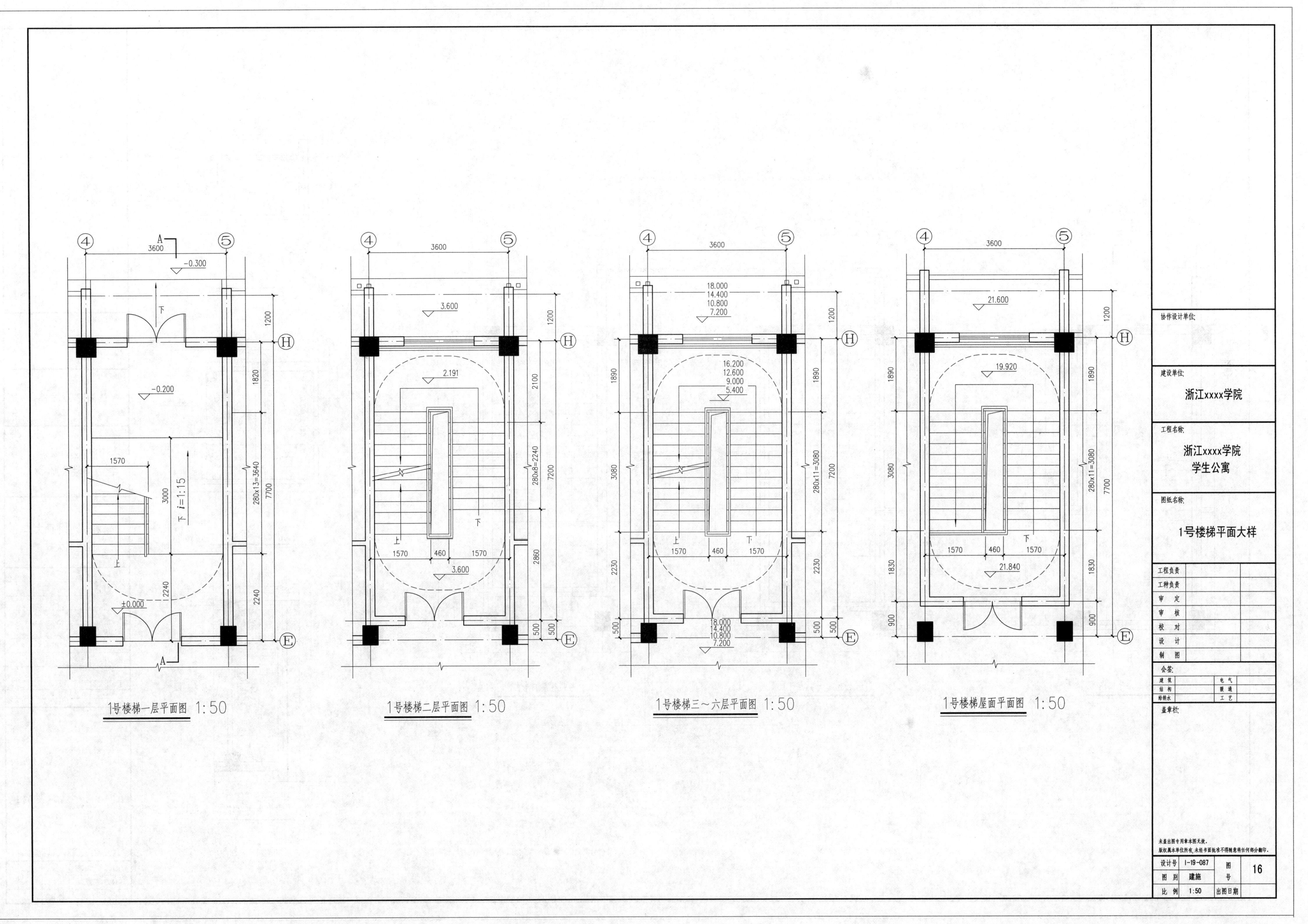

1号楼梯一层平面图 1:50   1号楼梯二层平面图 1:50   1号楼梯三~六层平面图 1:50   1号楼梯屋面平面图 1:50

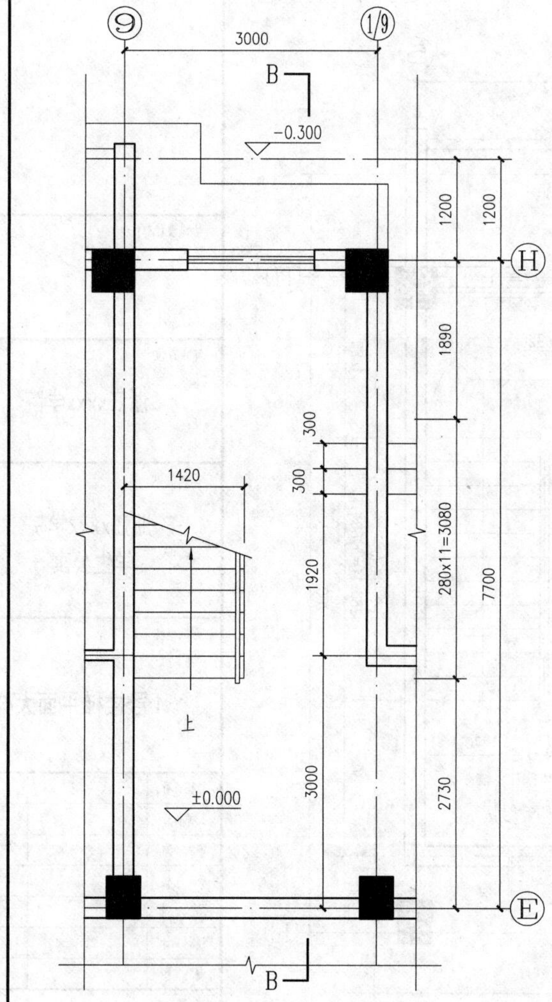

2号楼梯一层平面图 1:50

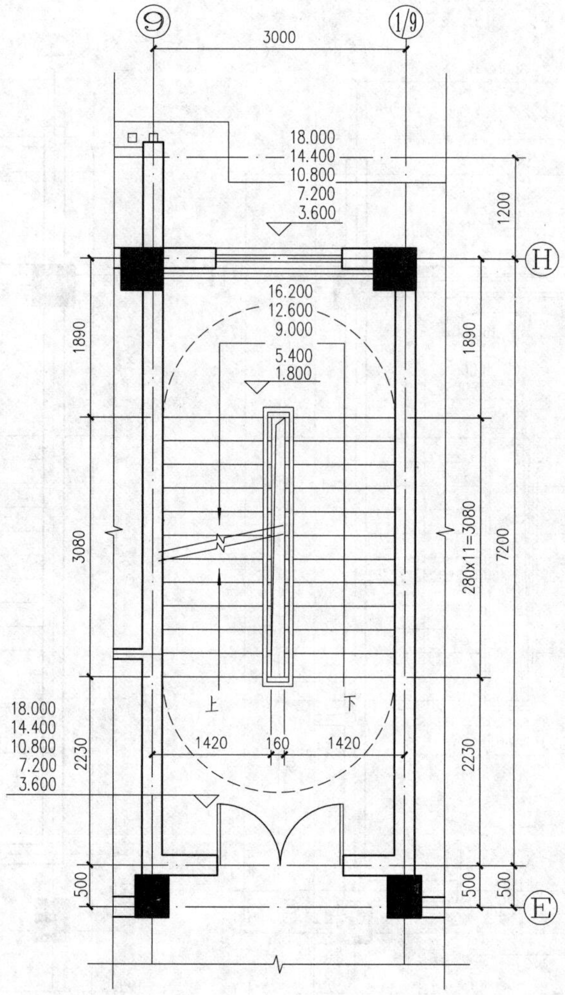

2号楼梯二～六层平面图 1:50

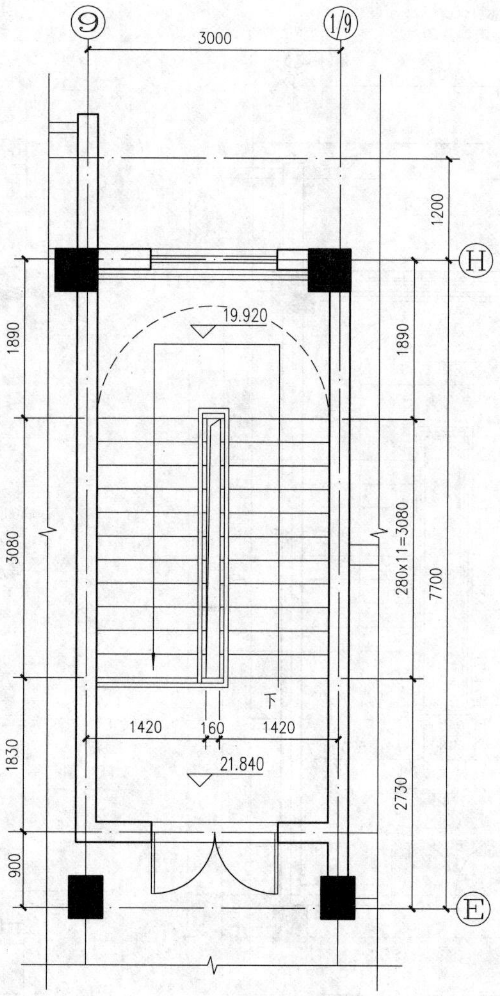

2号楼梯屋面平面图 1:50

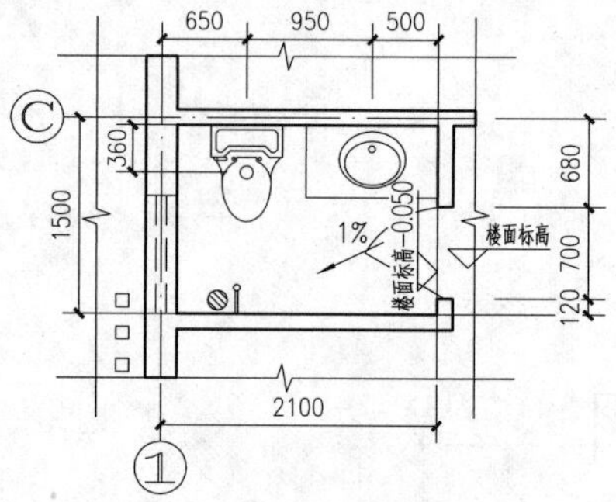

1号卫生间大样 1:50

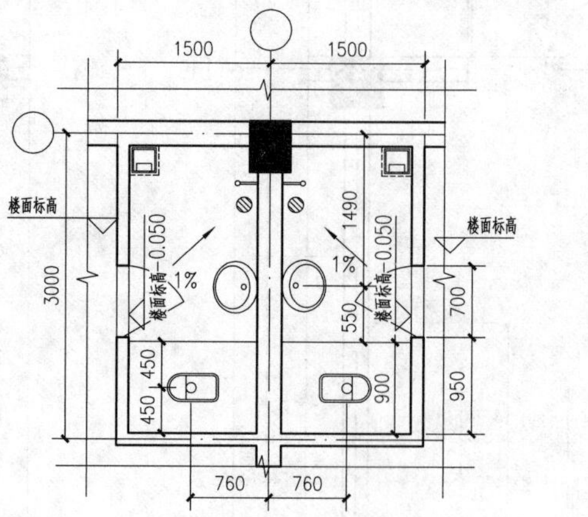

2号卫生间大样 1:50

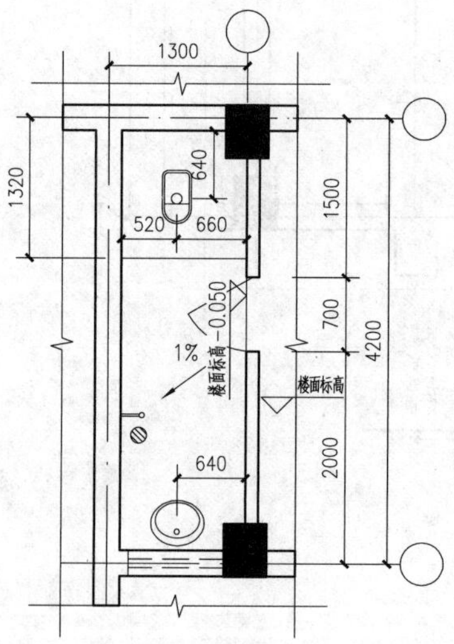

3号卫生间大样 1:50

协作设计单位:	
建设单位:	浙江xxxx学院
工程名称:	浙江xxxx学院 学生公寓
图纸名称:	2号楼梯平面大样 卫生间大样
工程负责	
工种负责	
审　定	
审　核	
校　对	
设　计	
制　图	

会签:

建　筑		电　气	
结　构		暖　通	
给排水		工　艺	

盖章栏:

未盖出图专用章本图无效。

设计号	1-19-087	图号	17
图　别	建施		
比　例	1:50	出图日期	

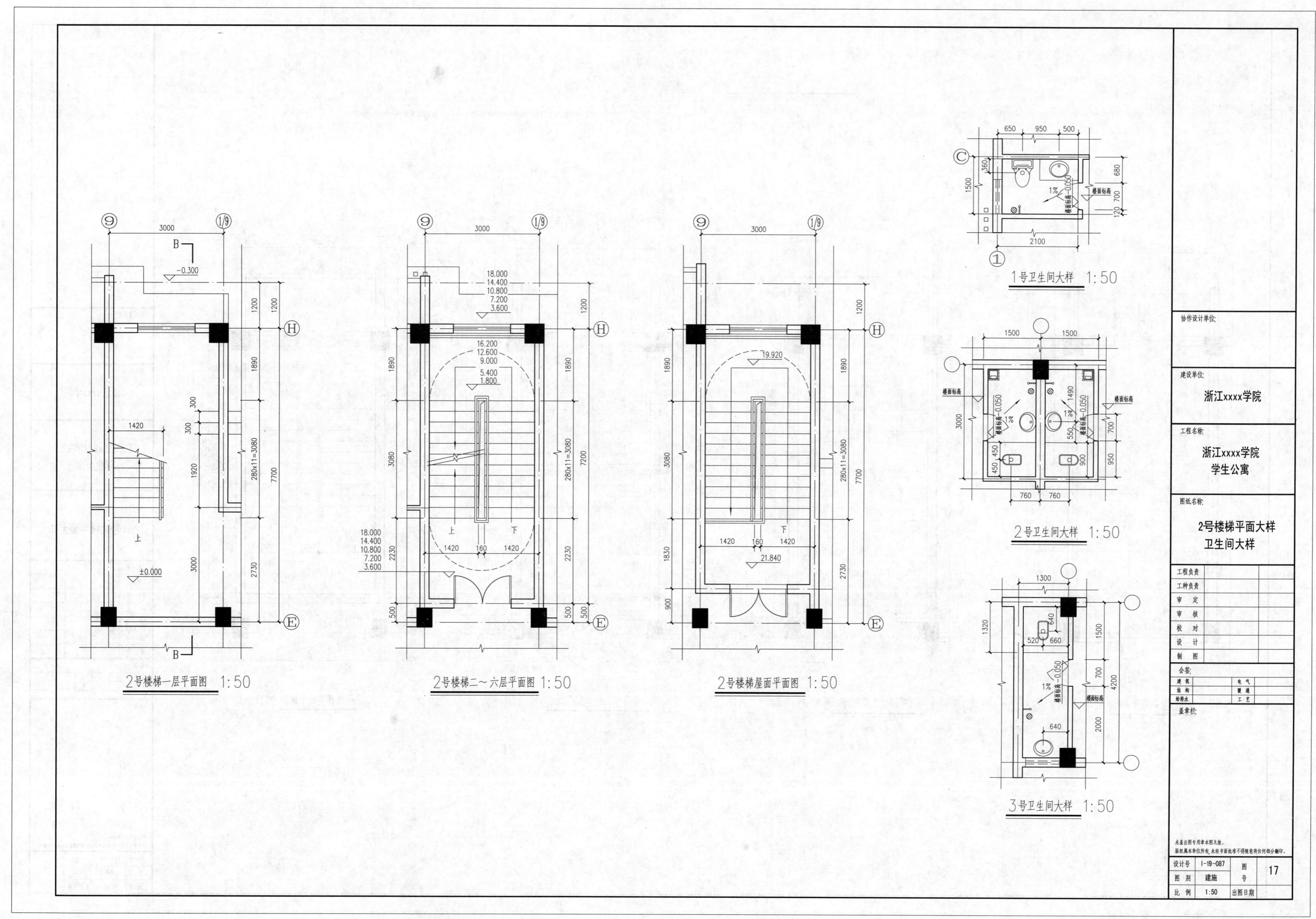

1号楼梯A—A剖面图 1:50

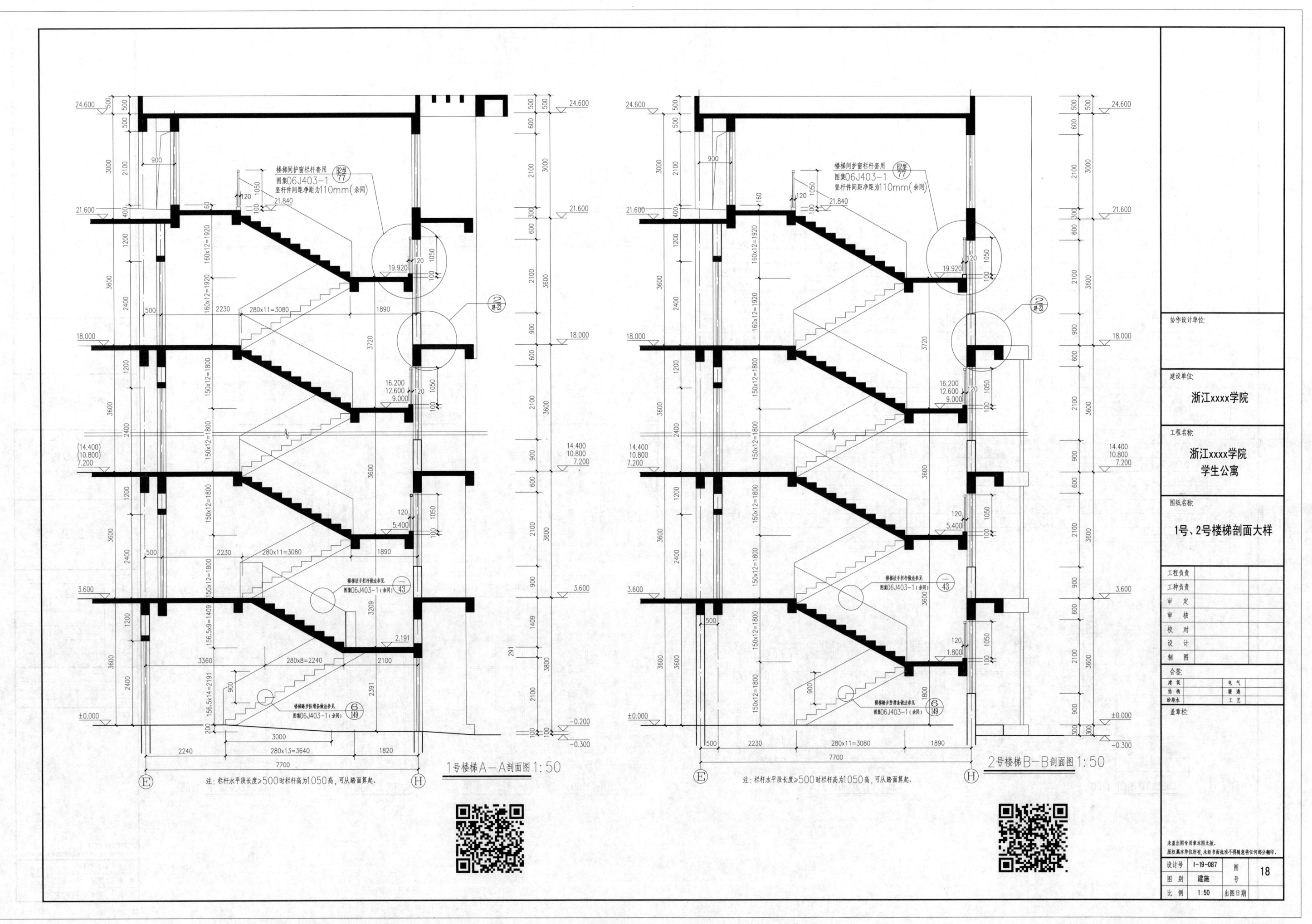

2号楼梯B—B剖面图 1:50

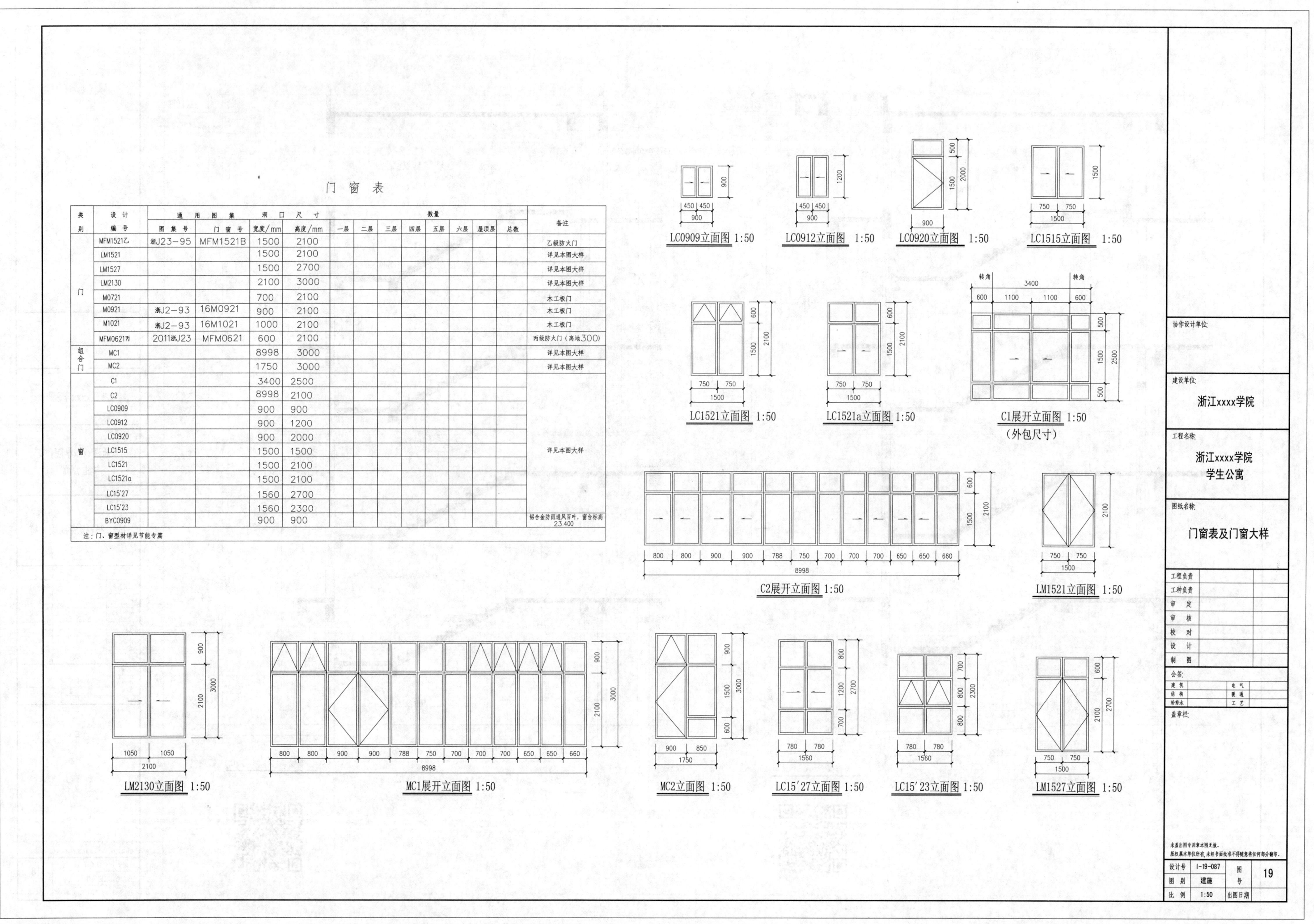

门窗表

类别	设计编号	通用图集		洞口尺寸		数量							备注
		图集号	门窗号	宽度/mm	高度/mm	一层	二层	三层	四层	五层	六层	屋顶层	总数	
门	MFM1521乙	浙J23-95	MFM1521B	1500	2100									乙级防火门
	LM1521			1500	2100									详见本图大样
	LM1527			1500	2700									详见本图大样
	LM2130			2100	3000									详见本图大样
	M0721			700	2100									木工板门
	M0921	浙J2-93	16M0921	900	2100									木工板门
	M1021	浙J2-93	16M1021	1000	2100									木工板门
	MFM0621丙	2011浙J23	MFM0621	600	2100									丙级防火门（离地300）
组合门	MC1			8998	3000									详见本图大样
	MC2			1750	3000									详见本图大样
窗	C1			3400	2500									
	C2			8998	2100									
	LC0909			900	900									
	LC0912			900	1200									
	LC0920			900	2000									详见本图大样
	LC1515			1500	1500									
	LC1521			1500	2100									
	LC1521a			1500	2100									
	LC15'27			1560	2700									
	LC15'23			1560	2300									
	BYC0909			900	900									铝合金防雨通风百叶，窗台标高23.400

注：门、窗型材详见节能专篇

建设单位： 浙江xxxx学院

工程名称： 浙江xxxx学院学生公寓

图纸名称： 门窗表及门窗大样

设计号： 1-19-087
图别： 建施
图号： 19
比例： 1:50

LC0909立面图 1:50
LC0912立面图 1:50
LC0920立面图 1:50
LC1515立面图 1:50
LC1521立面图 1:50
LC1521a立面图 1:50
C1展开立面图 1:50（外包尺寸）
C2展开立面图 1:50
LM1521立面图 1:50
LM2130立面图 1:50
MC1展开立面图 1:50
MC2立面图 1:50
LC15'27立面图 1:50
LC15'23立面图 1:50
LM1527立面图 1:50

墙身大样1 1:50

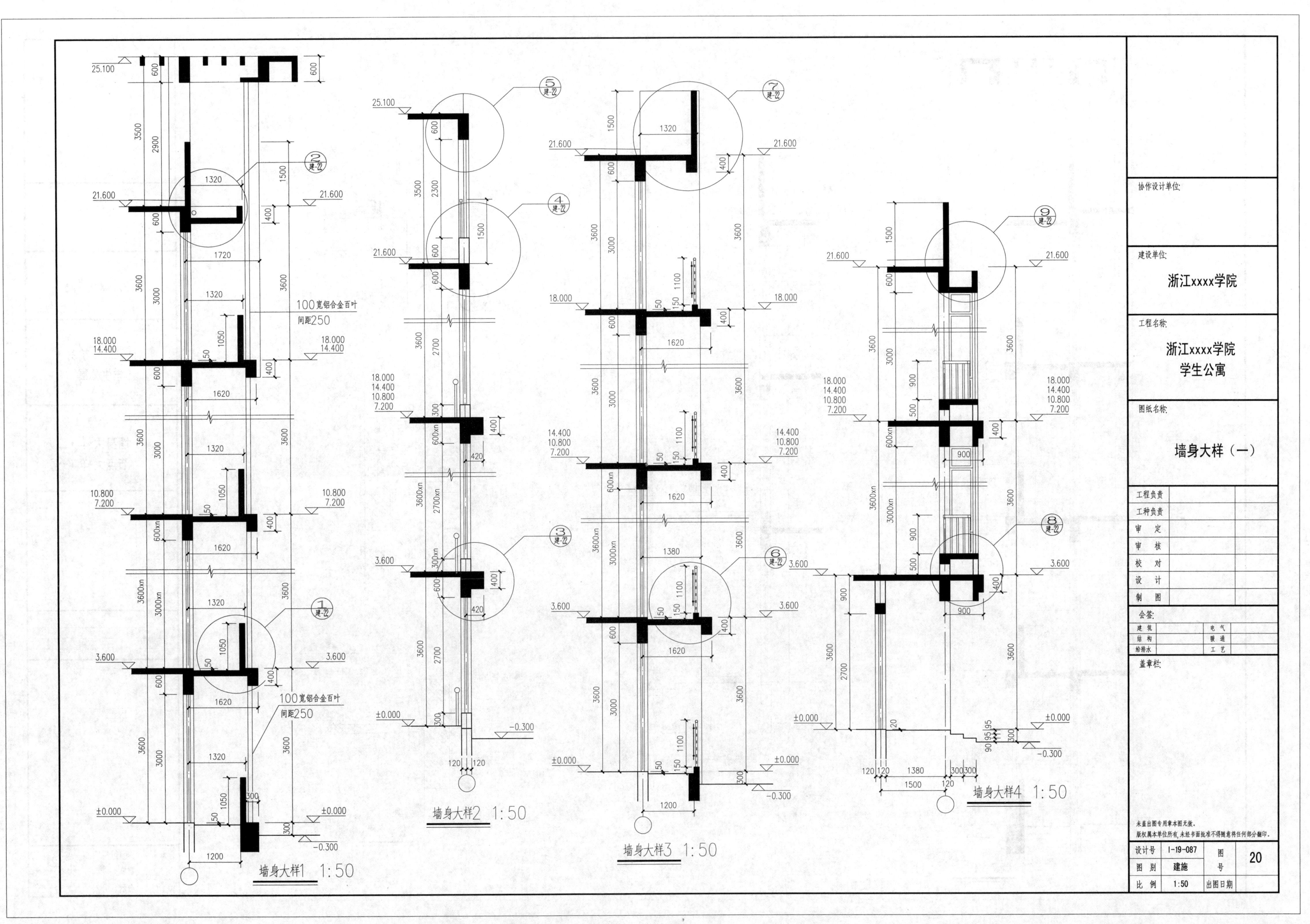

墙身大样2 1:50

墙身大样3 1:50

墙身大样4 1:50

建设单位:	
	浙江xxxx学院
工程名称:	
	浙江xxxx学院 学生公寓
图纸名称:	
	墙身大样（一）

设计号	1-19-087	图号	20
图别	建施		
比例	1:50	出图日期	

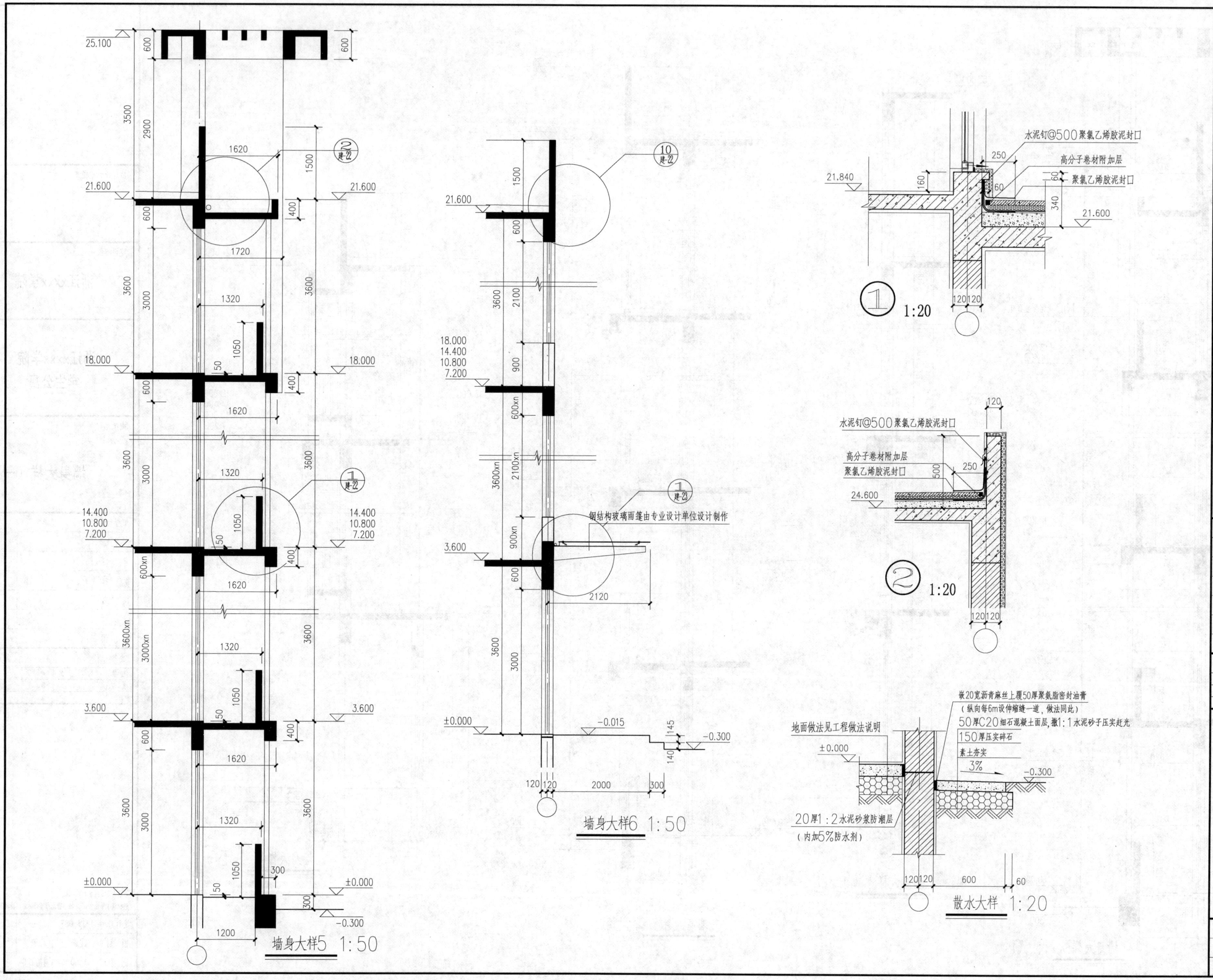

墙身大样5 1:50

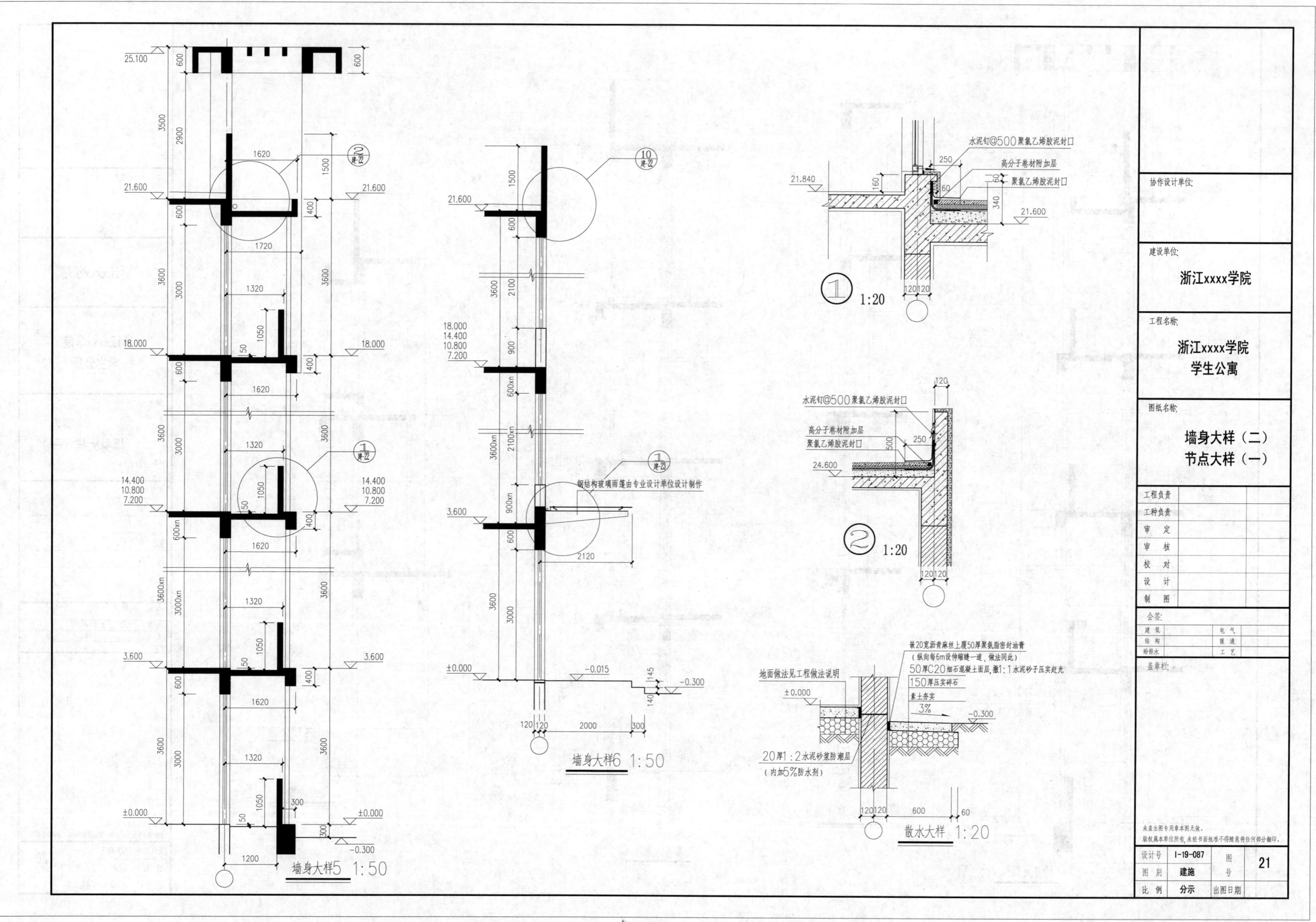

墙身大样6 1:50

散水大样 1:20

① 1:20

② 1:20

图纸名称：
墙身大样（二）
节点大样（一）

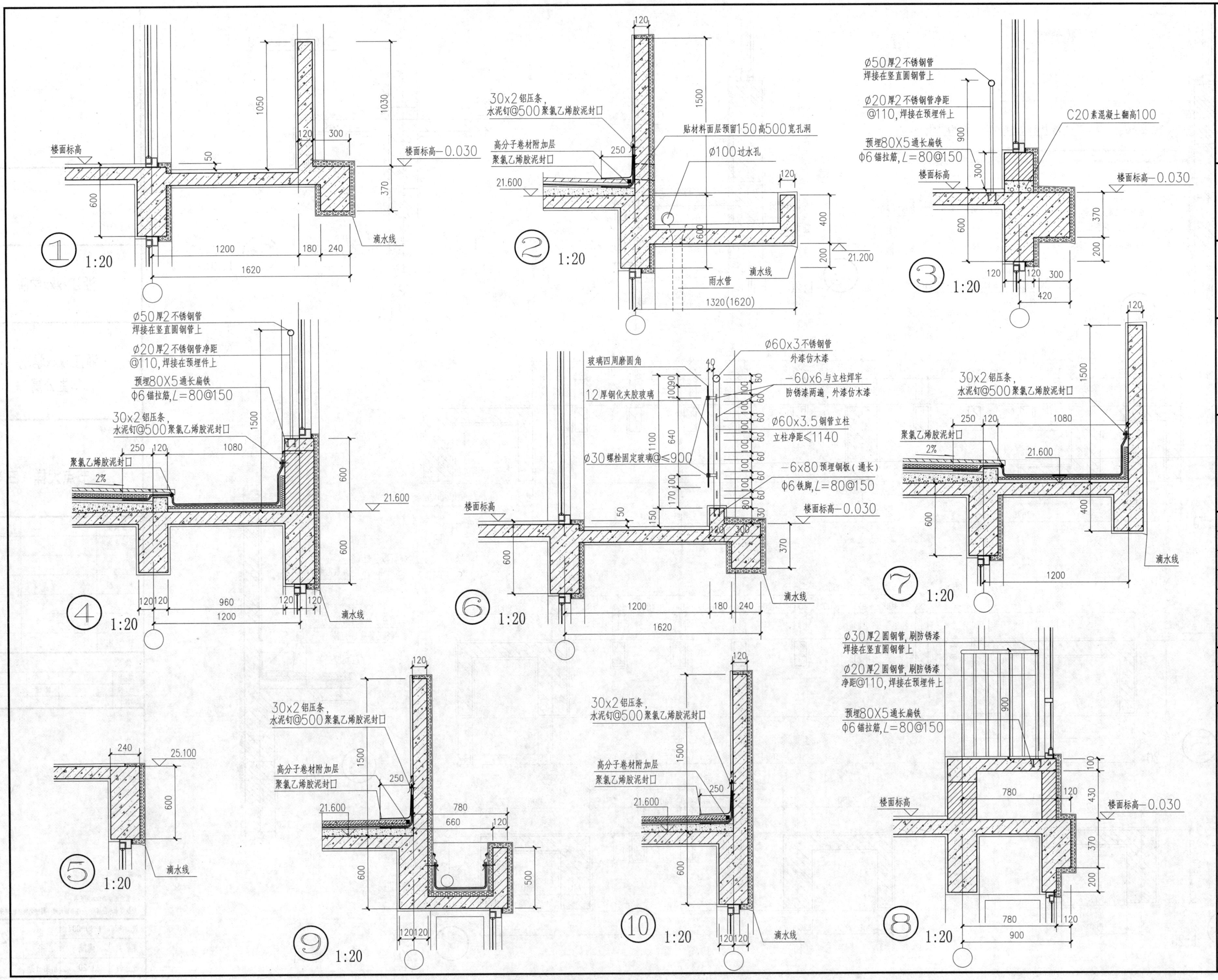

协作设计单位:	
建设单位:	浙江xxxx学院
工程名称:	浙江xxxx学院 学生公寓
图纸名称:	节点大样（二）

工程负责			
工种负责			
审 定			
审 核			
校 对			
设 计			
制 图			

会签:

建 筑		电 气	
结 构		暖 通	
给排水		工 艺	

盖章栏:

未盖出图专用章本图无效。

设计号	I-19-087	图号	22
图 别	建施		
比 例	1:20	出图日期	

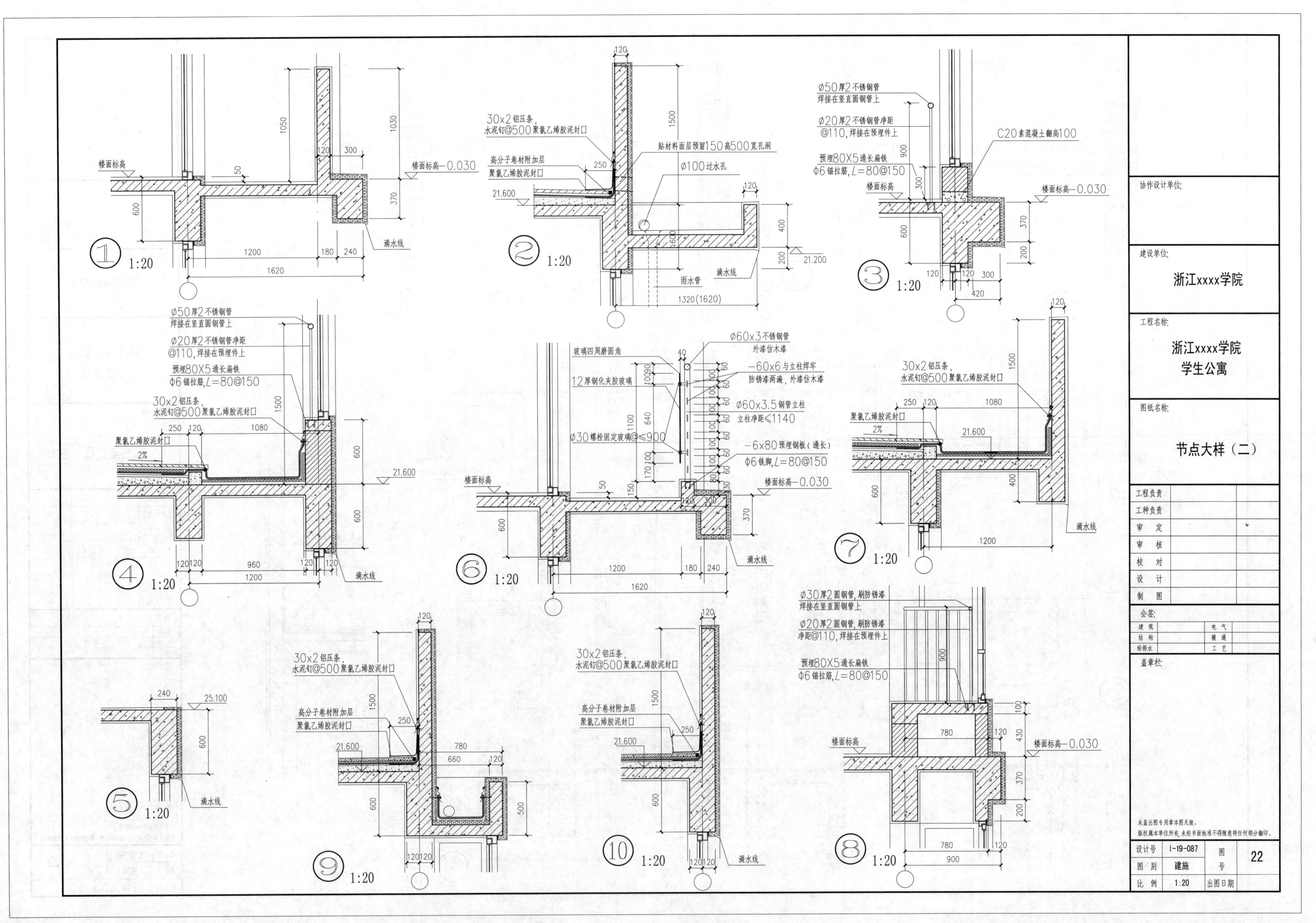

节点大样（三）

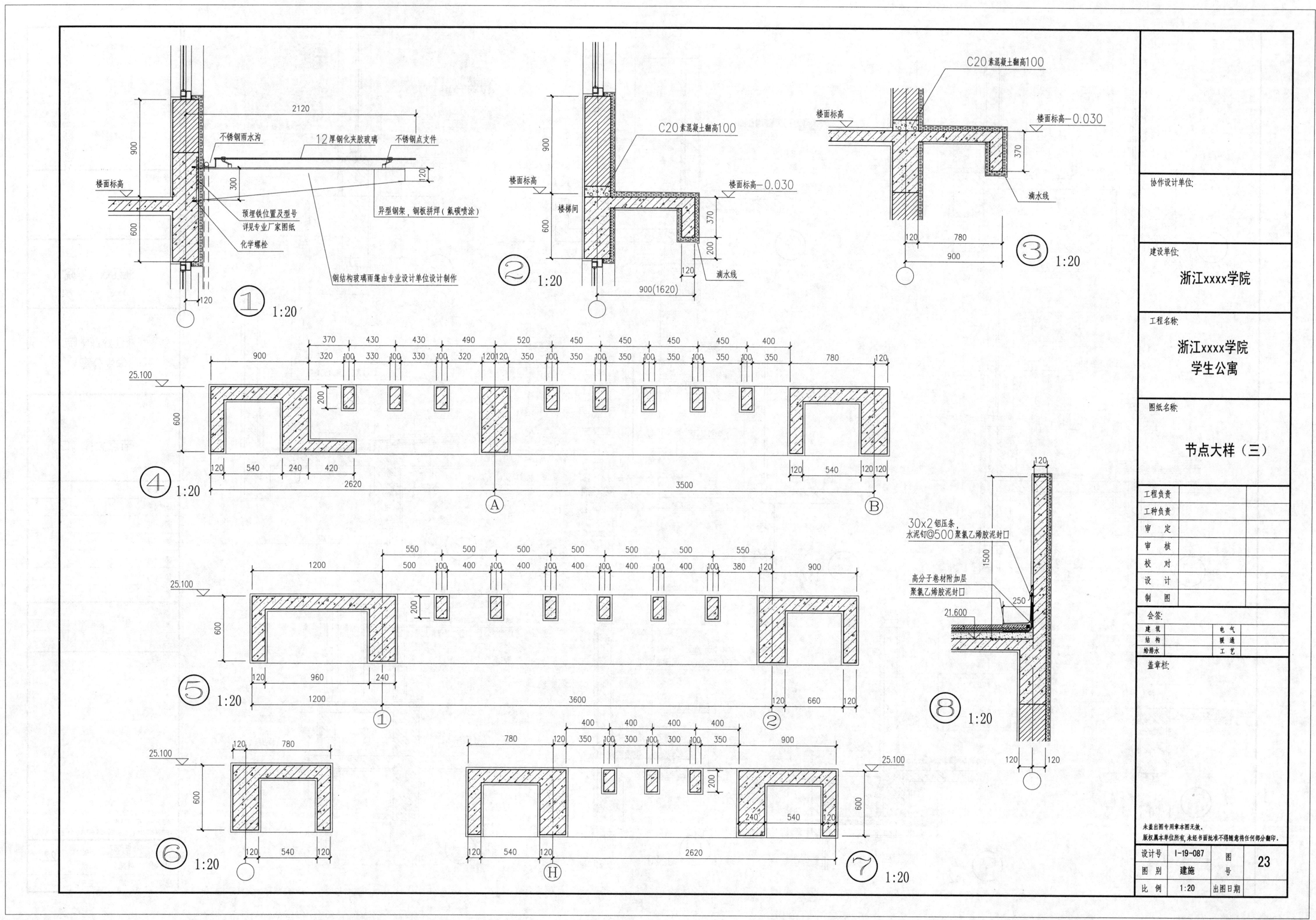

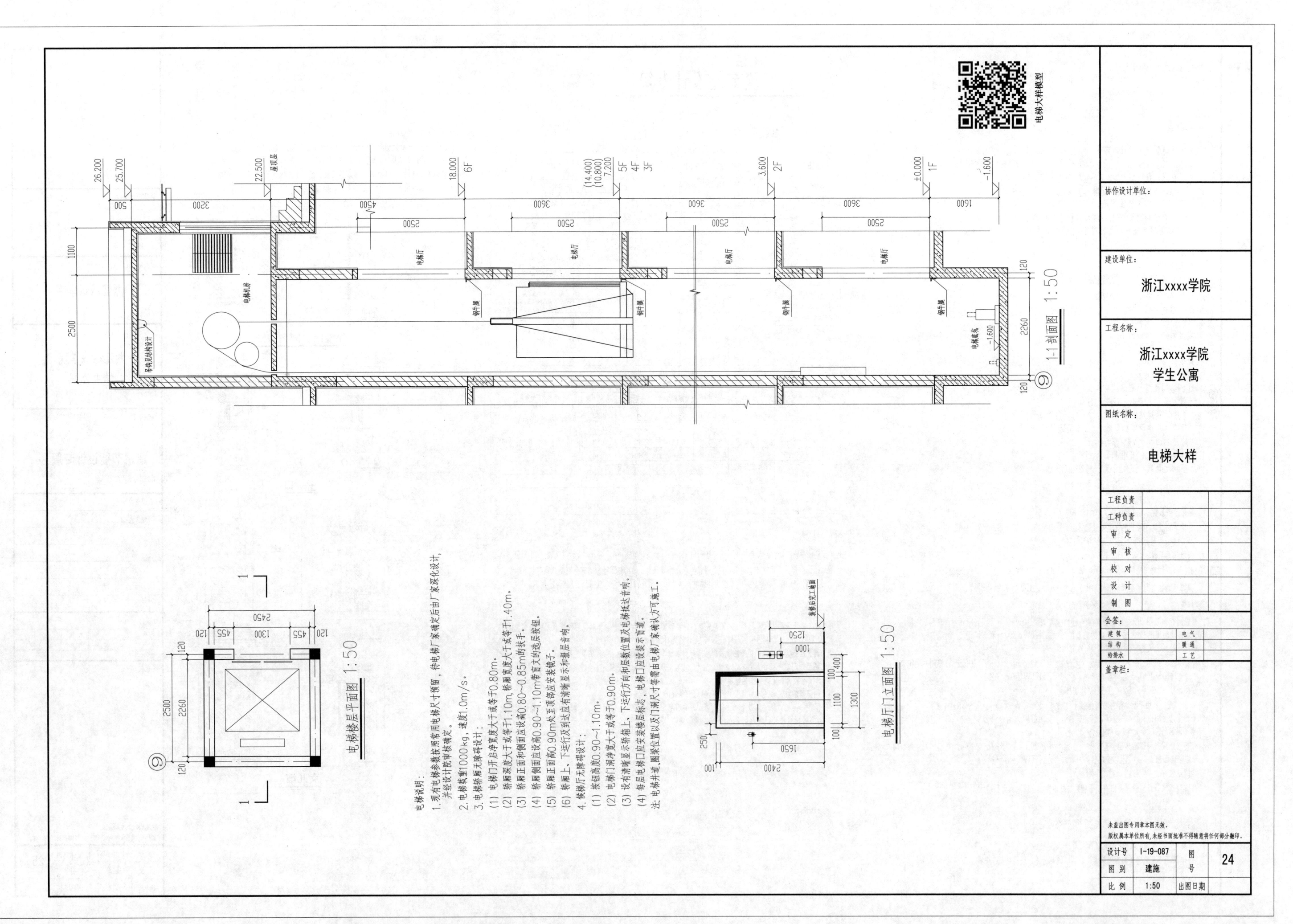

电梯说明：
1. 现有电梯参数按照普通电梯尺寸预留，待电梯厂家确定后由厂家深化设计，并经设计院审核确定。
2. 电梯载重1000kg，速度1.0m/s。
3. 电梯轿厢无障碍设计：
   (1) 电梯门开启净宽度大于或等于0.80m。
   (2) 电梯井深度大于或等于1.10m，轿厢宽度大于或等于1.40m。
   (3) 轿厢正面和侧面应设高0.90~0.85m的安全扶手。
   (4) 轿厢侧面应设高0.90~1.10m带盲文的选层按钮。
   (5) 轿厢正面高0.90m处至顶部应安装镜子。
   (6) 轿厢上、下运行及到达应有清晰显示和报层音响。
4. 候梯厅无障碍设计：
   (1) 按钮高度应大于或等于0.90~1.10m。
   (2) 电梯门洞净宽度大于或等于0.90m。
   (3) 设有清晰显层盘及轿箱上、下运行方向和层数位置及电梯抵达音响。
   电梯口应安装楼层标志，电梯口应设提示盲道。
注：每层电梯口应采位置及以及门洞尺寸等需由电梯厂家确认方可施工。
电梯井建议采用装配式预制构件。

建筑节能设计专篇

1. 设计依据
1.1 《民用建筑热工设计规范》（GB 50176-2016）。
1.2 《浙江省居住建筑节能设计标准》（DB 33/1015-2015）。
1.3 《绿色建筑评价标准》（GB/T 50378-2019）。
1.4 《外墙外保温工程技术标准》（JGJ 144-2019）。
1.5 《建筑节能施工验收规范》（GB 50411-2019）。
1.6 《无机轻集料砂浆保温系统技术规程》（JGJ/T 253-2019）。
1.7 浙江省《绿色建筑设计标准》（DB 33/1092-2016）。

2. 项目概况
2.1 项目名称：浙江xxxx学院学生公寓
2.2 建设单位：浙江xxxx学院
2.3 建设地点：杭州市
2.4 气候分区：夏热冬冷地区
2.5 建筑朝向：南偏西32.69°
2.6 建筑类型：居住建筑
2.7 建筑体形：条式
2.8 体形系数：0.25
2.9 建筑结构类型：框架结构
2.10 节能计算建筑层数：地上：6层
2.11 节能计算建筑面积（地上）：4250.50m^2
2.12 节能计算建筑体积（地上）：13857.93m^3
2.13 建筑表面积：3493.50m^2
2.14 采暖度日数（HDD18）：1647℃·d
2.15 空调度日数（CDD26）：196℃·d

3. 节能设计内容
3.1 屋面传热系数 $K=0.84 W/(m^2·K)$。
3.2 外墙采用"无机轻集料保温砂浆"保温/隔热措施，外墙传热系数 $K=1.17 W/(m^2·K)$。
3.3 分户墙传热系数 $K=1.63 W/(m^2·K)$。
3.4 楼板传热系数 $K=1.58 W/(m^2·K)$。
3.5 户门（通往封闭空间）传热系数 $K=2.50 W/(m^2·K)$。
3.6 户门（通往非封闭空间或户外）传热系数 $K=2.00 W/(m^2·K)$。
3.7 外窗：
(1) 外窗（东）采用"断热铝合金窗框（6mm中透光Low-E+12A+6mm透明）"窗，平均窗墙面积比 $C_M=0.13$，传热系数 $K=2.40 W/(m^2·K)$，遮阳系数SC（夏/冬）：0.38/0.38。
(2) 外窗（南）采用"断热铝合金窗框（6mm中透光Low-E+12A+6mm透明）"阳台门，平均窗墙面积比 $C_M=0.44$，传热系数 $K=2.40 W/(m^2·K)$，遮阳系数SC（夏/冬）：0.28/0.28。
(3) 外窗（西）采用"断热铝合金窗框（6mm中透光Low-E+12A+6mm透明）"窗，平均窗墙面积比 $C_M=0.26$，传热系数 $K=2.40 W/(m^2·K)$，遮阳系数SC（夏/冬）：0.38/0.38。
(4) 外窗（北）采用"断热铝合金窗框（6mm中透光Low-E+12A+6mm透明）"阳台门，平均窗墙面积比 $C_M=0.39$，传热系数 $K=2.40 W/(m^2·K)$，遮阳系数SC（夏/冬）：0.31/0.31。
(5) 外窗可通风开口面积（含阳台门面积）>外窗所在房间地面面积的5%。

4. 建筑节能设计消防有关指标参数
4.1 屋顶采用"泡沫玻璃板"保温/隔热措施，燃烧性能：A级。
4.2 外墙采用"无机轻集料保温砂浆"保温/隔热措施，燃烧性能：A级。

5. 浙江省居住建筑节能设计表

工程号	工程名称	建筑类型	气候区	节能计算总建筑面积
I-18-087	浙江XXXX学院学生公寓	居住建筑	北区	4250.50m^2
建筑外表面积F_0	3493.50m^2	建筑体积（地上）V_0	13857.93m^3	体形系数$S=F_0/V_0$ 0.25 S限值 0.45

围护结构各部分传热系数 $K/[W/(m^2·K)]$ 及热惰性指标 D		
部位	设计建筑	限值
屋顶	0.84（D=3.10）	D≤2.5 K≤0.6 / 2.5<D≤3.0 K≤0.7 / D>3.0 K≤0.8
外墙	1.17（D=4.57）	D≤2.5 K≤1.0 / 2.5<D≤3.0 K≤1.2 / D>3.0 K≤1.5
分户墙	1.63	K≤2.0
楼板	1.58	K≤1.8（下部为户外或室内相通的空间）/ K≤2.0（下部为土壤或密闭的空间）
凸窗不透明上、下、侧板	—	同外墙
架空或外挑楼板	—	K≤1.5
户门（通往封闭空间）	2.00	K≤2.5
户门（通往非封闭空间或户外）	2.00	K≤2.0

其他围护结构						
外窗	朝向	窗墙面积比限值	传热系数K限值 [W/(m²·K)]	综合遮阳系数	窗墙面积比	传热系数K	综合遮阳系数	型材及玻璃选型
	南	0.45	2.10	夏季≤0.40	0.44	2.40	0.28	断桥铝型材 / 框窗比25% / 6mm中透光Low-E+12A+6mm透明
	北	0.40	2.20	—	0.39	2.40	0.31	
	东	0.20	2.16	夏季≤0.45	0.13	2.40	0.38	
	西	0.20	2.40	夏季≤0.45	0.26	2.40	0.38	
气密性指标	6层以下4级 / 7层及7层以上6级		6级			
外窗（包括阳台门）可通风开口面积的测地M	>5%（北区）		>5%			

6. 结论
6.1 单位面积空调、采暖年耗电量（kW·h/m^2）：参照建筑物：42.03，设计建筑物：41.69。
6.2 结论：部分规定性指标未满足规范限值要求，经建筑围护结构热工性能的综合判断，该建筑节能设计已经达到了《浙江省居住建筑节能设计标准》（DB 33/1015-2015）的节能要求。

7. 其他
7.1 本工程所采用的保温材料——无机轻集料保温砂浆，对应于《无机轻集料保温砂浆及系统技术规程》（DB 33/T1054-2016）的无机轻集料保温砂浆。
7.2 建设及施工单位应严格按图纸及相应规范要求施工，以实现规范所规定的节能要求。
7.3 所用外门窗必须由具备相应设计、制作、安装资质的专业单位承接，中空玻璃必须由专业厂家生产，各项参数符合上述节能指标要求。
7.4 门节能做法参见《建筑节能门窗》（一）（06J607-1）。
7.5 所用产品必须经省级以上相关部门鉴定，并有鉴定书、质保单、使用说明、物理指标、合格证及当地建筑管理机构登记的意见书。

8. 各部分节点做法
8.1 本工程设计节点做法对节能构造表达不全或未表达时均按以下节点做法施工。
8.2 本图节能构造为通用节点做法，本施工图未表达节能构造及技术要求参见《外墙外保温构造详图（一）无机轻集料聚合物保温砂浆系统》（2009浙J54）、《无机轻集料保温砂浆及系统技术规程》（DB 33/T1054-2016）。

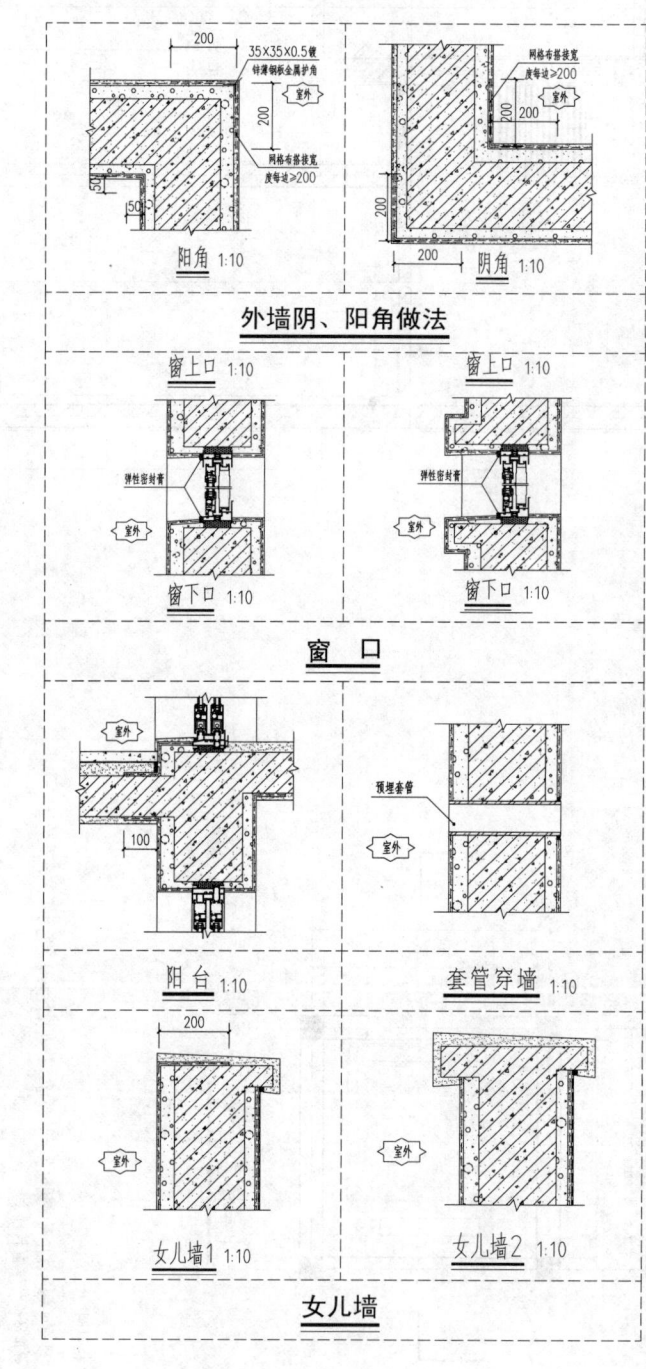

外墙阴、阳角做法

窗口

阳台 1:10

套管穿墙

女儿墙

附录C 单层建筑物建筑施工图

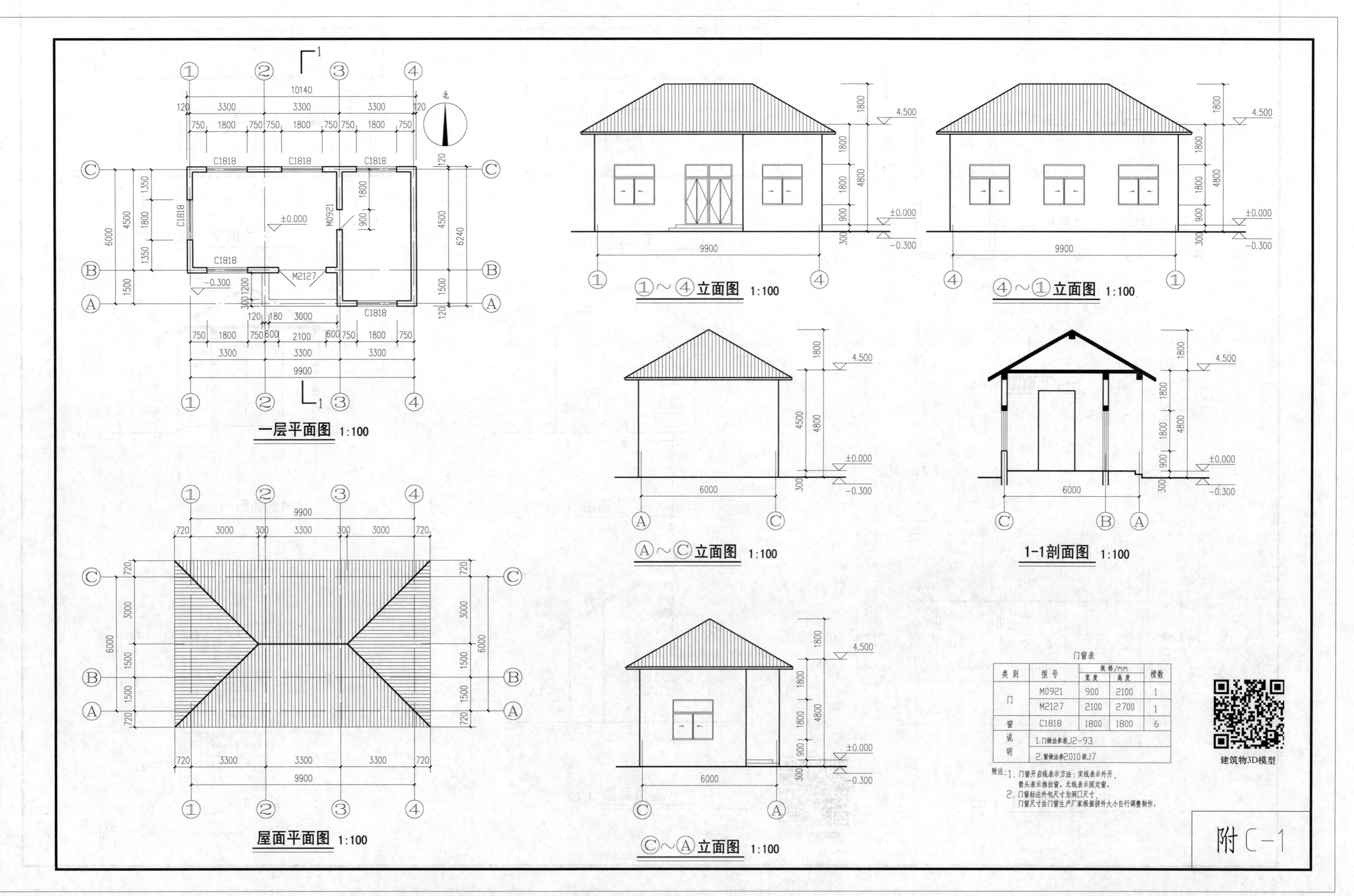

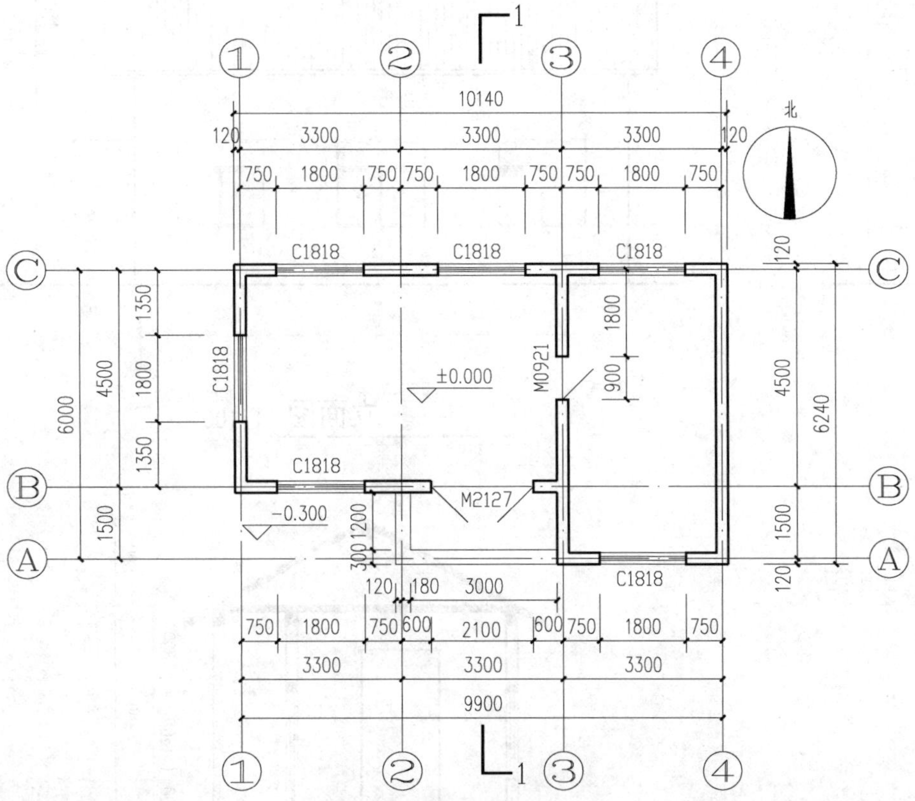

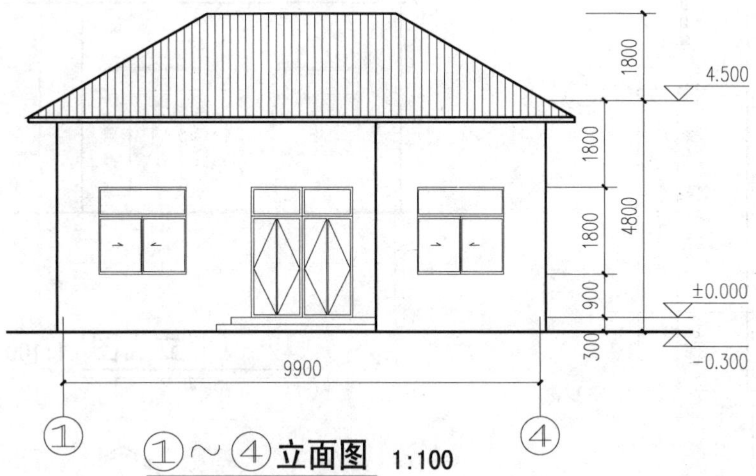

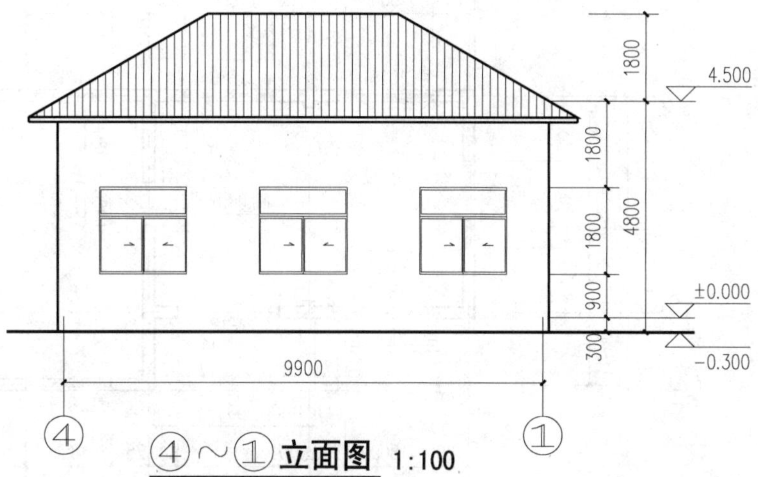

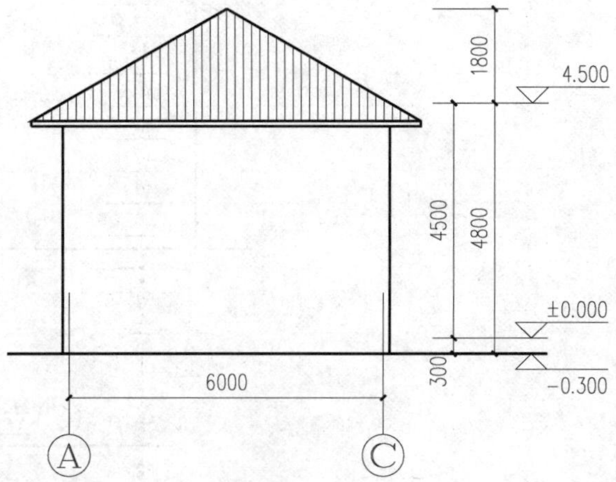

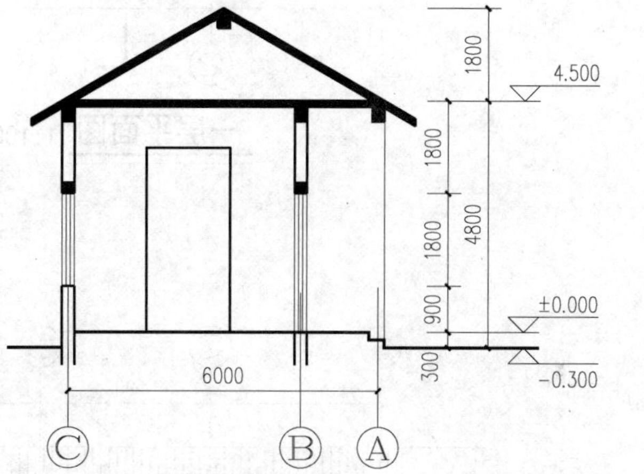

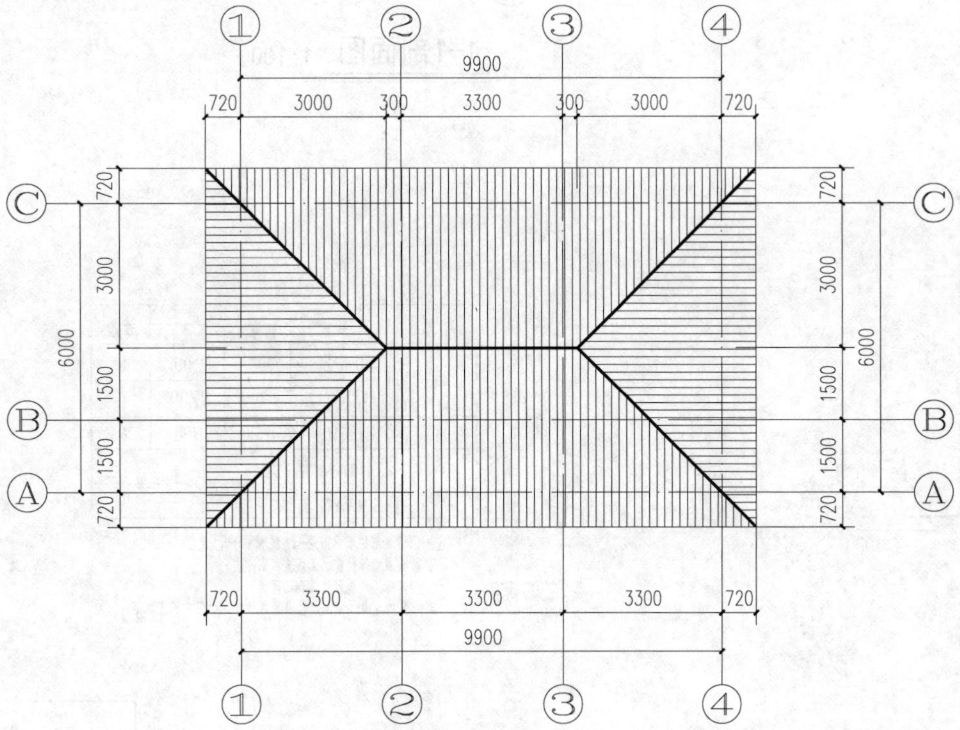

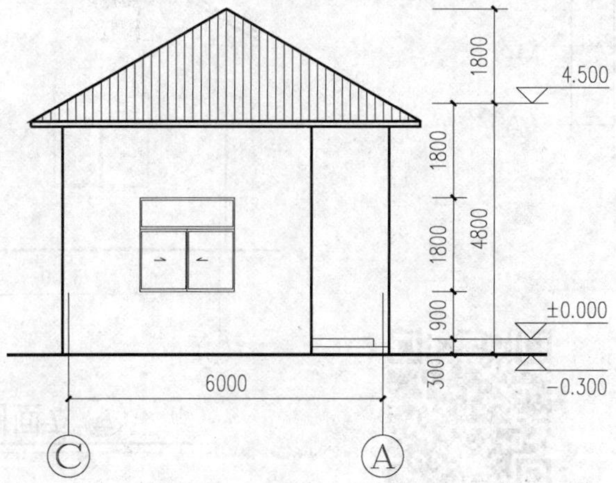

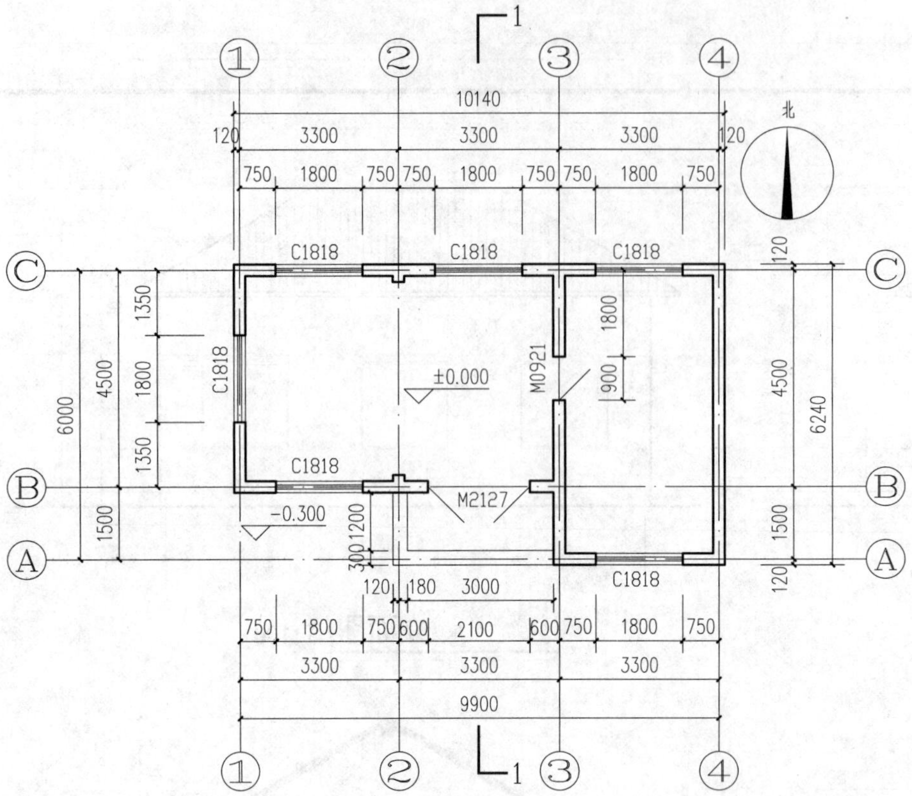

一层平面图 1:100

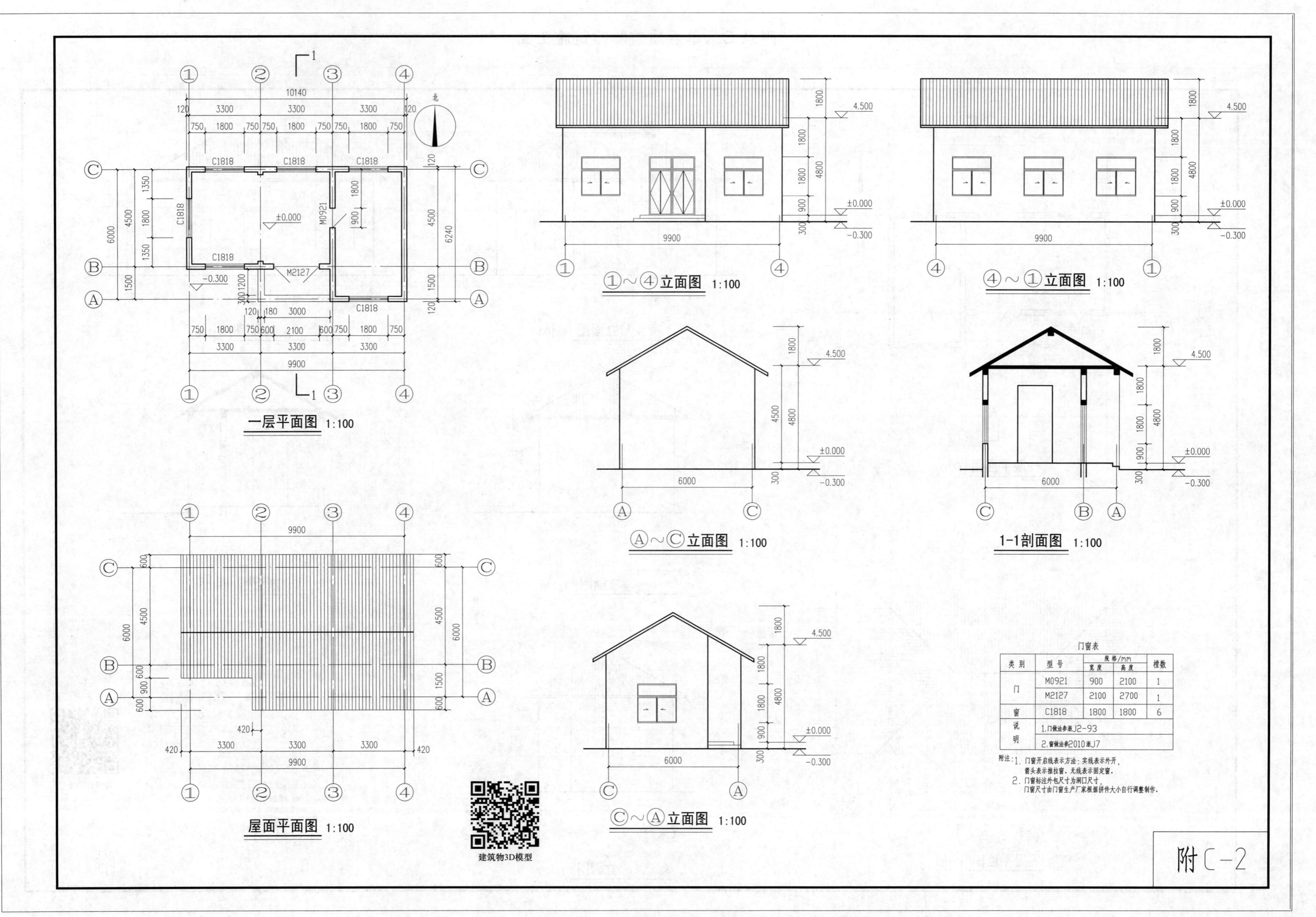

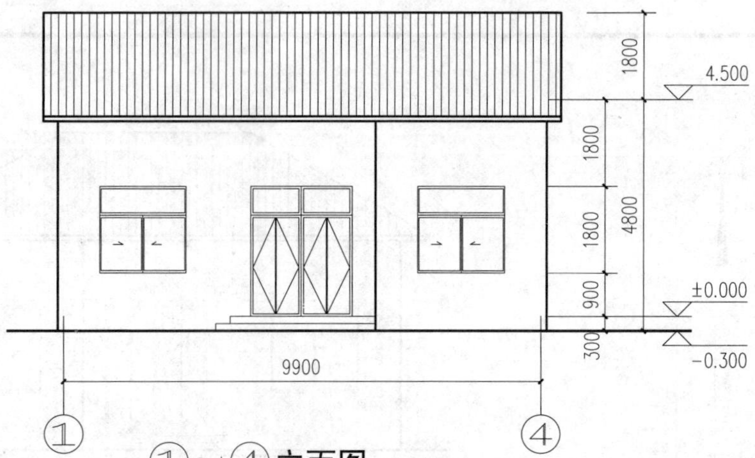

①~④立面图 1:100

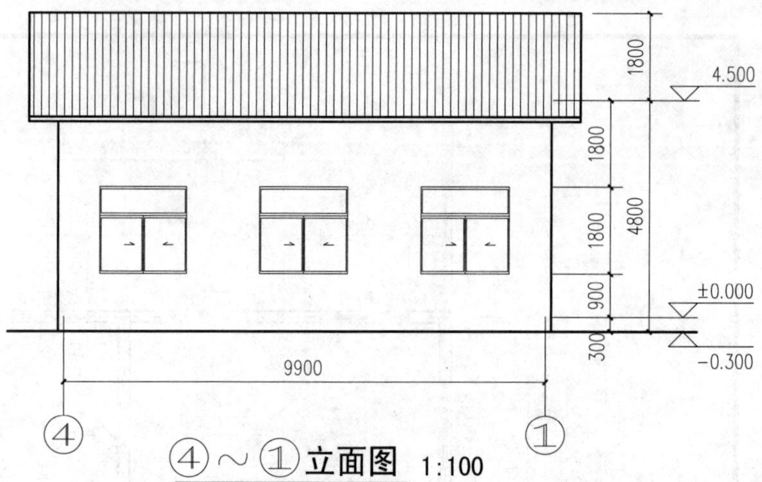

④~①立面图 1:100

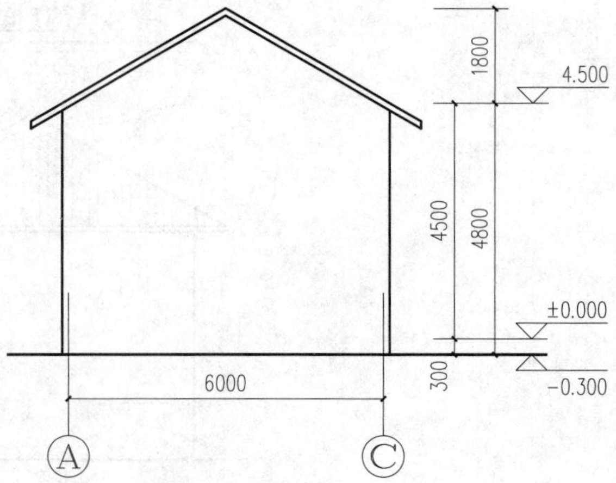

Ⓐ~Ⓒ立面图 1:100

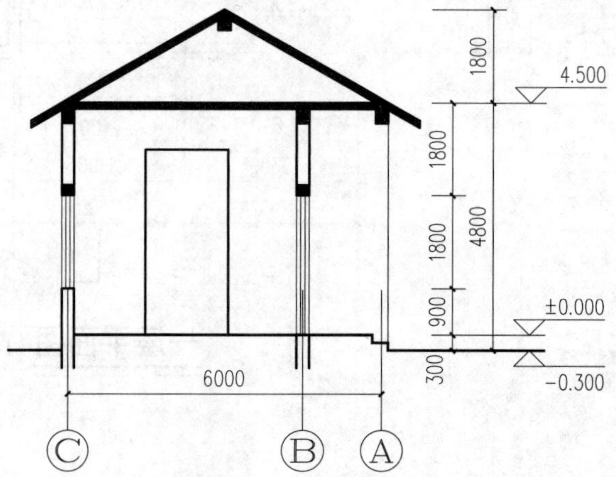

1-1剖面图 1:100

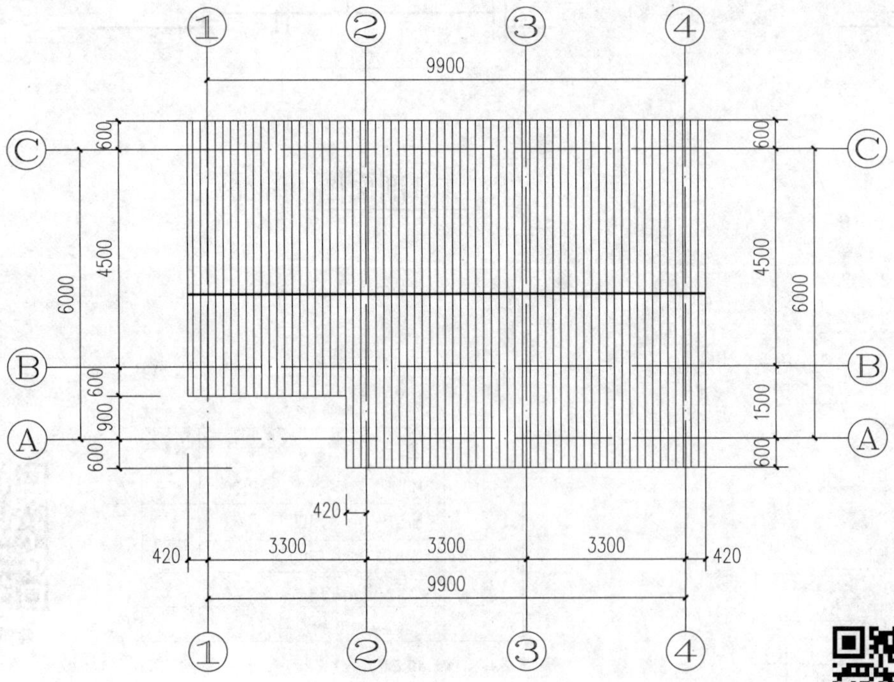

屋面平面图 1:100

建筑物3D模型

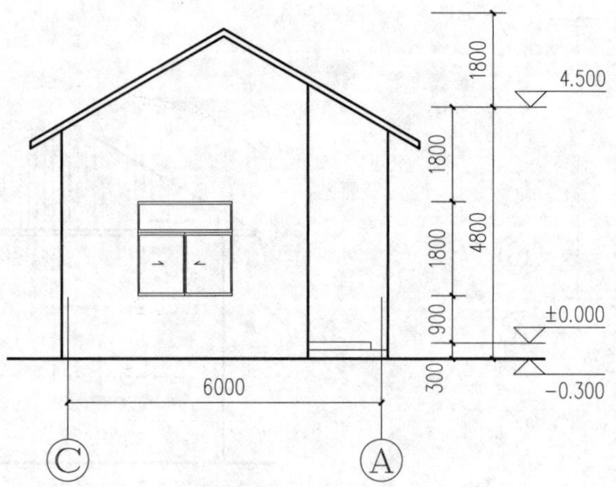

Ⓒ~Ⓐ立面图 1:100

门窗表

类别	型号	规格/mm		樘数
		宽度	高度	
门	M0921	900	2100	1
	M2127	2100	2700	1
窗	C1818	1800	1800	6
说明	1.门做法参照J2-93			
	2.窗做法参照2010苏J7			

附注：
1. 门窗开启线表示方法：实线表示外开，箭头表示推拉窗，无线表示固定窗。
2. 门窗标注外包尺寸为洞口尺寸，门窗尺寸由门窗生产厂家根据拼件大小自行调整制作。

附C-2

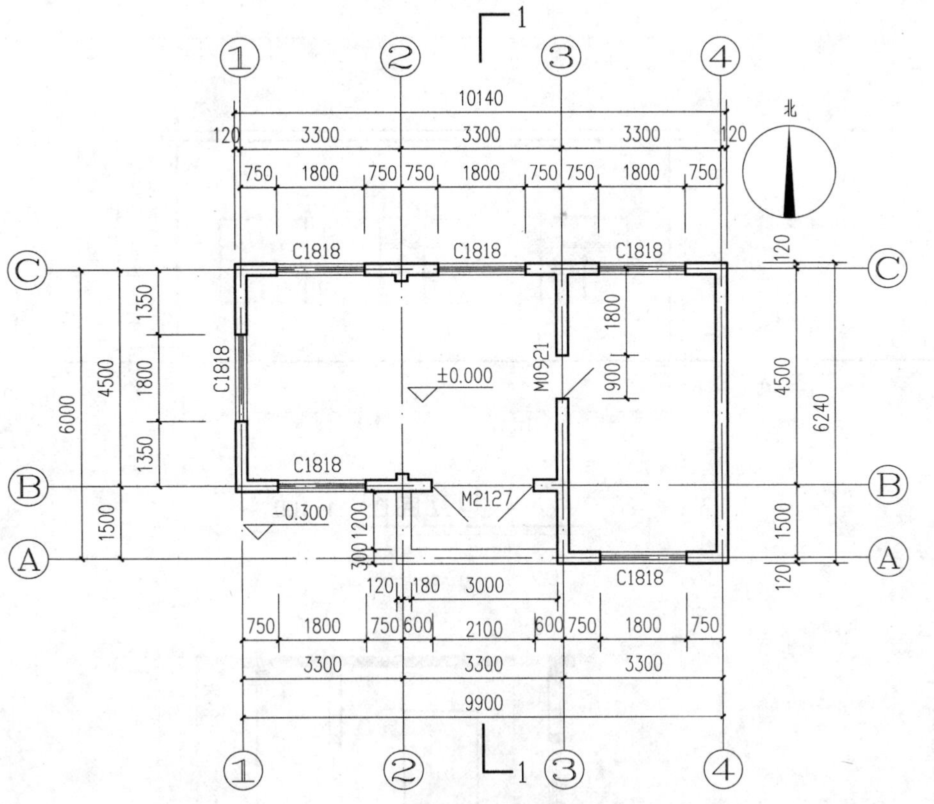

一层平面图 1:100

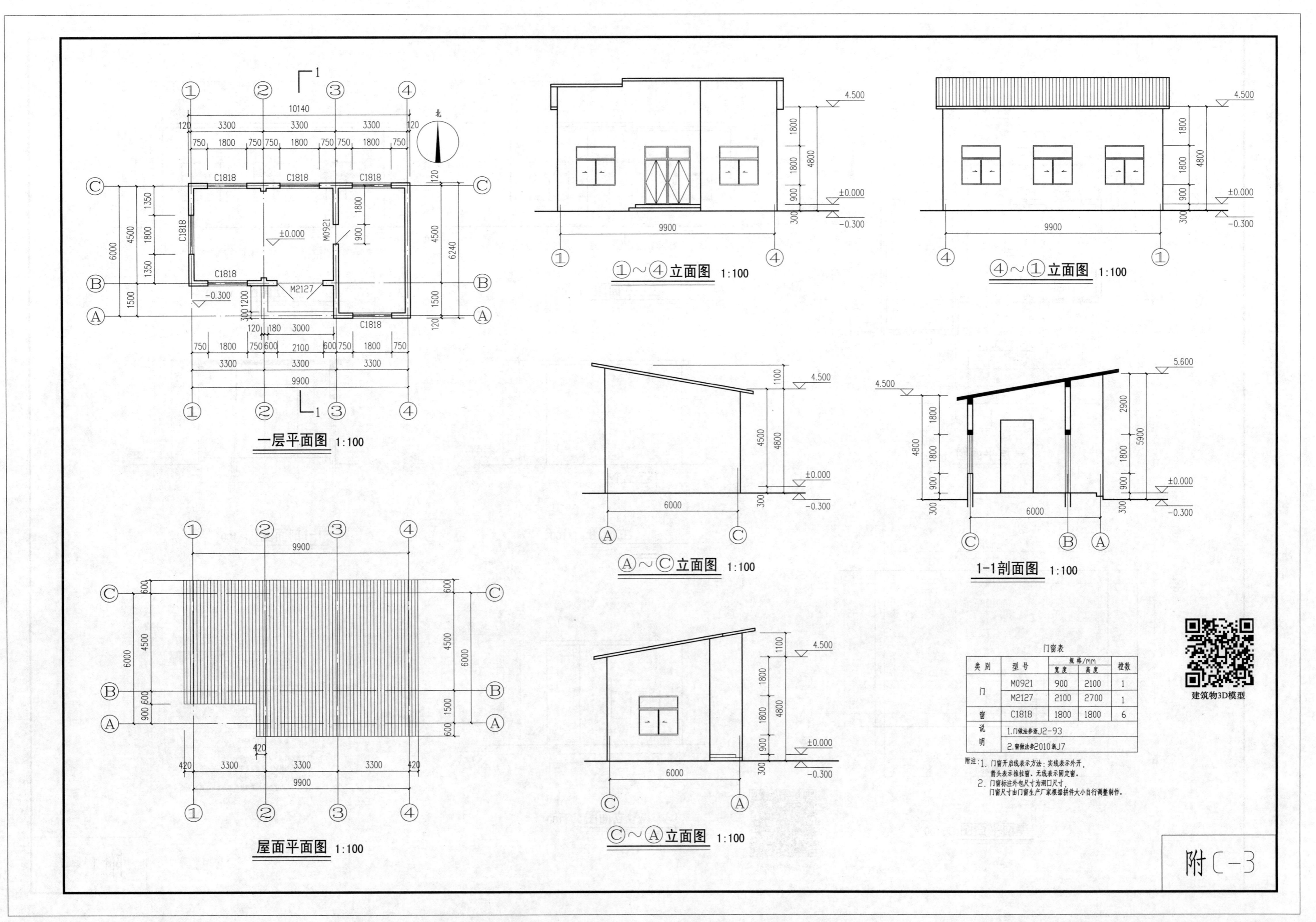

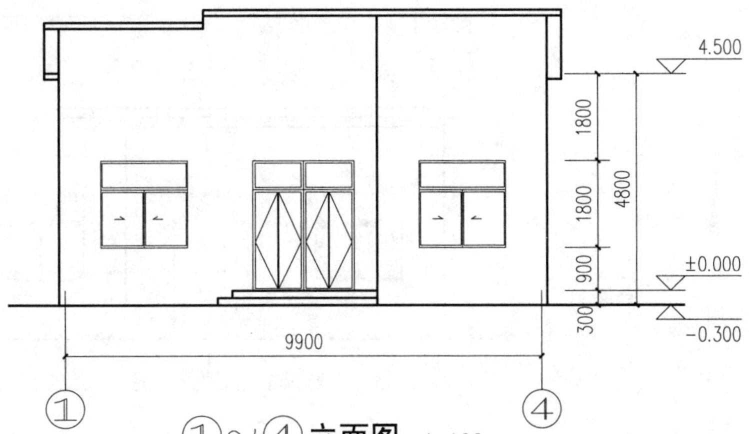

①～④立面图 1:100

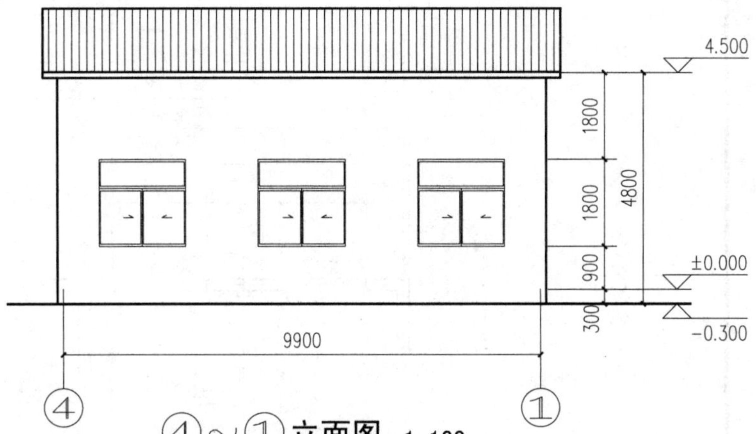

④～①立面图 1:100

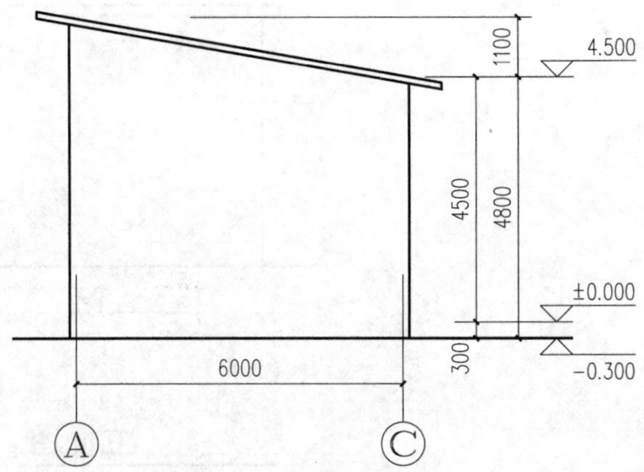

Ⓐ～Ⓒ立面图 1:100

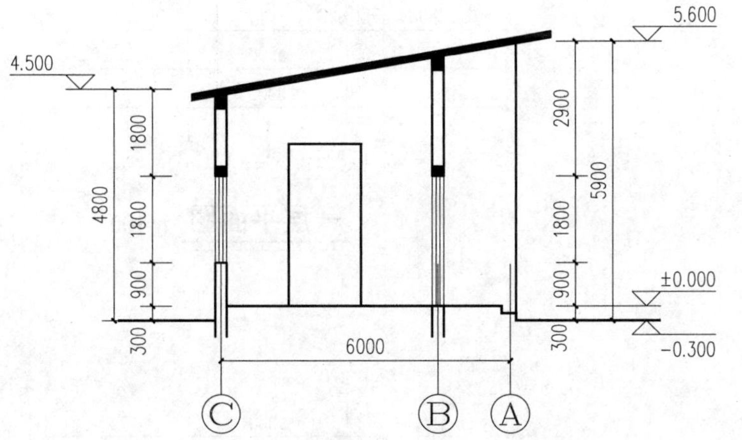

1-1剖面图 1:100

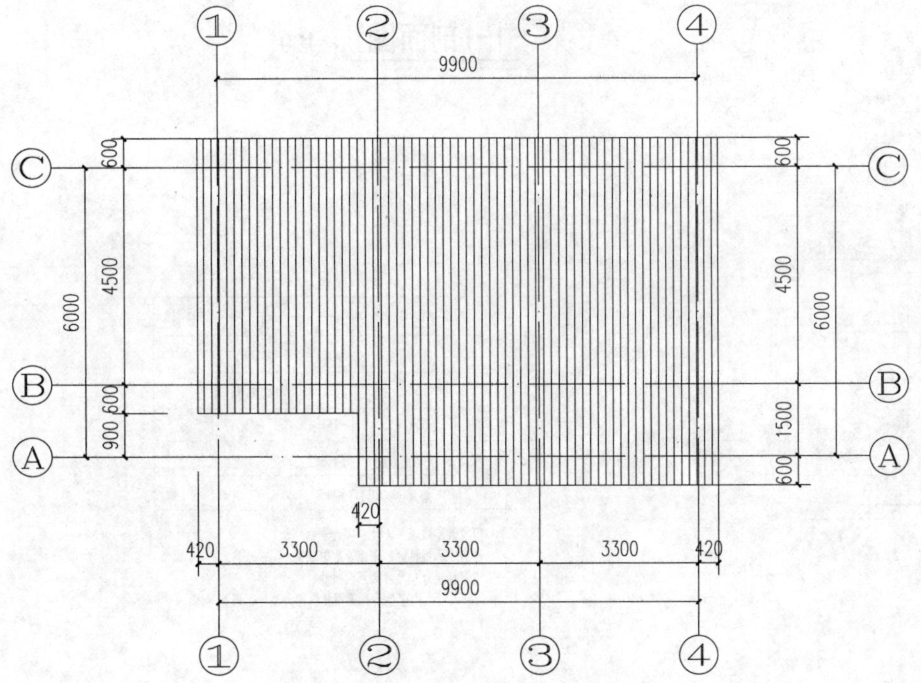

屋面平面图 1:100

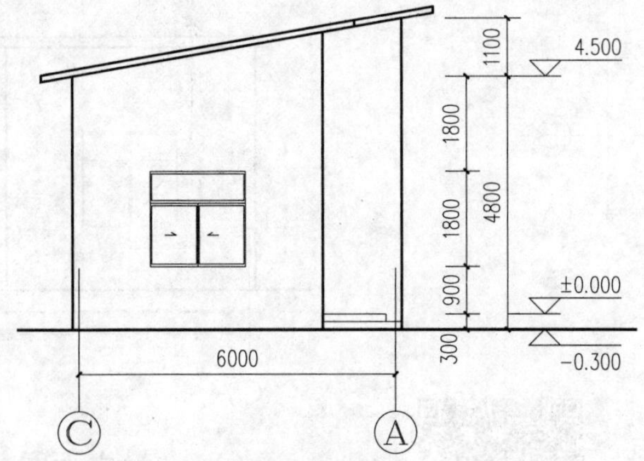

Ⓒ～Ⓐ立面图 1:100

门窗表

类别	型号	规格/mm		樘数
		宽度	高度	
门	M0921	900	2100	1
	M2127	2100	2700	1
窗	C1818	1800	1800	6
说明	1.门做法参家J2-93 2.窗做法参2010浙J7			

附注：
1. 门窗开启线表示方法：实线表示外开，箭头表示推拉窗，无线表示固定窗。
2. 门窗标注外包尺寸为洞口尺寸。门窗尺寸由门窗生产厂家根据拼件大小自行调整制作。

建筑物3D模型

附C-3

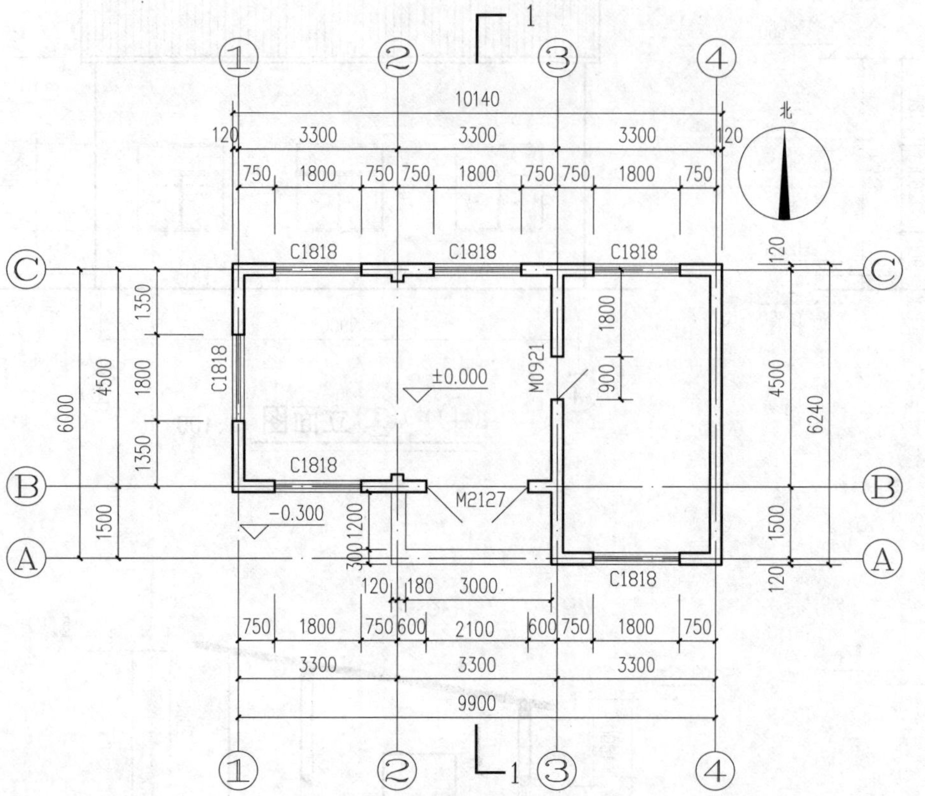

一层平面图 1:100

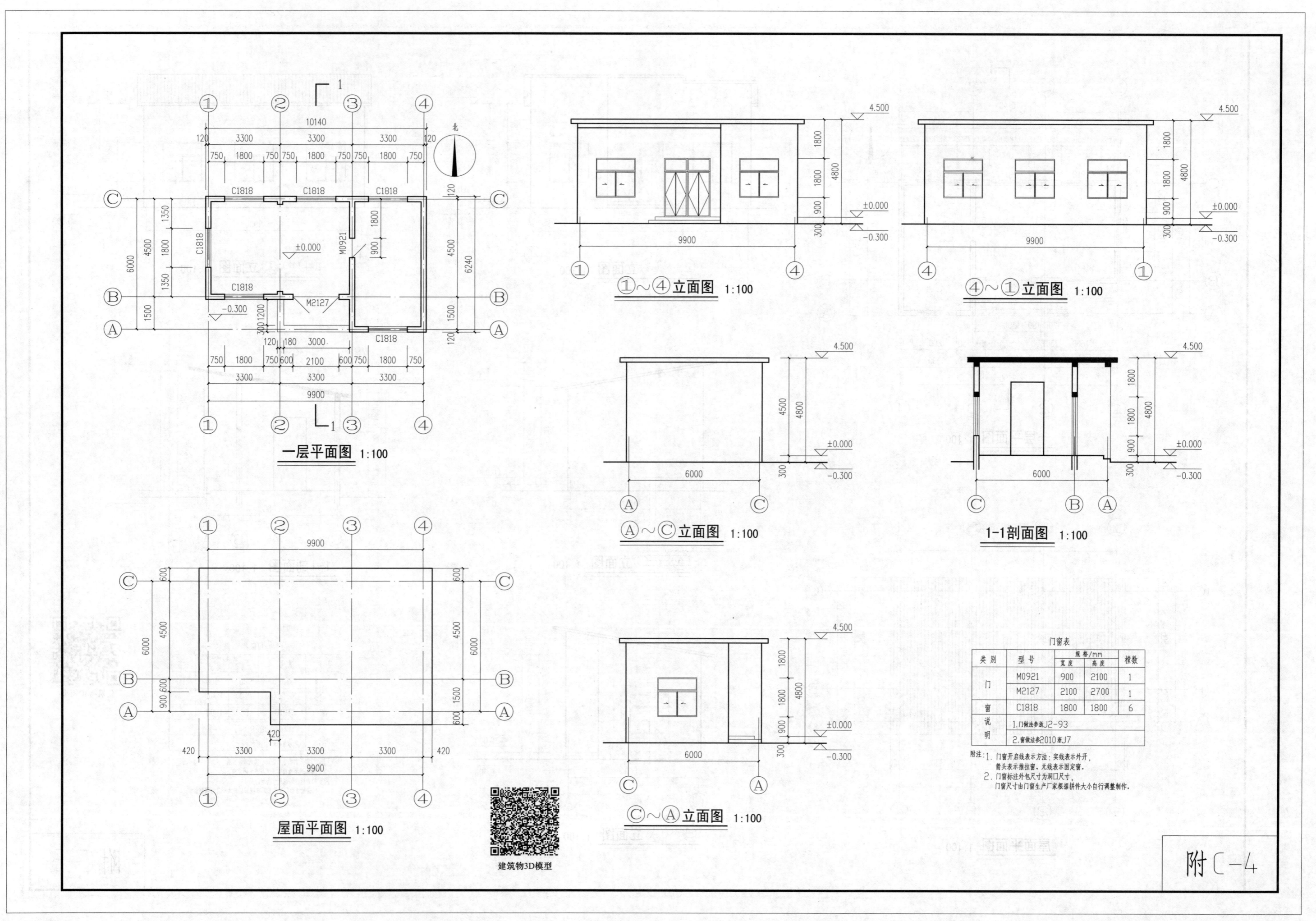

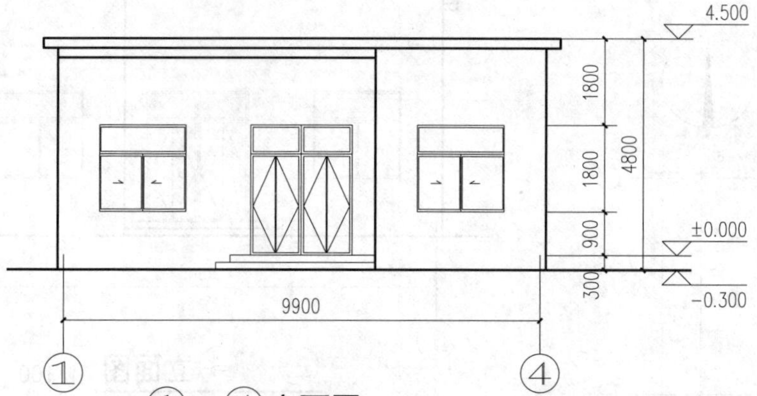

屋面平面图 1:100

①～④立面图 1:100

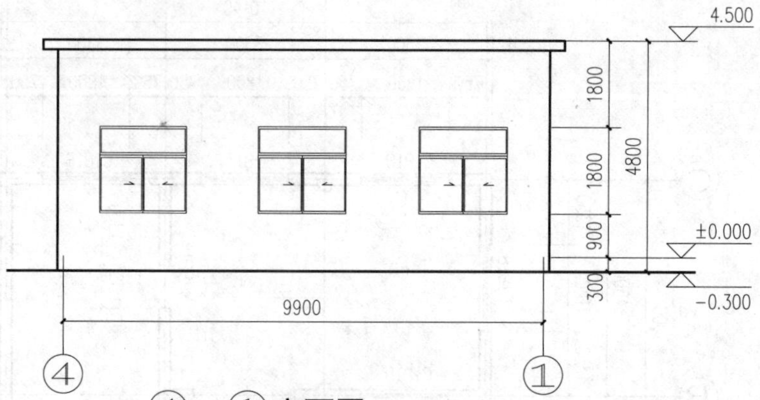

④～①立面图 1:100

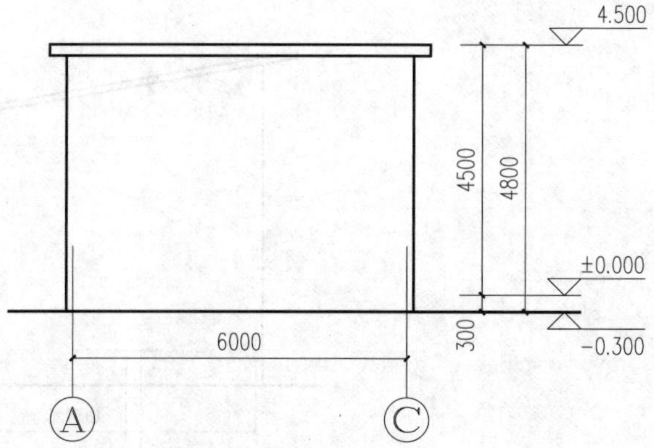

Ⓐ～Ⓒ立面图 1:100

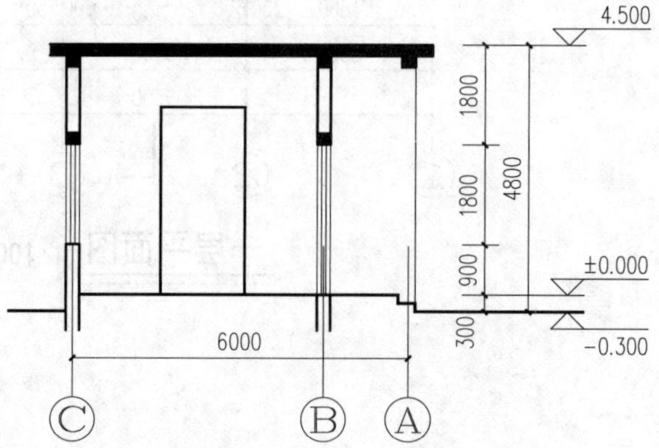

Ⓒ～Ⓐ立面图 1:100

1-1剖面图 1:100

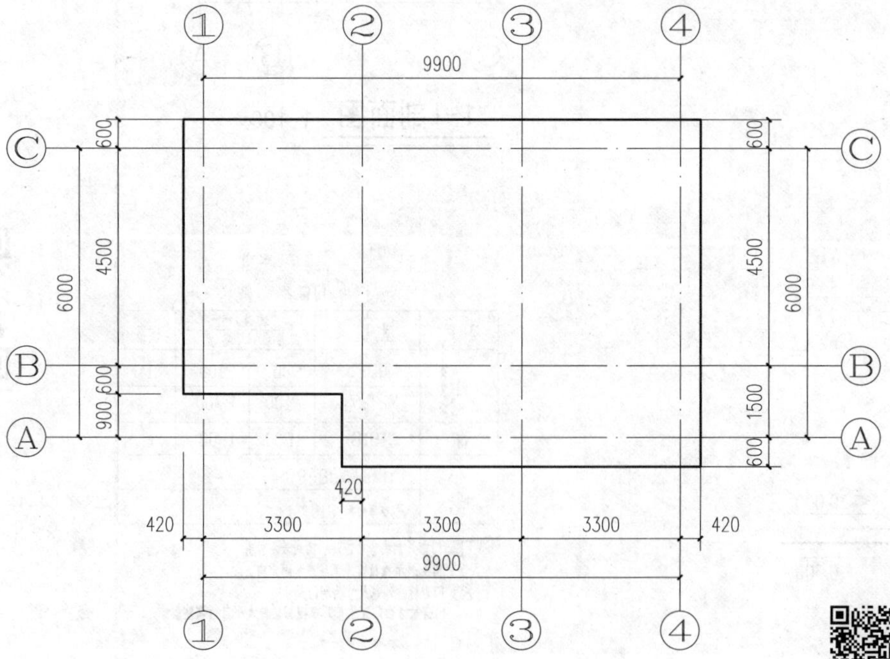

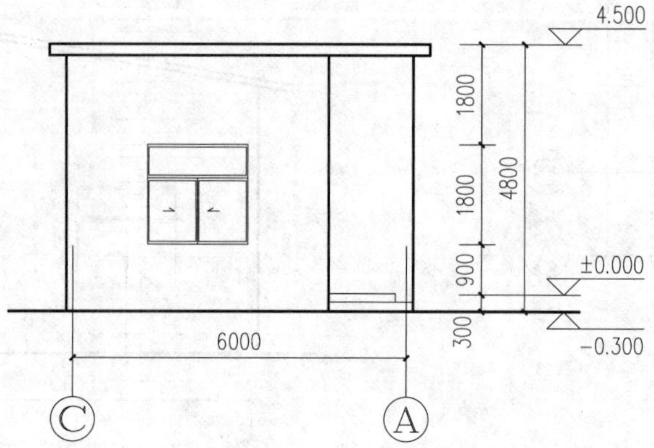

门窗表

类别	型号	规格/mm 宽度	高度	樘数
门	M0921	900	2100	1
门	M2127	2100	2700	1
窗	C1818	1800	1800	6
说明	1.门做法参苏J2-93			
	2.窗做法参2010苏J7			

附注：1. 门窗开启线表示方法：实线表示外开，
箭头表示推拉窗、无线表示固定窗。
2. 门窗标注外包尺寸为洞口尺寸，
门窗尺寸由门窗生产厂家根据拼件大小自行调整制作。

建筑物3D模型

附C-4

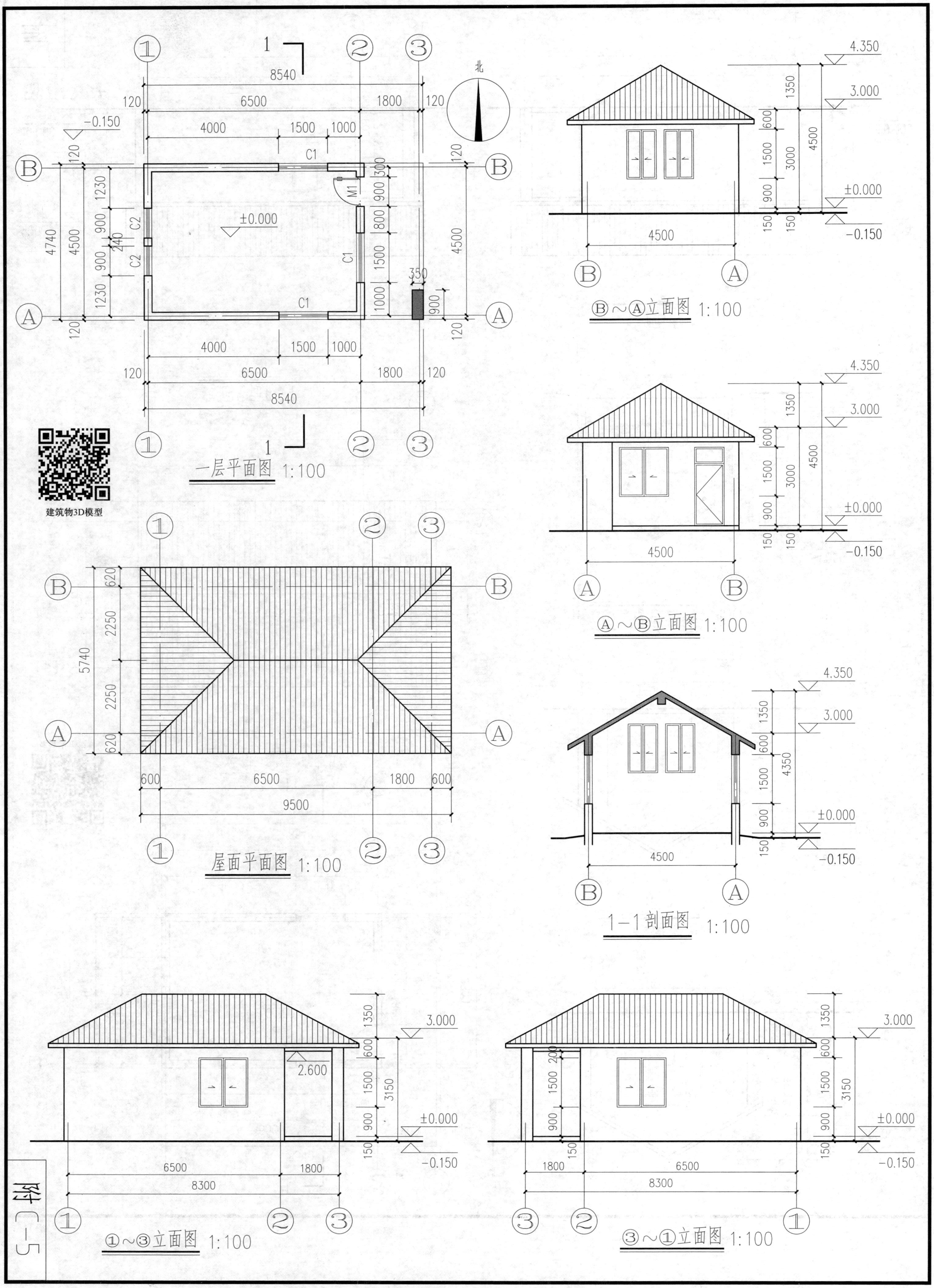

附C-5

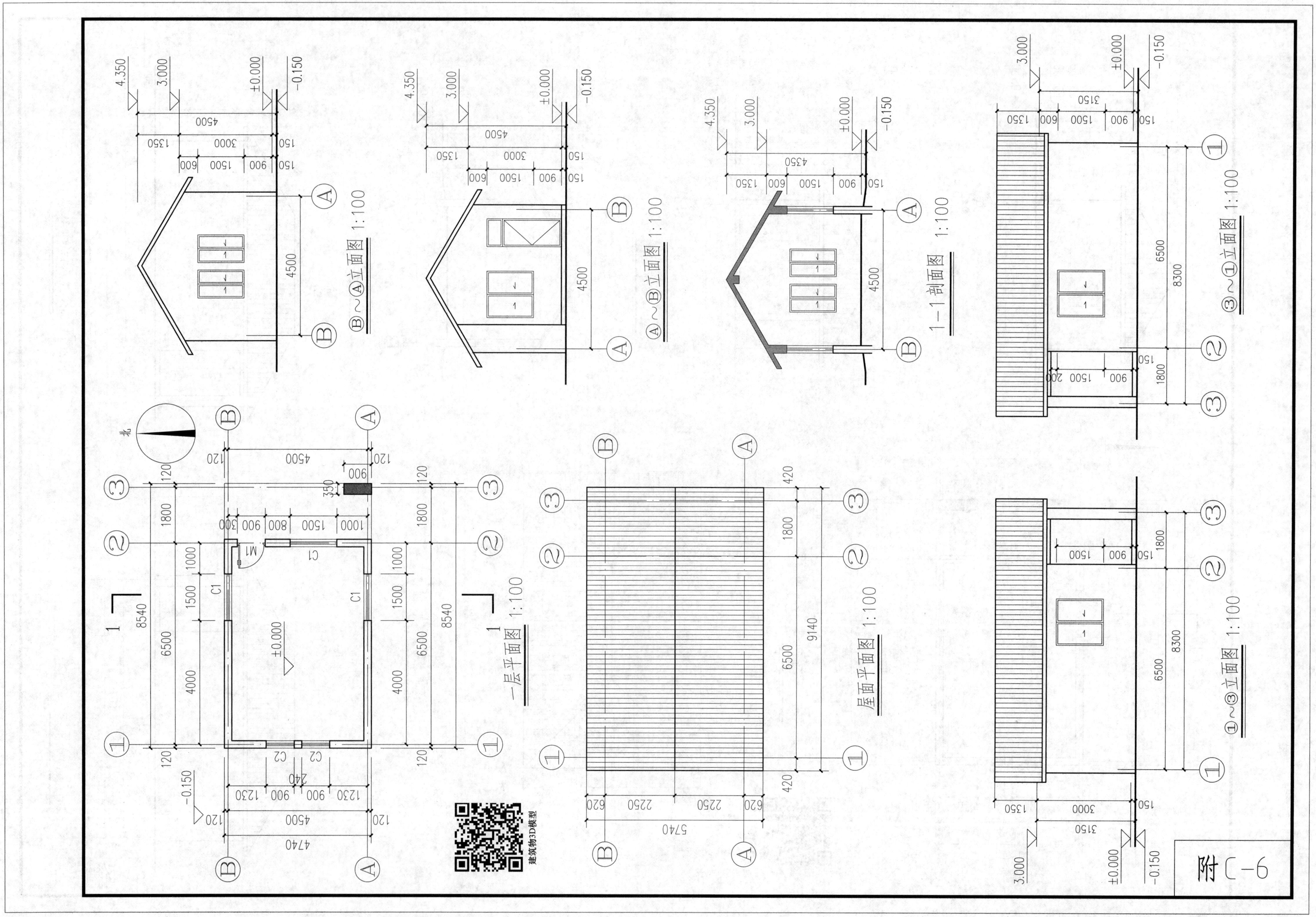

附C-6

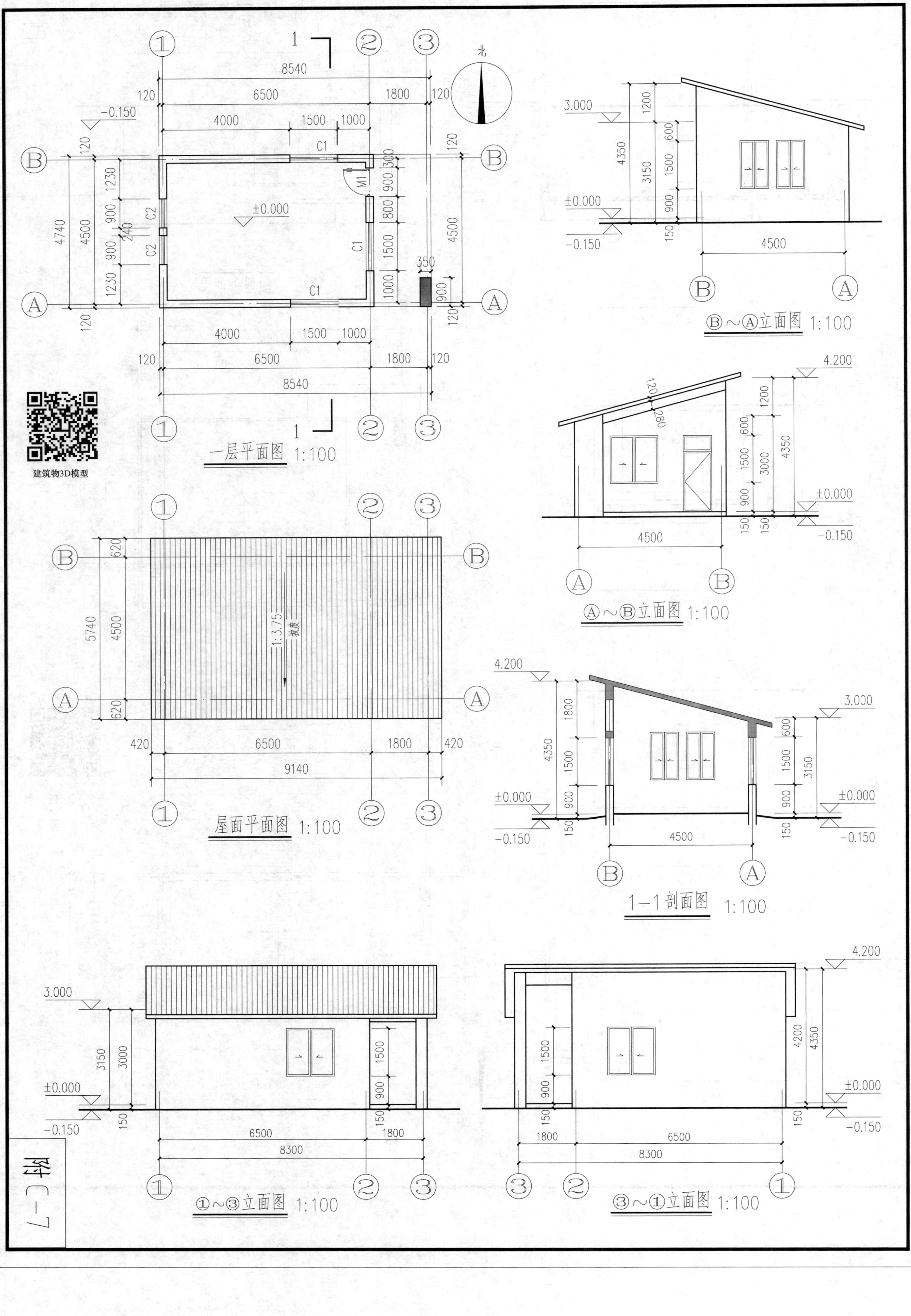
一层平面图 1:100
屋面平面图 1:100
Ⓑ～Ⓐ立面图 1:100
Ⓐ～Ⓑ立面图 1:100
1—1剖面图 1:100
①～③立面图 1:100
③～①立面图 1:100
建筑物3D模型
北
附C-7

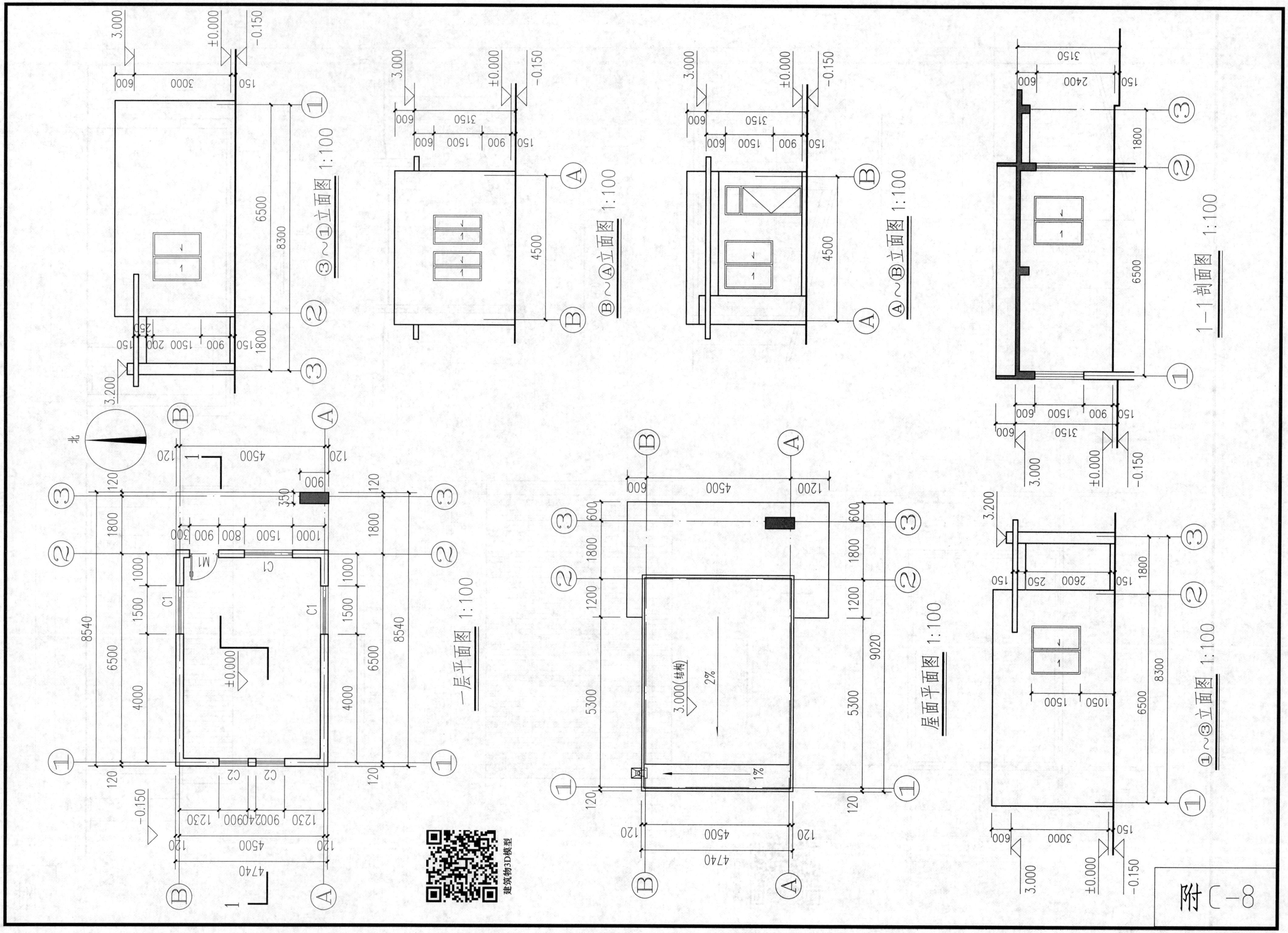

③～①立面图 1:100
Ⓑ～Ⓐ立面图 1:100
Ⓐ～Ⓑ立面图 1:100
1-1剖面图 1:100
一层平面图 1:100
屋面平面图 1:100
①～③立面图 1:100
建筑物3D模型
附C-8

附录 D 墙身大样及绘图步骤

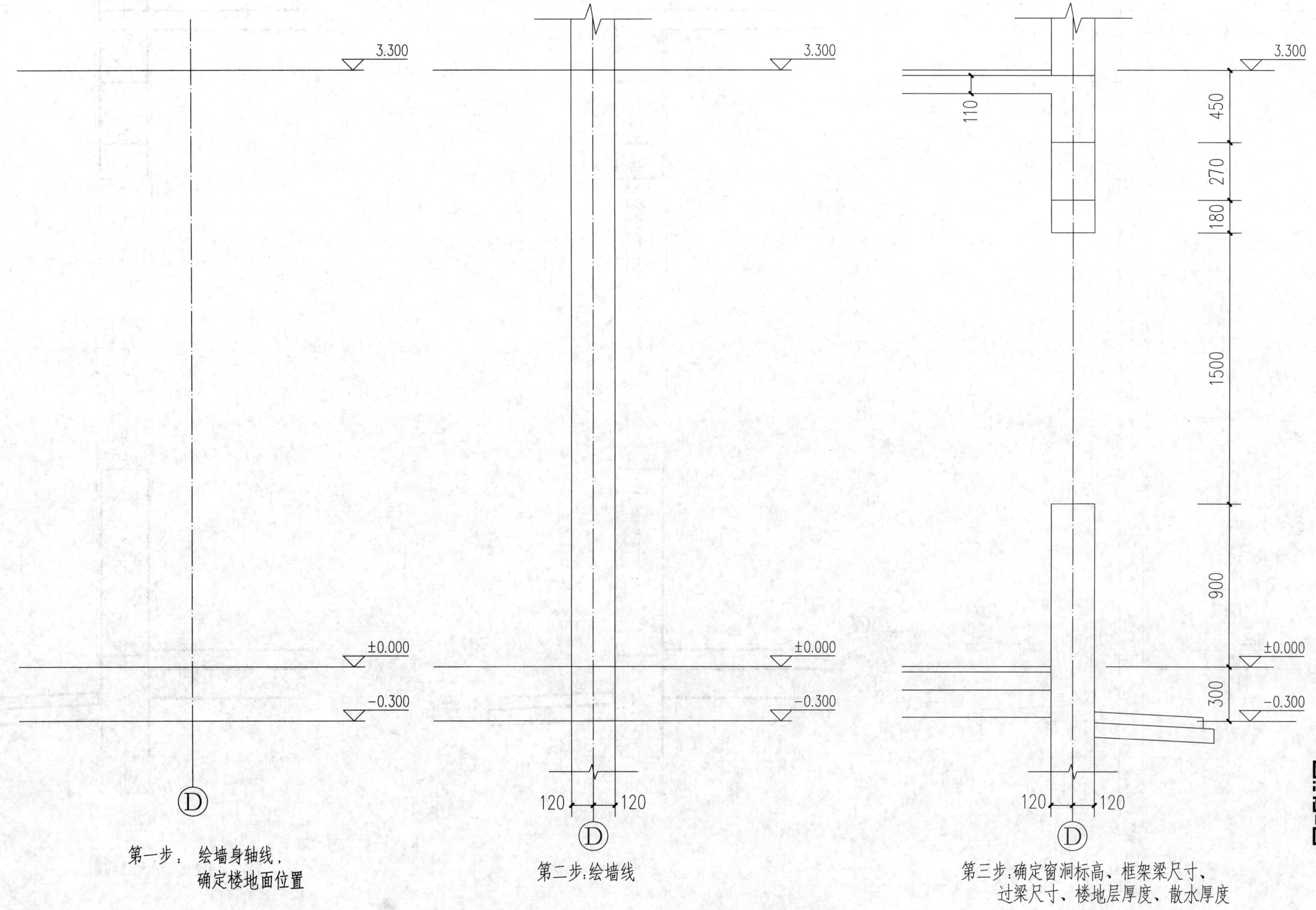

第一步：绘墙身轴线，确定楼地面位置

第二步：绘墙线

第三步：确定窗洞标高、框架梁尺寸、过梁尺寸、楼地层厚度、散水厚度

附 D-1 绘制墙身大样

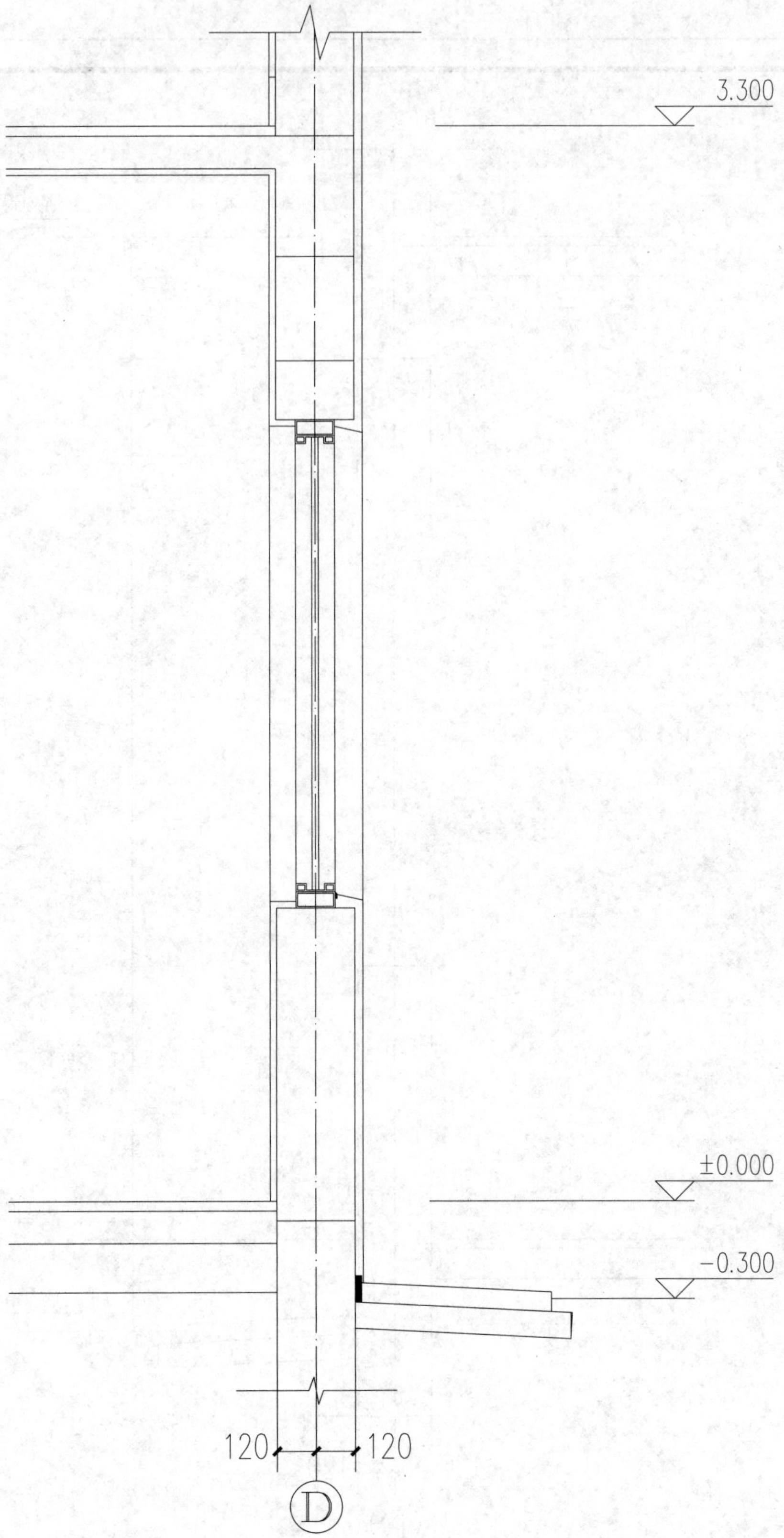

第四步：绘窗框、玻璃、粉刷线 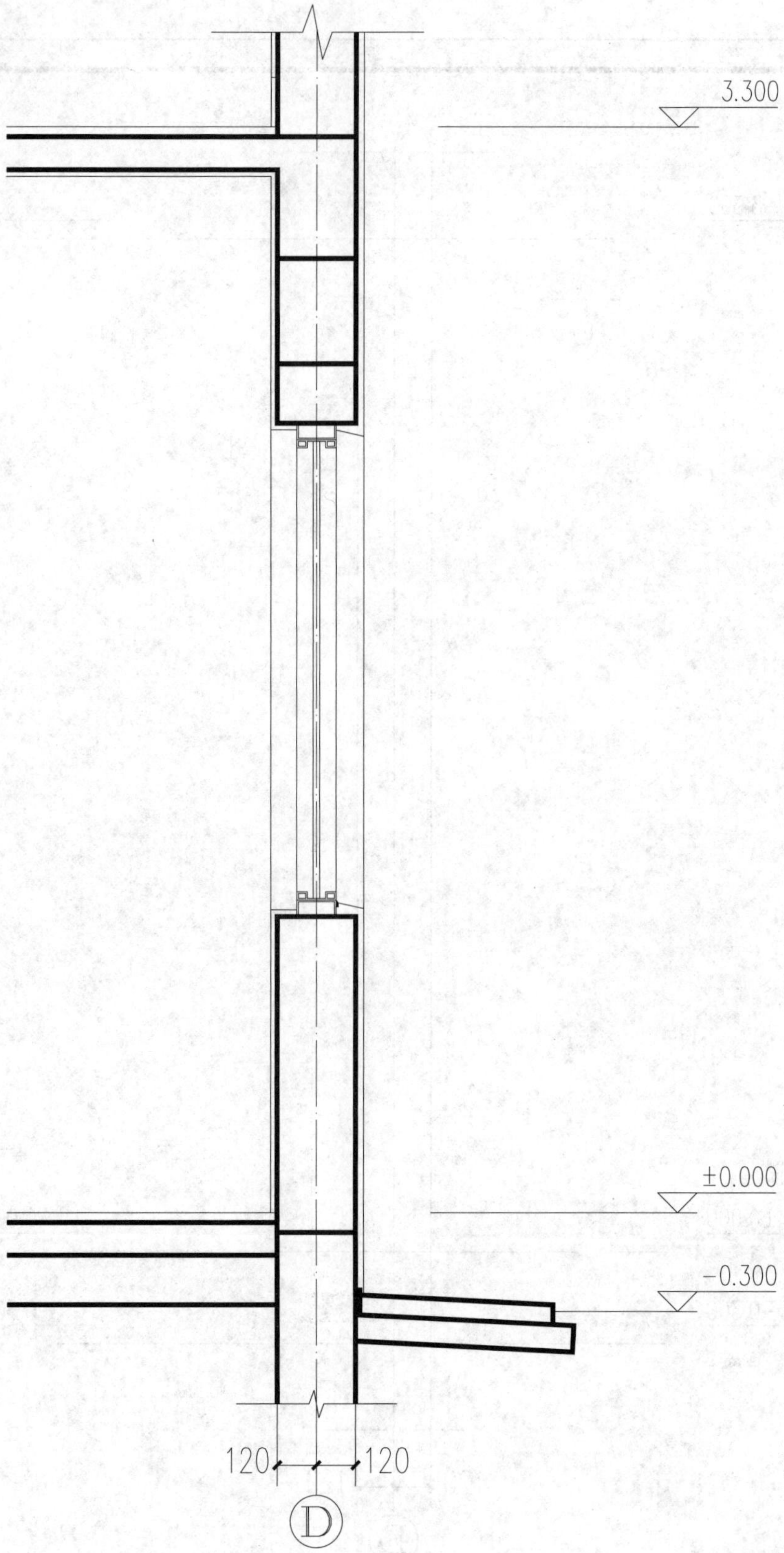　　　　　　　第五步：加粗加深各线型 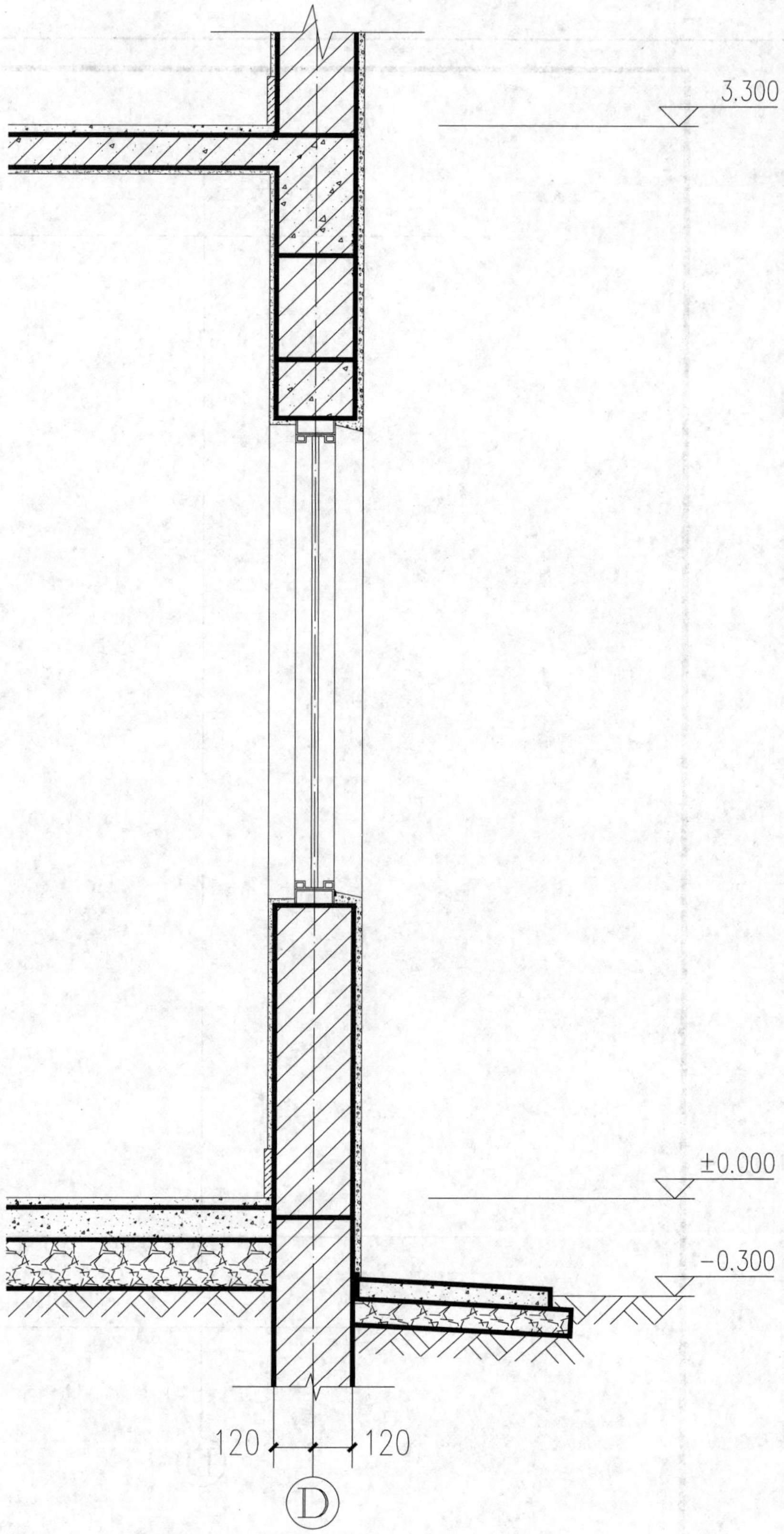　　　　　　　第六步：填充材料图例

附D-2　绘制墙身大样

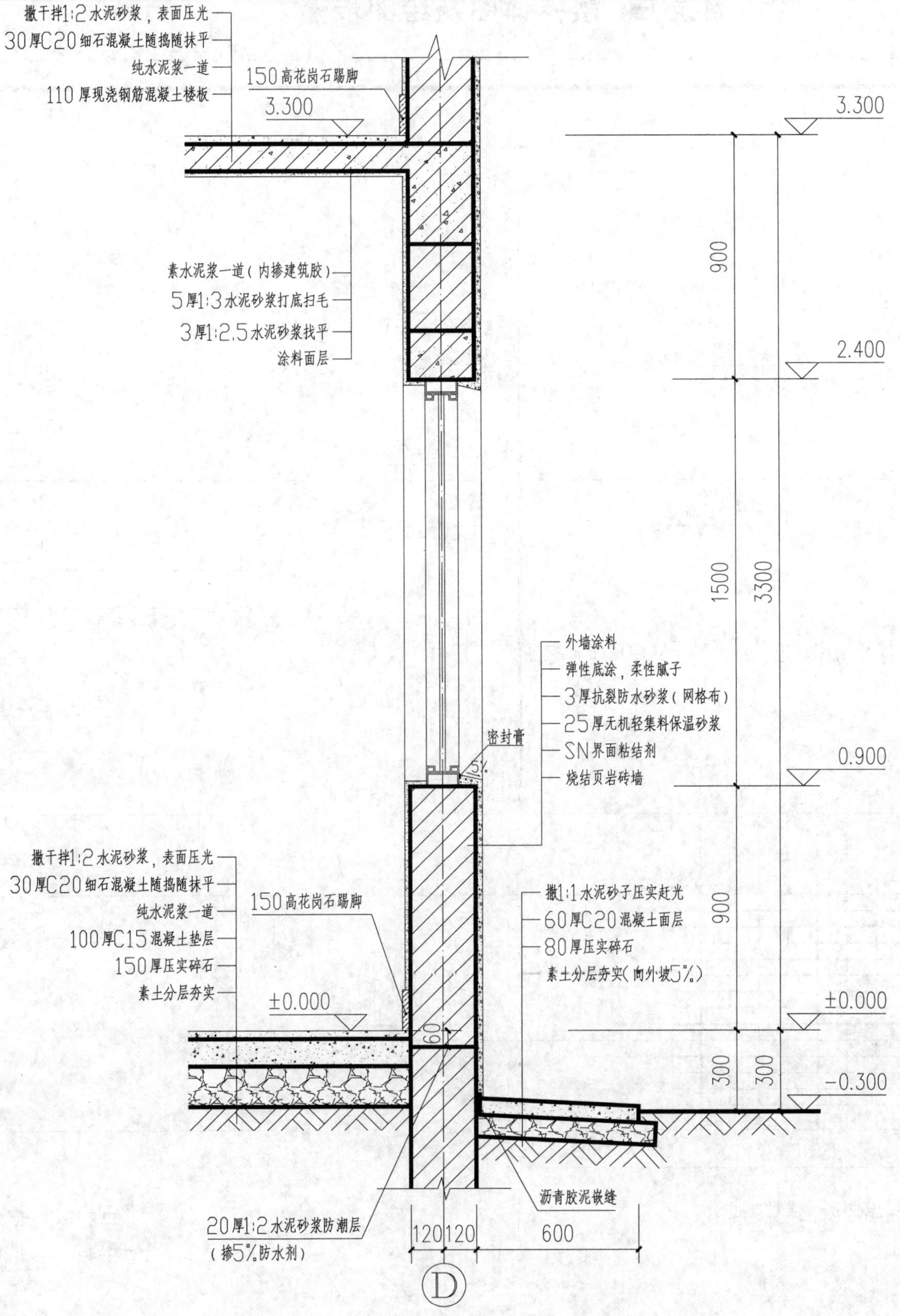

墙身详图 1:20

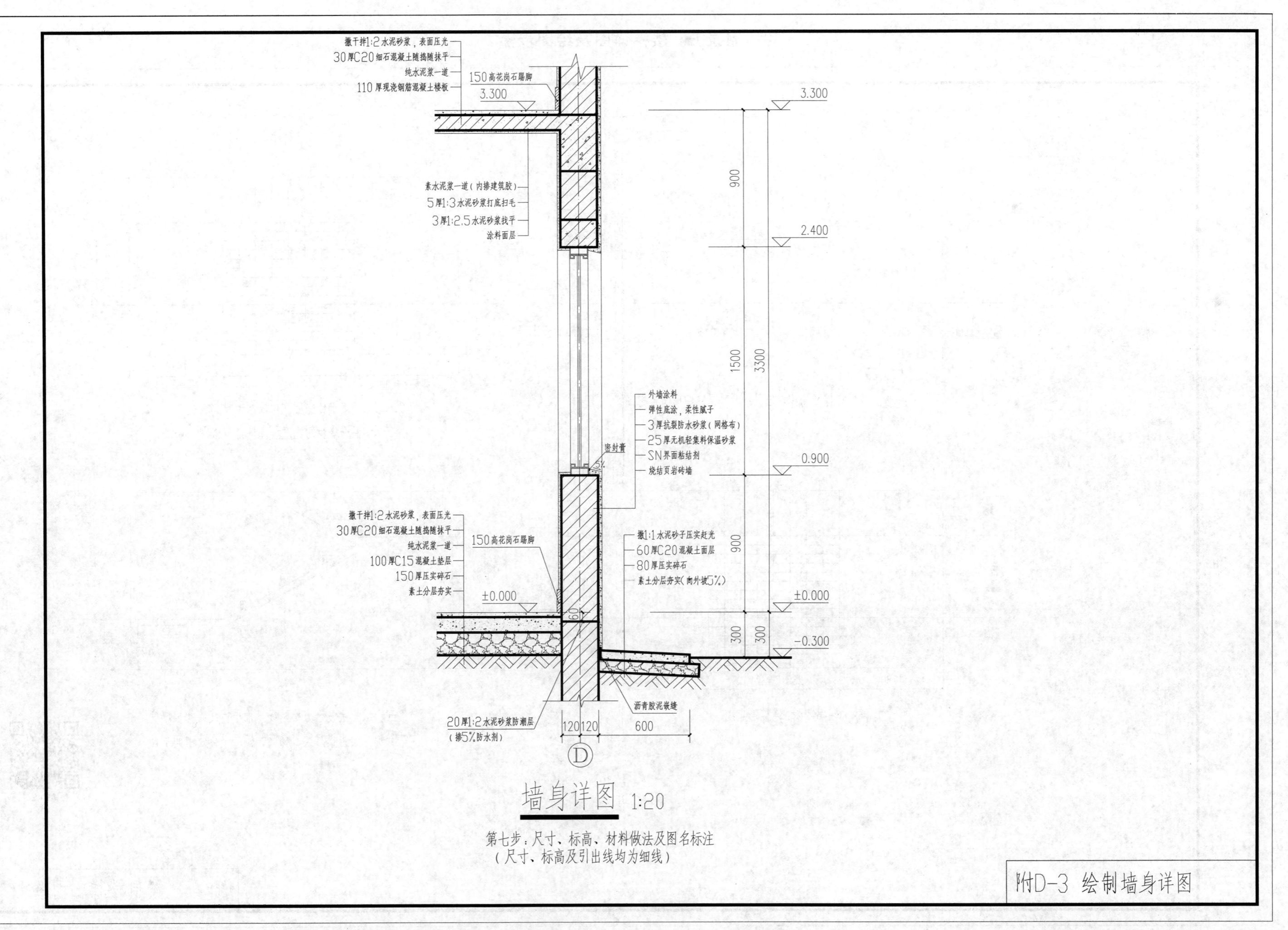

第七步：尺寸、标高、材料做法及图名标注
（尺寸、标高及引出线均为细线）

材料标注（上部）：
- 撒干拌1:2水泥砂浆，表面压光
- 30厚C20细石混凝土随捣随抹平
- 纯水泥浆一道
- 110厚现浇钢筋混凝土楼板
- 150高花岗石踢脚
- 素水泥浆一道（内掺建筑胶）
- 5厚1:3水泥砂浆打底扫毛
- 3厚1:2.5水泥砂浆找平
- 涂料面层

材料标注（窗部）：
- 外墙涂料
- 弹性底涂、柔性腻子
- 3厚抗裂防水砂浆（网格布）
- 25厚无机轻集料保温砂浆
- SN界面粘结剂
- 烧结页岩砖墙
- 密封膏

材料标注（下部）：
- 撒干拌1:2水泥砂浆，表面压光
- 30厚C20细石混凝土随捣随抹平
- 纯水泥浆一道
- 100厚C15混凝土垫层
- 150厚压实碎石
- 素土分层夯实
- 150高花岗石踢脚
- 撒1:1水泥砂子压实赶光
- 60厚C20混凝土面层
- 80厚压实碎石
- 素土分层夯实（向外坡5%）
- 20厚1:2水泥砂浆防潮层（掺5%防水剂）
- 沥青胶泥嵌缝

标高： 3.300, 2.400, 0.900, ±0.000, -0.300

附D-3 绘制墙身详图

附录 E 楼梯详图及绘图步骤

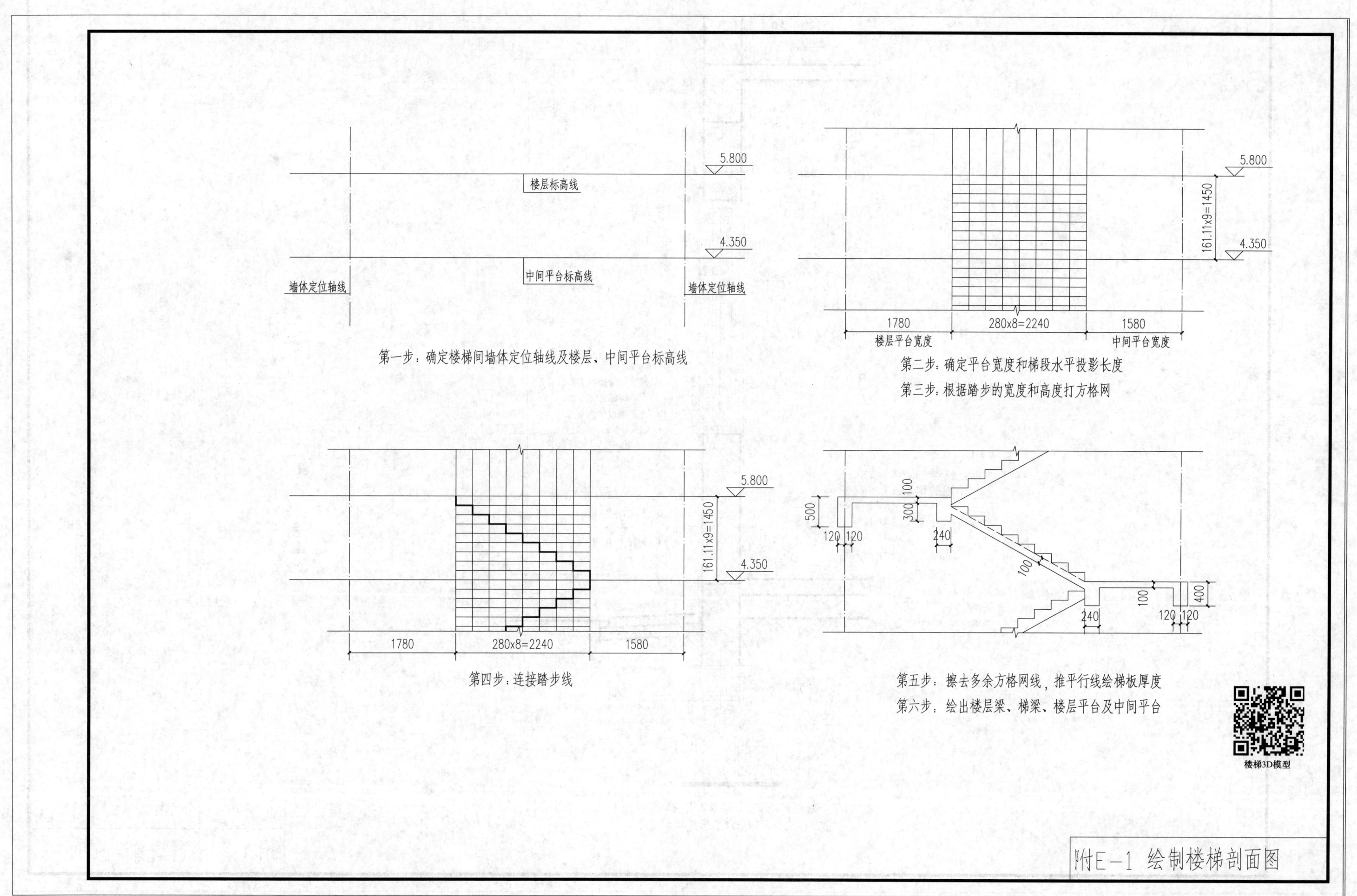

第一步：确定楼梯间墙体定位轴线及楼层、中间平台标高线

第二步：确定平台宽度和梯段水平投影长度

第三步：根据踏步的宽度和高度打方格网

第四步：连接踏步线

第五步：擦去多余方格网线，推平行线绘梯板厚度

第六步：绘出楼层梁、梯梁、楼层平台及中间平台

附E-1 绘制楼梯剖面图

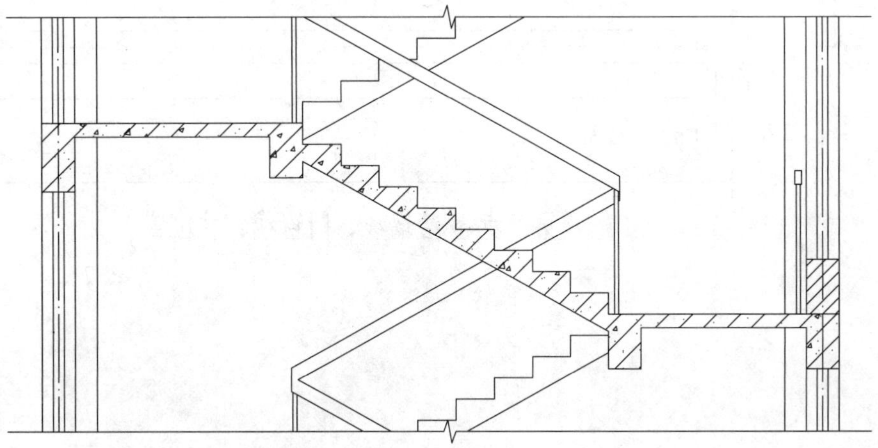

第七步：绘制墙体、门窗线、栏杆及其他投影线
第八步：图例填充

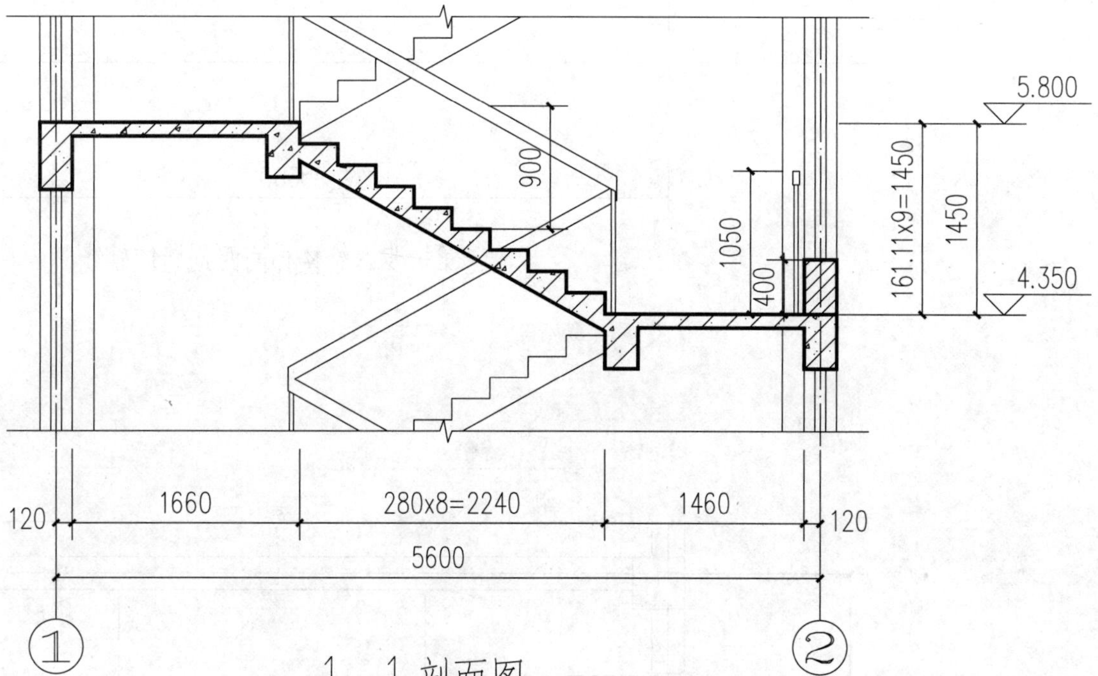

1-1剖面图 1:50

第九步：剖到部分线型加粗
标注尺寸及标高
标注轴线号
写图名、比例

附E-2 绘制楼梯剖面图

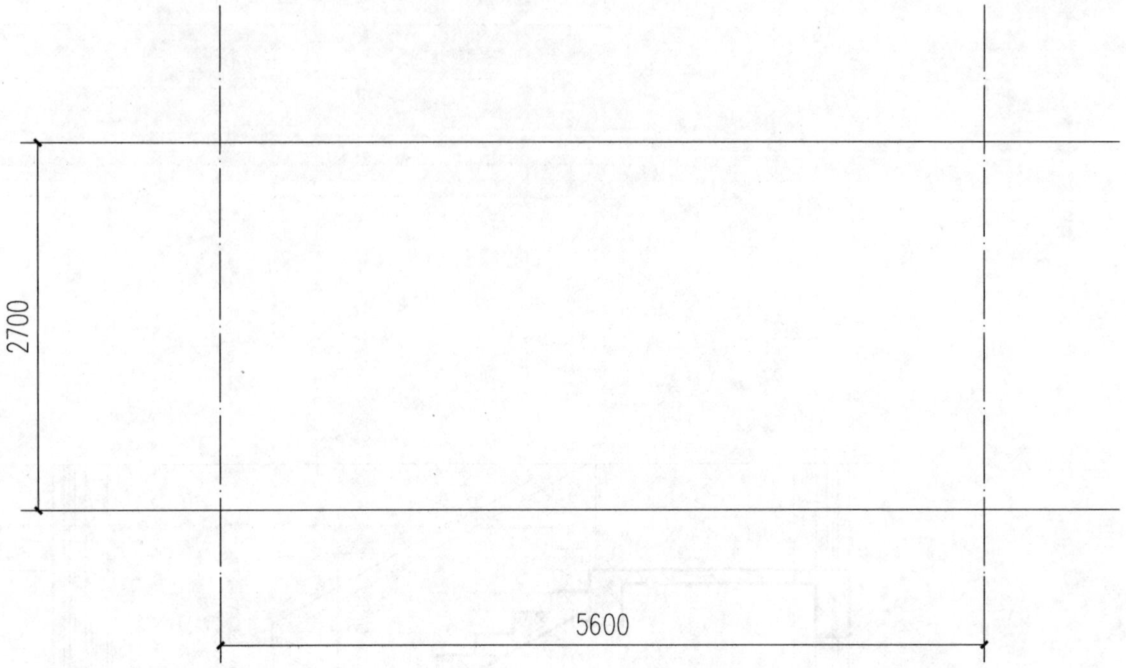

第一步：绘楼梯间四周墙体轴线

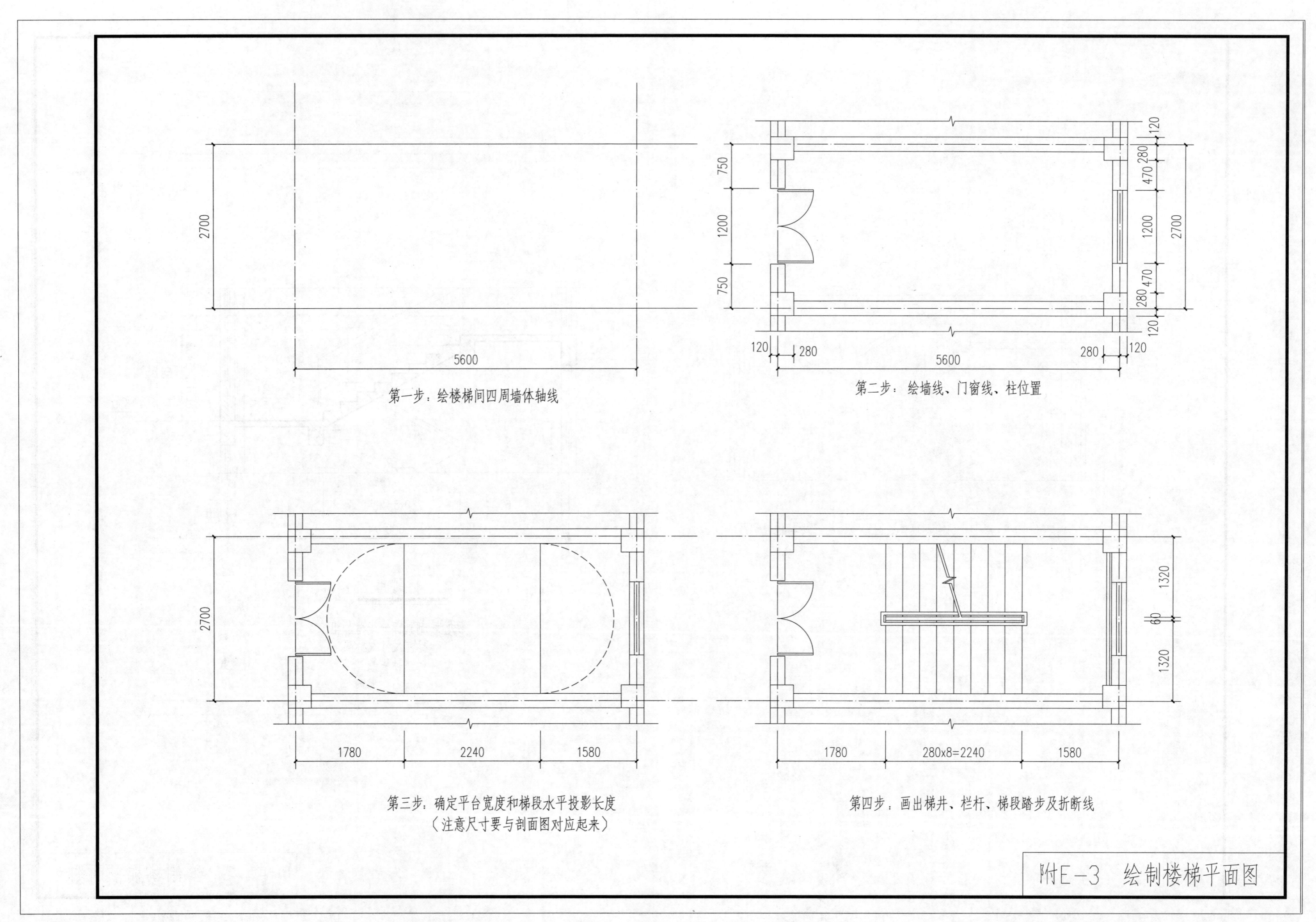

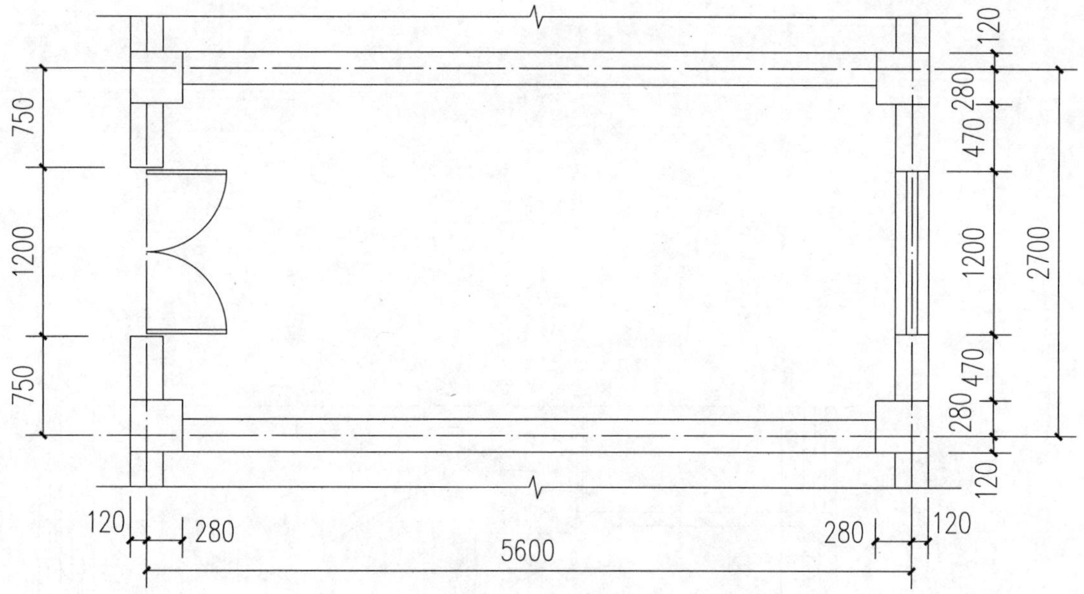

第二步：绘墙线、门窗线、柱位置

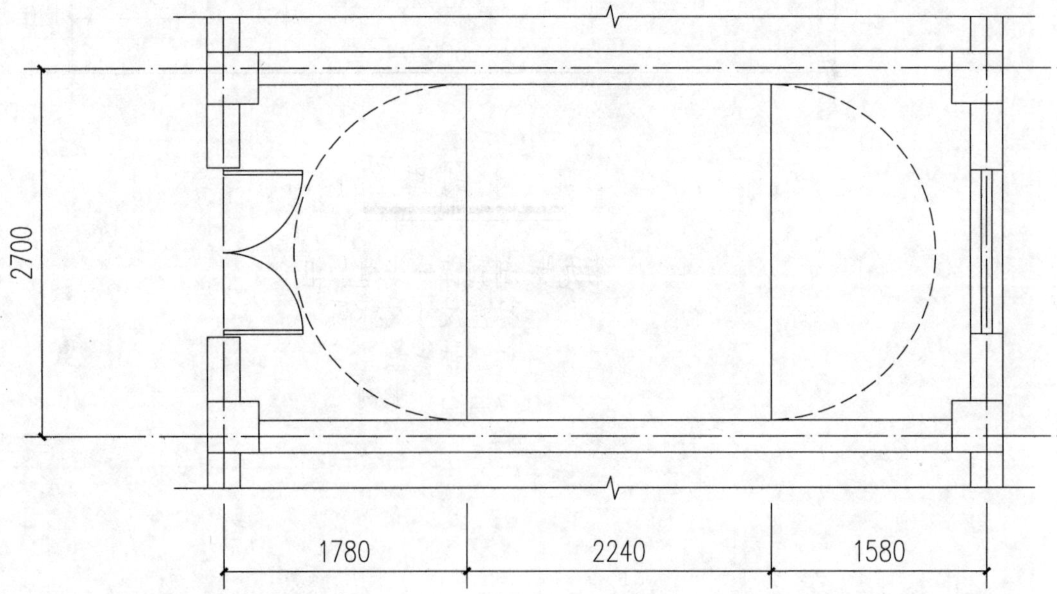

第三步：确定平台宽度和梯段水平投影长度
（注意尺寸要与剖面图对应起来）

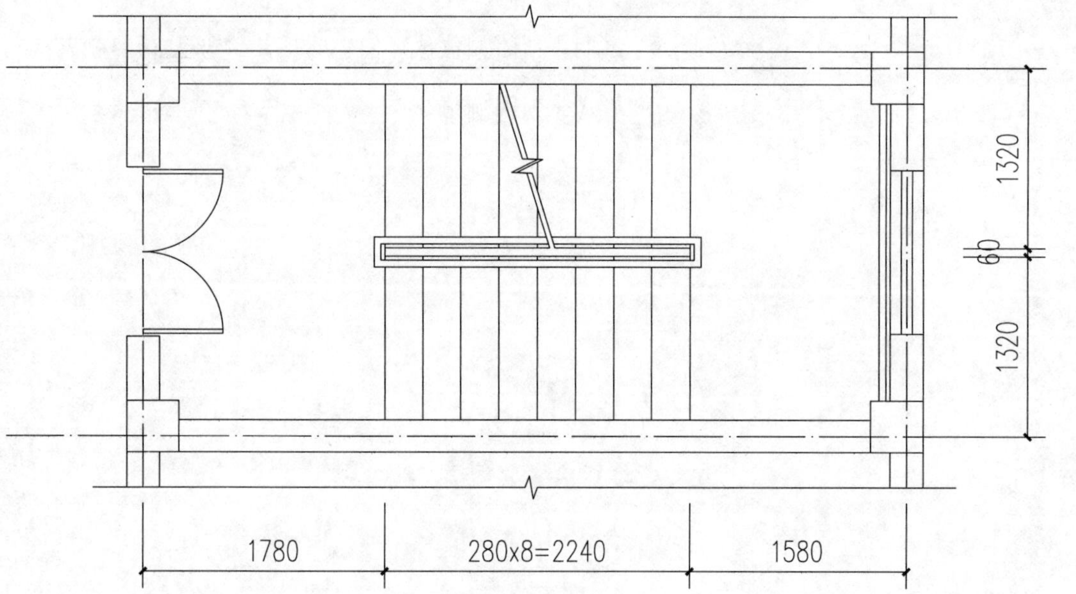

第四步：画出梯井、栏杆、梯段踏步及折断线

附E-3　绘制楼梯平面图

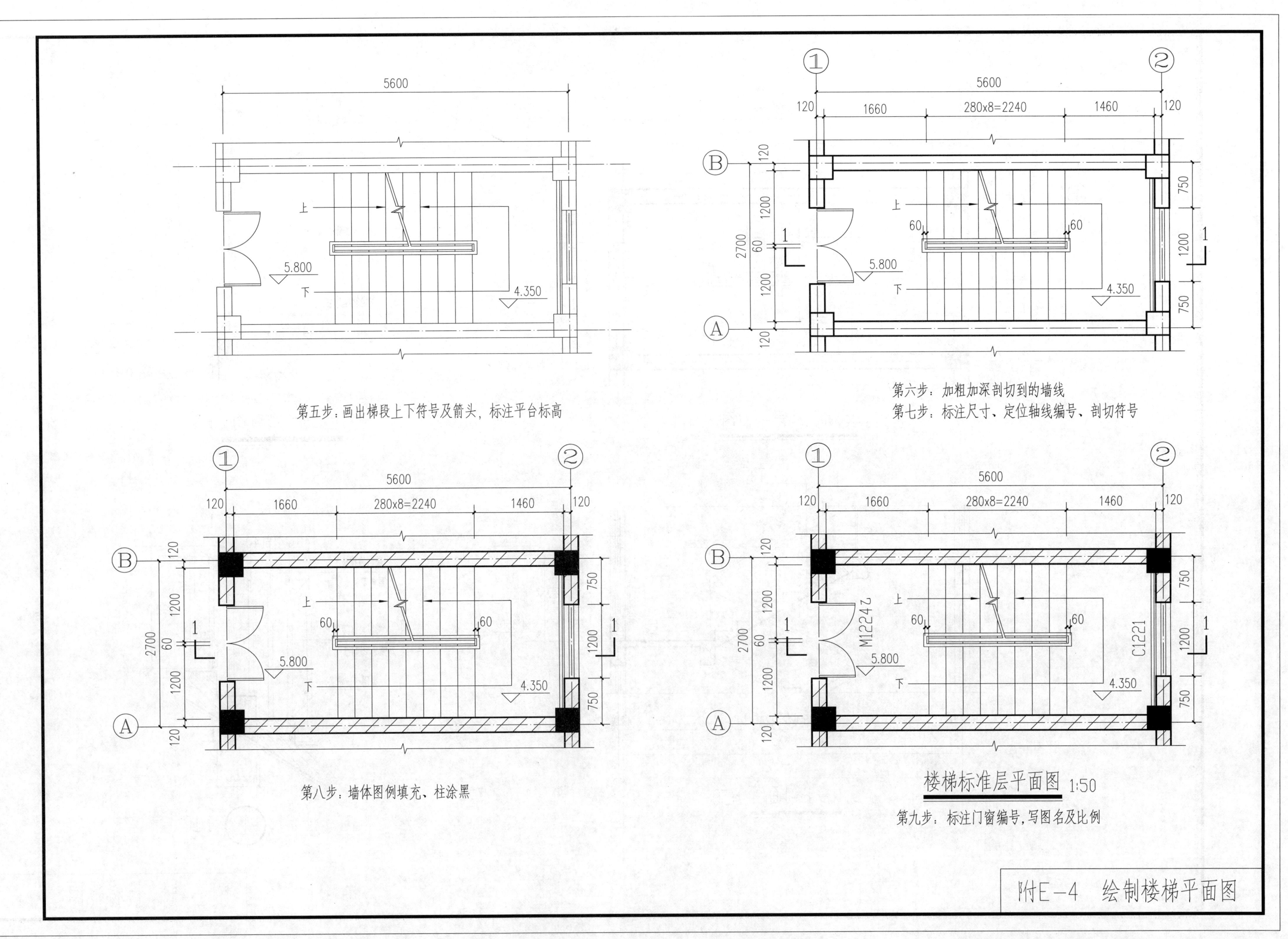

第五步：画出梯段上下符号及箭头，标注平台标高

第六步：加粗加深剖切到的墙线
第七步：标注尺寸、定位轴线编号、剖切符号

第八步：墙体图例填充、柱涂黑

楼梯标准层平面图 1:50

第九步：标注门窗编号,写图名及比例

附E-4 绘制楼梯平面图

附E-5 楼梯详图

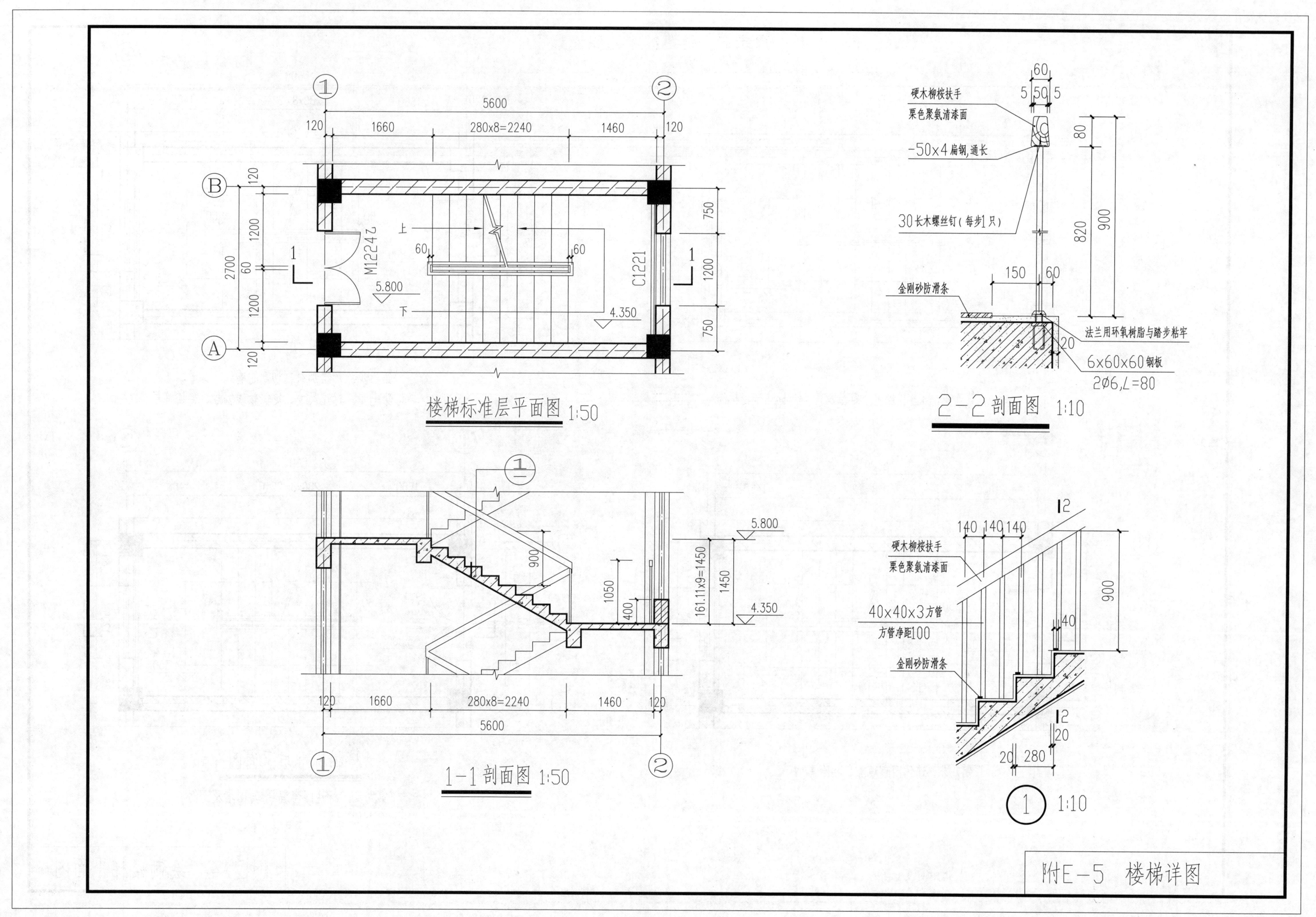

附录 F 屋面排水组织设计

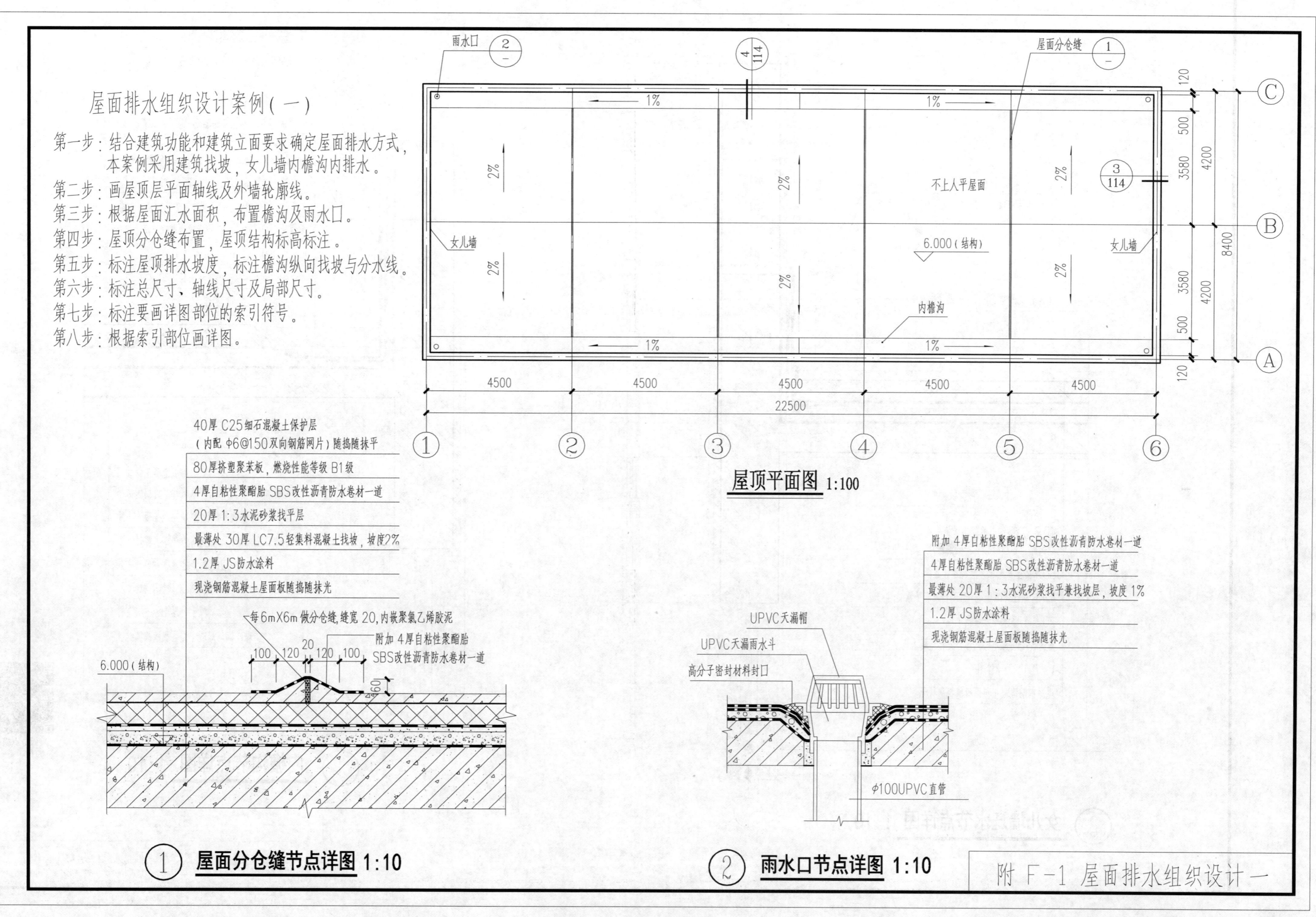

屋面排水组织设计案例（一）

第一步：结合建筑功能和建筑立面要求确定屋面排水方式，本案例采用建筑找坡，女儿墙内檐沟内排水。
第二步：画屋顶层平面轴线及外墙轮廓线。
第三步：根据屋面汇水面积，布置檐沟及雨水口。
第四步：屋顶分仓缝布置，屋顶结构标高标注。
第五步：标注屋顶排水坡度，标注檐沟纵向找坡与分水线。
第六步：标注总尺寸、轴线尺寸及局部尺寸。
第七步：标注要画详图部位的索引符号。
第八步：根据索引部位画详图。

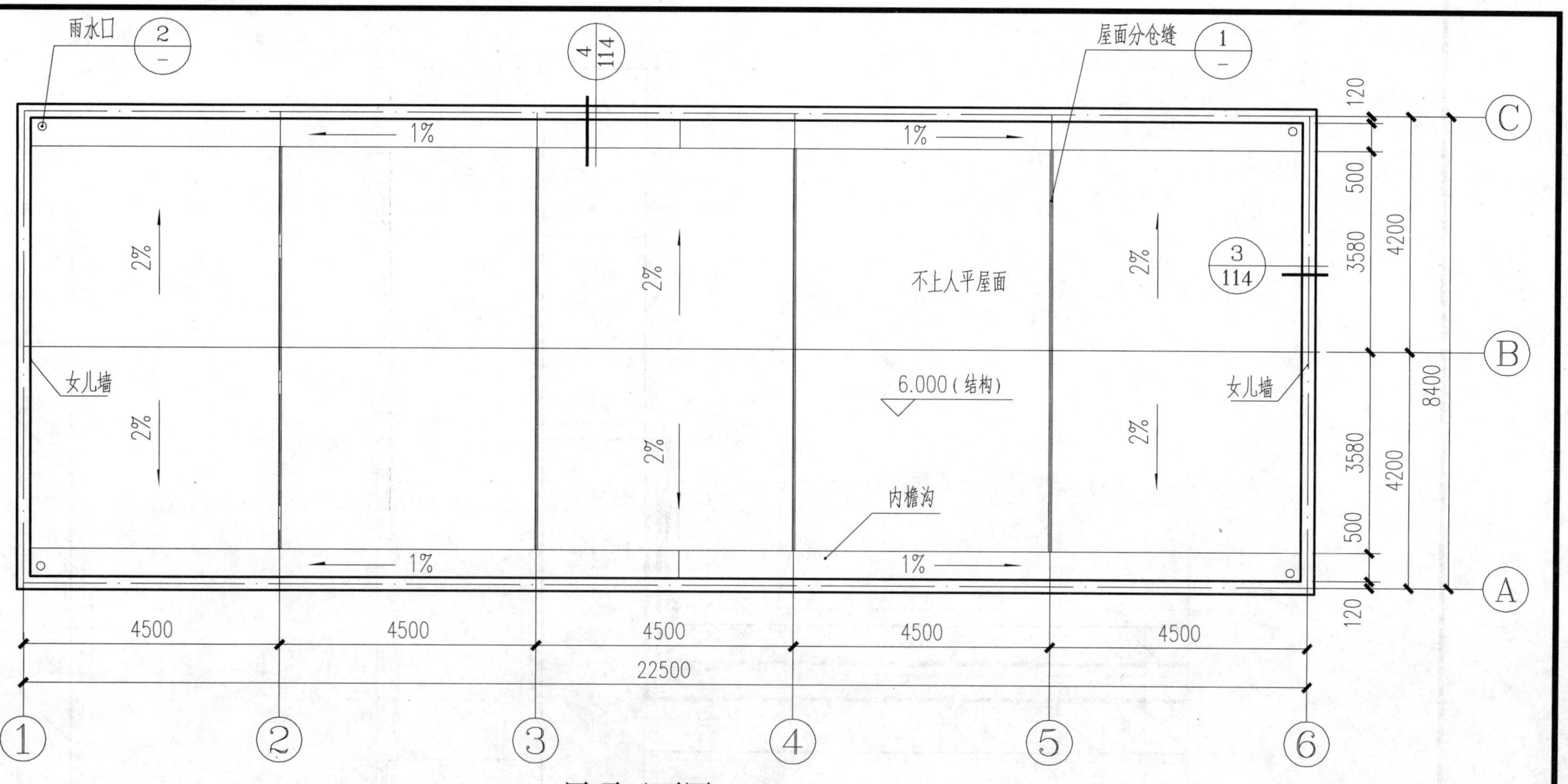

屋顶平面图 1:100

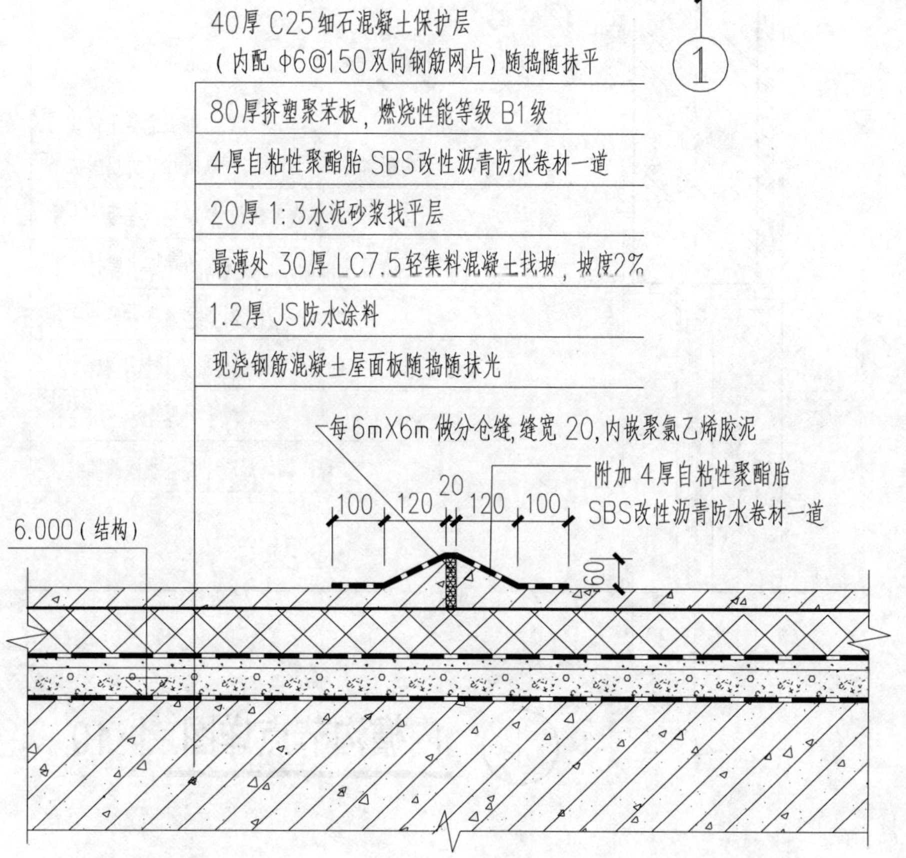

屋面做法：
- 40厚C25细石混凝土保护层（内配 Φ6@150双向钢筋网片）随捣随抹平
- 80厚挤塑聚苯板，燃烧性能等级B1级
- 4厚自粘性聚酯胎SBS改性沥青防水卷材一道
- 20厚1:3水泥砂浆找平层
- 最薄处30厚LC7.5轻集料混凝土找坡，坡度2%
- 1.2厚JS防水涂料
- 现浇钢筋混凝土屋面板随捣随抹光

檐沟做法：
- 附加4厚自粘性聚酯胎SBS改性沥青防水卷材一道
- 4厚自粘性聚酯胎SBS改性沥青防水卷材一道
- 最薄处20厚1:3水泥砂浆找平兼找坡层，坡度1%
- 1.2厚JS防水涂料
- 现浇钢筋混凝土屋面板随捣随抹光

① **屋面分仓缝节点详图** 1:10

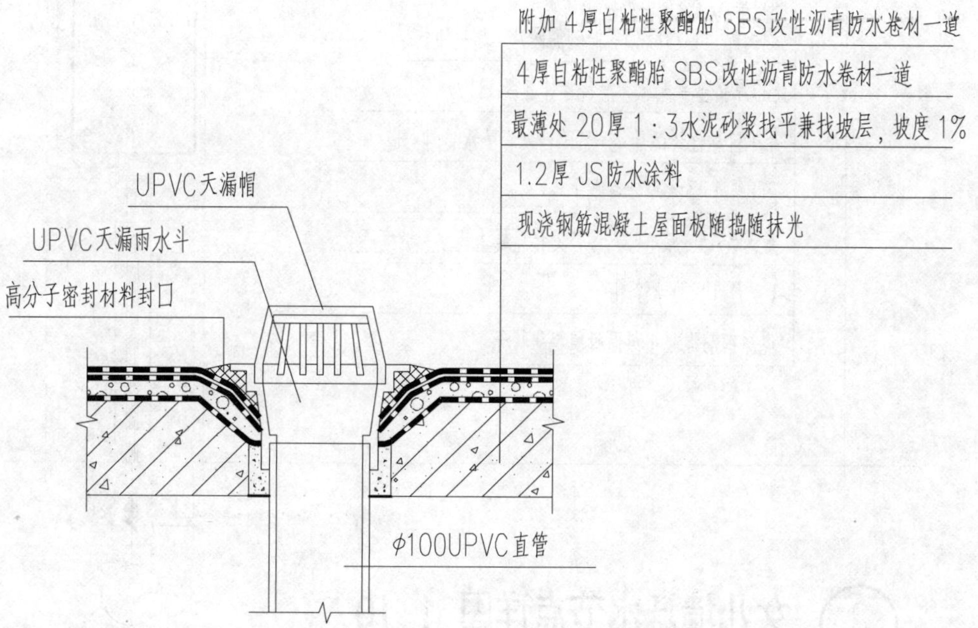

② **雨水口节点详图** 1:10

附 F-1 屋面排水组织设计一

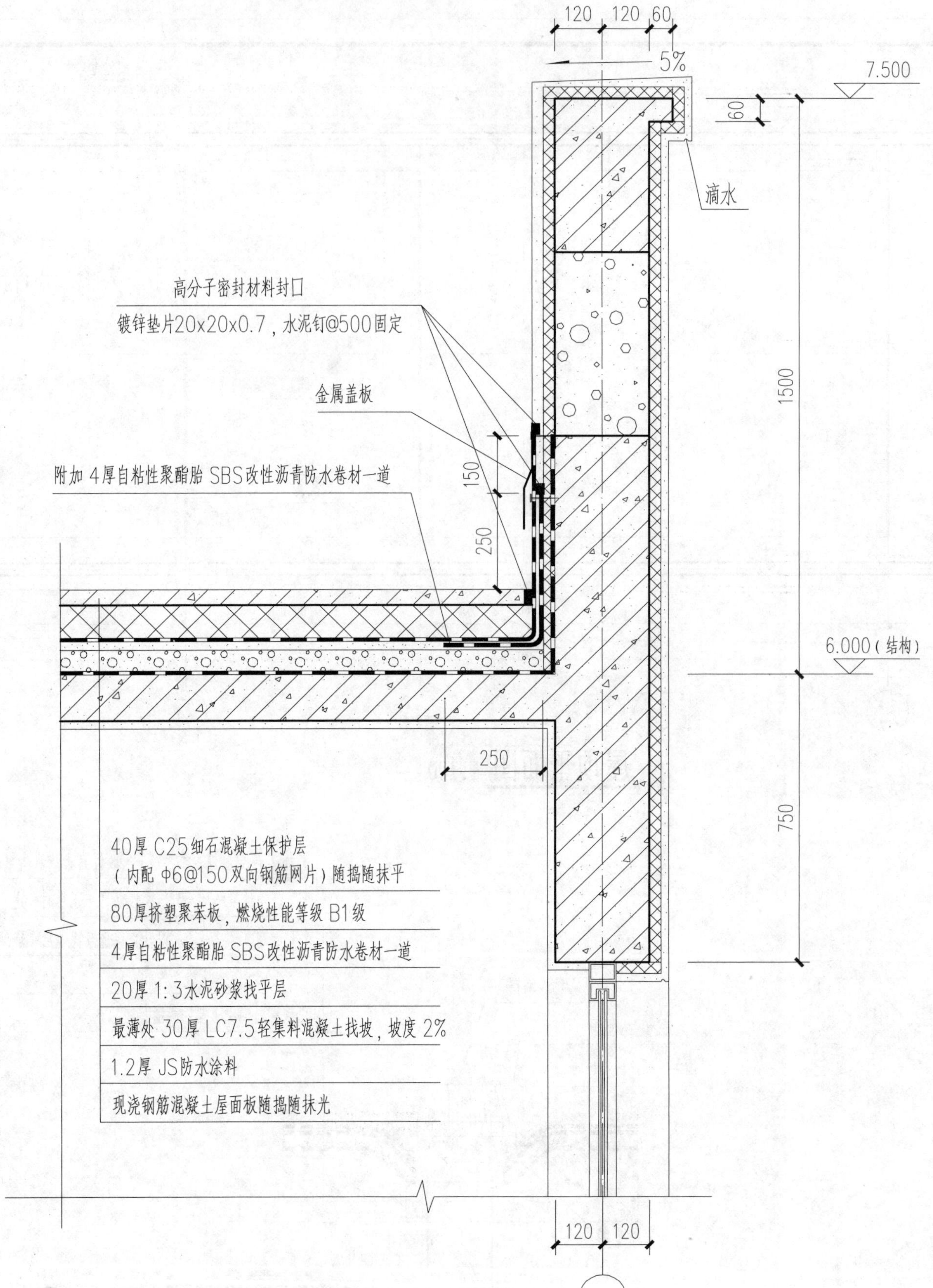

③ 女儿墙泛水节点详图 1:10

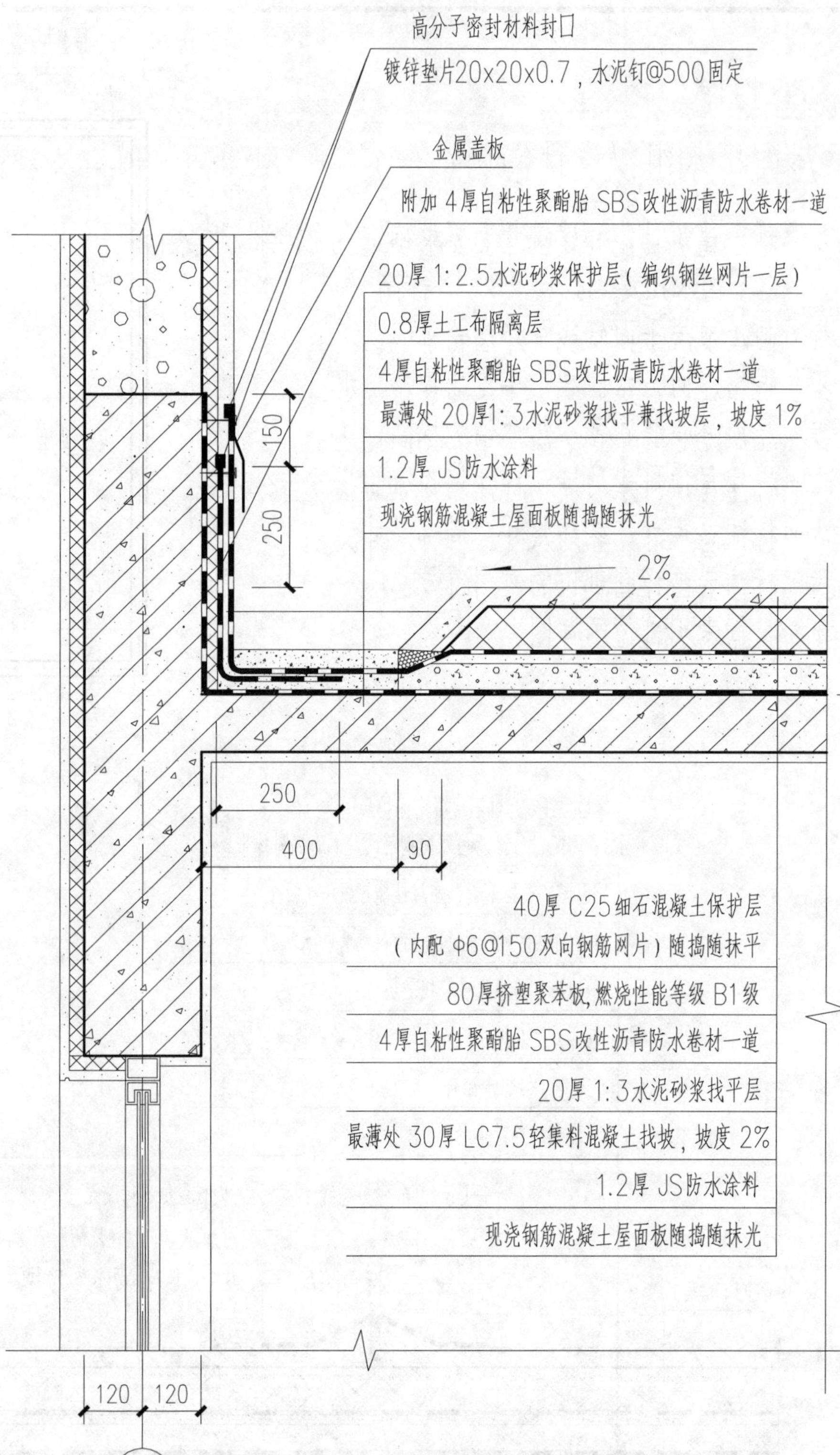

标注：
- 120 120 60
- 5%
- 7.500
- 60
- 滴水
- 高分子密封材料封口
- 镀锌垫片20x20x0.7，水泥钉@500固定
- 金属盖板
- 附加 4厚自粘性聚酯胎 SBS改性沥青防水卷材一道
- 1500
- 150
- 250
- 6.000（结构）
- 750
- 250
- 120 120

做法层次：
- 40厚 C25细石混凝土保护层（内配 Φ6@150双向钢筋网片）随捣随抹平
- 80厚挤塑聚苯板，燃烧性能等级 B1级
- 4厚自粘性聚酯胎 SBS改性沥青防水卷材一道
- 20厚 1:3水泥砂浆找平层
- 最薄处 30厚 LC7.5轻集料混凝土找坡，坡度2%
- 1.2厚 JS防水涂料
- 现浇钢筋混凝土屋面板随捣随抹光

④ 内檐沟节点详图 1:10

标注：
- 高分子密封材料封口
- 镀锌垫片20x20x0.7，水泥钉@500固定
- 金属盖板
- 附加 4厚自粘性聚酯胎 SBS改性沥青防水卷材一道
- 20厚 1:2.5水泥砂浆保护层（编织钢丝网片一层）
- 0.8厚土工布隔离层
- 4厚自粘性聚酯胎 SBS改性沥青防水卷材一道
- 最薄处 20厚1:3水泥砂浆找平兼找坡层，坡度1%
- 1.2厚 JS防水涂料
- 现浇钢筋混凝土屋面板随捣随抹光
- 150
- 250
- 2%
- 6.000（结构）
- 250
- 400 90
- 120 120

做法层次：
- 40厚 C25细石混凝土保护层（内配 Φ6@150双向钢筋网片）随捣随抹平
- 80厚挤塑聚苯板，燃烧性能等级 B1级
- 4厚自粘性聚酯胎 SBS改性沥青防水卷材一道
- 20厚 1:3水泥砂浆找平层
- 最薄处 30厚 LC7.5轻集料混凝土找坡，坡度2%
- 1.2厚 JS防水涂料
- 现浇钢筋混凝土屋面板随捣随抹光

附 F-2 屋面排水组织设计一

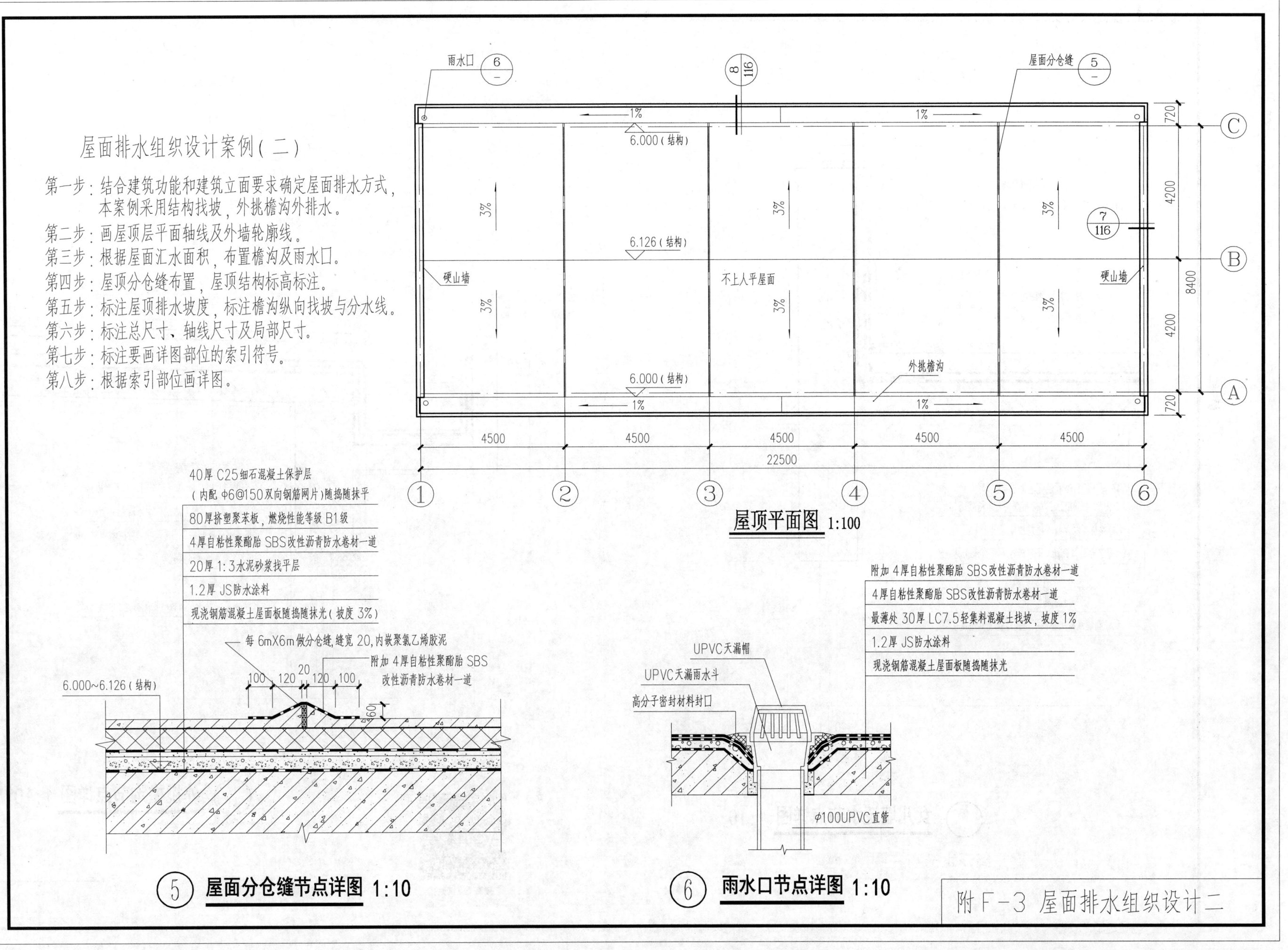

屋面排水组织设计案例（二）

第一步：结合建筑功能和建筑立面要求确定屋面排水方式，本案例采用结构找坡，外挑檐沟外排水。
第二步：画屋顶层平面轴线及外墙轮廓线。
第三步：根据屋面汇水面积，布置檐沟及雨水口。
第四步：屋顶分仓缝布置，屋顶结构标高标注。
第五步：标注屋顶排水坡度，标注檐沟纵向找坡与分水线。
第六步：标注总尺寸、轴线尺寸及局部尺寸。
第七步：标注要画详图部位的索引符号。
第八步：根据索引部位画详图。

屋顶平面图 1:100

40厚C25细石混凝土保护层（内配φ6@150双向钢筋网片）随捣随抹平
80厚挤塑聚苯板，燃烧性能等级B1级
4厚自粘性聚酯胎SBS改性沥青防水卷材一道
20厚1:3水泥砂浆找平层
1.2厚JS防水涂料
现浇钢筋混凝土屋面板随捣随抹光（坡度3%）

每6m×6m做分仓缝，缝宽20，内嵌聚氯乙烯胶泥
附加4厚自粘性聚酯胎SBS改性沥青防水卷材一道

附加4厚自粘性聚酯胎SBS改性沥青防水卷材一道
4厚自粘性聚酯胎SBS改性沥青防水卷材一道
最薄处30厚LC7.5轻集料混凝土找坡，坡度1%
1.2厚JS防水涂料
现浇钢筋混凝土屋面板随捣随抹光

UPVC天漏帽
UPVC天漏雨水斗
高分子密封材料封口
φ100UPVC直管

⑤ **屋面分仓缝节点详图** 1:10

⑥ **雨水口节点详图** 1:10

附F-3 屋面排水组织设计二

女儿墙泛水节点详图 1:10 ⑦

标注说明：
- 高分子密封材料封口
- 镀锌垫片20x20x0.7，水泥钉@500固定
- 附加 4 厚自粘性聚酯胎 SBS改性沥青防水卷材一道
- 金属盖板
- 滴水
- 按实际
- 6.900
- 6.000（结构）
- 40 厚 C25 细石混凝土保护层（内配 Φ6@150 双向钢筋网片）随捣随抹平
- 80 厚挤塑聚苯板，燃烧性能等级 B1 级
- 4 厚自粘性聚酯胎 SBS改性沥青防水卷材一道
- 20 厚 1:3 水泥砂浆找平层
- 1.2 厚 JS 防水涂料
- 现浇钢筋混凝土屋面板随捣随抹光（坡度3%）

尺寸：60 120 120 60，5%，60，150，250，250，750，120 120

外挑檐沟节点详图 1:10 ⑧

标注说明：
- 4 厚自粘性聚酯胎 SBS改性沥青防水卷材一道
- 20 厚 1:3 水泥砂浆找平层
- 最薄处 30 厚 LC7.5 轻集料混凝土找坡，坡度 1%
- 1.2 厚 JS 防水涂料
- 现浇钢筋混凝土屋面板随捣随抹光
- 现浇混凝土堵头
- 水泥钉@500，-20x2 钢板压条
- 附加 4 厚自粘性聚酯胎 SBS改性沥青防水卷材一道
- 40 厚 C25 细石混凝土保护层（内配 Φ6@150 双向钢筋网片）随捣随抹平
- 80 厚挤塑聚苯板，燃烧性能等级 B1 级
- 4 厚自粘性聚酯胎 SBS改性沥青防水卷材一道
- 20 厚 1:3 水泥砂浆找平层
- 1.2 厚 JS 防水涂料
- 现浇钢筋混凝土屋面板随捣随抹光（坡度3%）

尺寸：5%，3%，300，60 10，100 100，300，750，350，100 500 120 120，720

屋面节点模型

附 F-4 屋面排水组织设计二

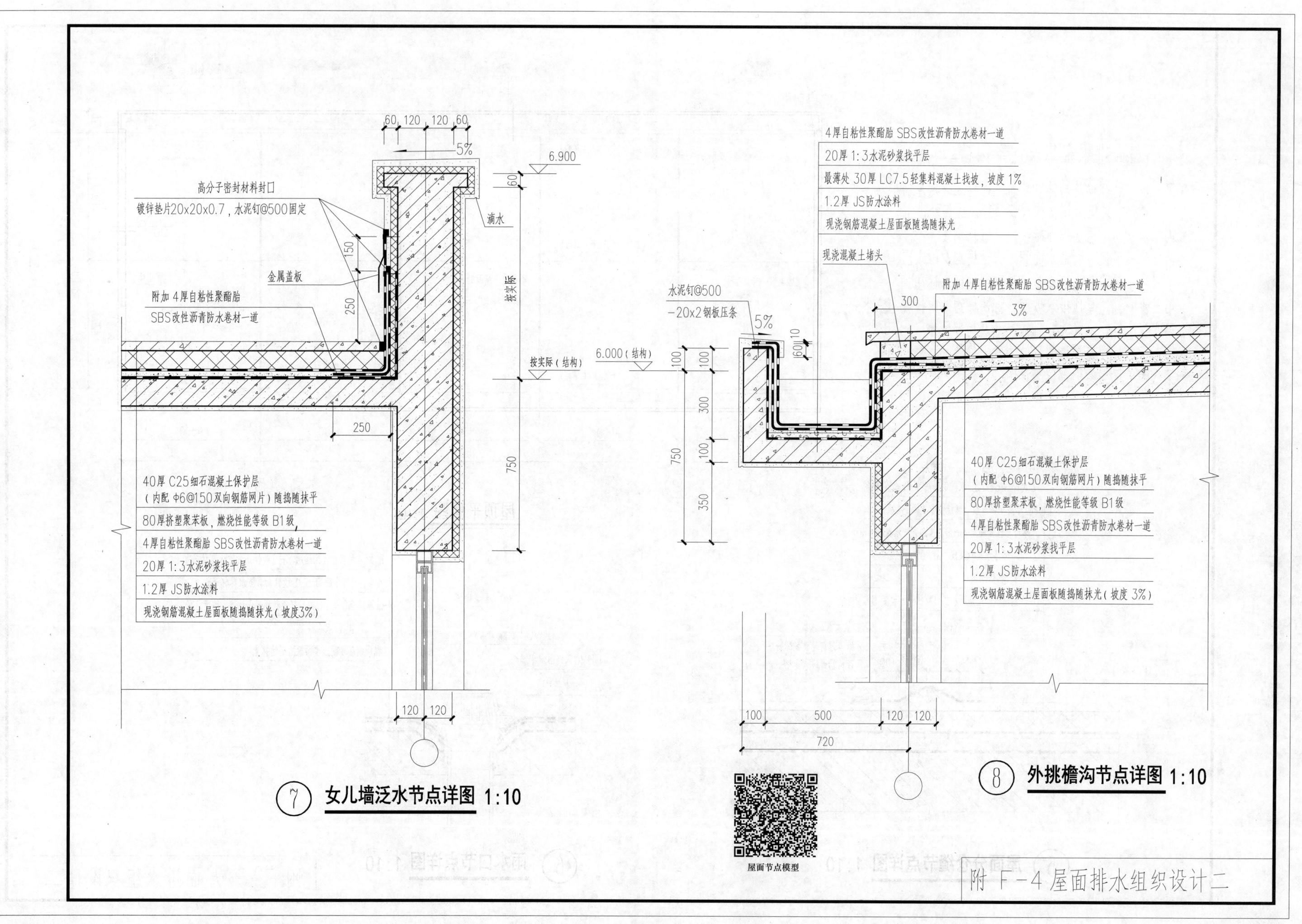